JN240052

◉ 機械工学テキストライブラリ ◉
USM-10

機械工学系のための 数 学

問題と解法によってより深い理解へ

松下泰雄

数理工学社

編者のことば

　近代の科学・技術は，18世紀中頃にイギリスで興った産業革命が出発点とされている．産業革命を先導したのは，紡織機の改良と蒸気機関の発明によるとされることが多い．すなわち，紡織機や蒸気機関という「機械」の改良や発明が産業革命を先導したといっても過言ではない．その後，鉄道，内燃機関，自動車，水力や火力発電装置，航空機等々の発展が今日の科学・技術の発展を推進したように思われる．また，上記に例を挙げたような機械の発展が，機械工学での基礎的な理論の発展の刺激となり，理論の発展が機械の安全性や効率を高めるという，実学と理論とが相互に協働しながら発展してきた専門分野である．一例を挙げると，カルノーサイクルという一種の内燃機関の発明が熱力学の基本法則の発見につながり，この発見された熱力学の基本法則が内燃機関の技術改良に寄与するという相互発展がある．

　このように，機械工学分野はこれまでもそうであったように，今後も科学・技術の中軸的な学問分野として発展・成長していくと思われる．しかし，発展・成長の早い分野を学習する場合には，どのように何を勉強すれば良いのであろうか．発展・成長が早い分野だけに，若い頃に勉強したことが陳腐化し，すぐに古い知識になってしまう可能性がある．

　発展の早い科学・技術に研究者や技術者として対応するには，機械工学の各専門分野の基礎をしっかりと学習し，その上で現代的な機械工学の知識を身につけることである．いかに，科学・技術の展開が早くても，機械工学の基本となる基礎的法則は変わることがない．したがって，機械工学の基礎法則を学ぶことは大変重要であると考えられる．

　本ライブラリは，上記のような考え方に基づき，さらに初学者が学習しやすいように，できる限り理解しやすい入門専門書となることを編集方針とした．さらに，学習した知識を確認し応用できるようにするために，各章には演習問題を配置した．また，各書籍についてのサポート情報も出版社のホームページから閲覧できるようにする予定である．

　天才と呼ばれる人々をはじめとして，先人たちが何世紀にも亘って築き上げてきた機械工学の知識体系を，現代の人々は本ライブラリから効率的に学ぶことができる．なんと，幸せな時代に生きているのだろうと思う．是非とも，本ライブラリをわくわく感と期待感で胸を膨らませて，学習されることを願っている．

　　2013 年 12 月

編者　坂根政男
松下泰雄

「機械工学テキストライブラリ」書目一覧
1　機械工学概論
2　機械力学の基礎
3　材料力学入門
4　流体力学
5　熱力学
6　機械設計学
7　生産加工入門
8　システム制御入門
9　機械製図
10　機械工学系のための数学

まえがき

　本書は，機械工学系のための数学というタイトルでまとめた「機械工学テキストライブラリ」の 1 冊である．大学の機械工学系では，初年次から 2 年次にかけて（標準的なカリキュラムにおいて）数学として，微積分，線形代数，複素関数論，ベクトル解析，フーリエ解析とラプラス変換，微分方程式などを学ぶ．本書は，これらの教科を順に一章を割り当て，最後の章では変分法と微分方程式について述べる．機械工学においていかにこのような数学を学ぶか，どのように応用されていくかについてほぼ 2 年の間に学ぶ数学を一冊で概観してもらうようにまとめてみた．

　章の始めは，高校の数学から大学の教科書を初めて手にしたときに添える一言からスタートして，2 年次の最後までには学んで欲しいことまでをカバーしている．ということで，本書を大学の初年次に手にしたら，まずはパラパラっと最後のページまでを見て，こんなことをするのかという 2 年先までの全体的なフィーリングをつかんで欲しい．それぞれの教科を学びながら脇においておくガイダンスとして役立てることもできるだろう．また，本書の構成をもとにした半期のカリキュラムのテキストとしても可能であると考える．

　数学を学ぶには，自習が極めて重要である．本文中の例題と演習問題には詳細な解法を与えた．演習問題もその「解法」も本文のように「読んで」，まずはフィーリングをつかんでもらい，機械数学の全体像を感じ取ってもらうことも 1 つの読み方として勧めたい．次のステップで手を使って問題を解くことにより一層の理解が深まるのはもちろんである．例題と演習問題のいくつかには異なる解法も示すようにした．

　本書は 7 章から成る．1 章 微積分，2 章 線形代数，3 章 複素関数の微積分，4 章 ベクトル解析，5 章 フーリエ解析とラプラス変換，6 章 微分方程式，そして最後に 7 章は変分法と微分方程式とした．

　1 章の微積分では，大学で初めて学ぶ関数，不連続関数の微分可能性と 5〜7 章でも登場するデルタ関数，重心，慣性モーメントの計算法などを扱う．

　2 章の線形代数では，正方行列および固有値と固有ベクトルに焦点を当て，その応用として材料力学の応力とひずみを表すこと，多自由度振動系の解析，慣性モー

メントから慣性主軸まで説明する.

　3章の複素関数の微積分は, 網羅的な解説で短期間で学べるよう工夫した.

　4章のベクトル解析では, 「微分」が微分演算を伴って関数とベクトルの間の「橋渡し」の機能を持ち, そのからくりを知ることがベクトル解析の攻略の要であることを説く.

　5章のフーリエ解析とラプラス変換では, 両者の密接な関係について述べ総合的に理解してもらえるように配慮した. 同一の線形微分方程式をフーリエ変換およびラプラス変換によって解き, 両者の解法の比較なども扱った.

　6章の微分方程式では, 常微分方程式の基本を概観して, 完全微分方程式の解法, 完全微分形式と熱力学関数, 1次元運動方程式の共振現象, 吊り橋のメーンケーブルの形状, 材料力学におけるはりのたわみ曲線の決定, インパルス力を受ける運動方程式の解法などを説明した.

　7章の変分法と微分方程式は, 標準的なカリキュラムには含まれていないことが多いが, 機械工学におけるいろいろな問題を数理モデルとして設定することを扱う. さらに如何にして微分方程式を立てるかについての指針となることを説き, 最後の章とした. 変分法の枠組みにおいて定式化された力学が解析力学であることも説いた.

　最後になりましたが, 機械工学を学ぶための数学として, 具体的な機械工学のトピックスまでつながる数学ガイドブックなるものを「機械工学テキストライブラリ」の1分冊とすることになり, 編者の坂根政男立命館大学名誉教授から執筆の命をいただきました. 大学の初年次で学ぶ数学の講義が如何に機械工学につながるか, 言葉を変えれば数学をやらずして機械工学などあり得ないこと, などなど機械工学における数学の重要さを伝える一冊とすることとしました. 本ライブラリの「材料力学入門」の著者 日下貴之立命館大学教授に, 初めは材料力学との関連においてご意見をお聞きしましたが, 原稿の進捗ごとに大所高所からさらに詳細な記述に至るまで貴重なご意見をいただき深く感謝申し上げます. 数理工学社の田島伸彦編集部長には構想が固まる前から辛抱強くご協力をいただき, また鈴木綾子氏のきめ細やかな編集のお陰によりまして刊行にこぎ着けることができました. 心から御礼申しあげます.

　2019年9月

松下　泰雄

目　　　次

第4章

ベクトル解析 84

第5章

フーリエ解析とラプラス変換 107

第1章

微 積 分

　微積分は，大学の数学の中でまず最初に学ぶものである．大学で新たな数学を学ぶために，高校で学んだ微積分をあらためて大所高所の観点から復習をするという感じである．最初に学ぶ微積分は 1 変数の関数の微積分で，これは大部分が高校の微積分の再確認であり，次に多変数の微積分へと進み，徐々に大学の数学への準備を整えていく．本章は，大学の微積分のはじめの一歩としての導入である．ということで，ゆっくりと歩き出すことにしよう！　扱うテーマは，大学で新たに学ぶ関数，級数，微分を積分で定義，デルタ関数の導入，曲率，そして重積分である．

1.1　大学で新たに学ぶ関数

　高校の数学で，多くの基本的な初等関数を学んだ．まず，大学で新たに学ぶ関数について述べよう．2 つの関数に焦点を当てる．1 つは高校の数学ですでに知っている関数を新たな観点で見直すもの（双曲線関数），もう 1 つは良く知られている三角関数の逆関数である．

◆ 知っている関数を新たな視点で見直す例 — 双曲線関数

　e^x および e^{-x} は高校の微積分ですでに知っている指数関数である（図1.1）．これらの和と差をとると次の関数となる．

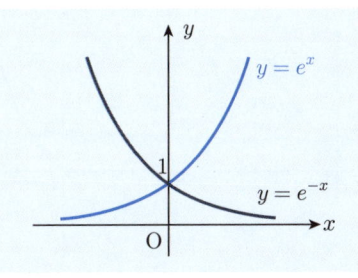

図1.1　e^x および e^{-x} のグラフ

$$y = \frac{e^x + e^{-x}}{2}, \quad y = \frac{e^x - e^{-x}}{2} \tag{1.1}$$

指数関数 e^x と e^{-x} の和と差で定義されているので，本質的には指数関数である．
これらは，一方を微分をすると他方に移り変わる．

$$\left(\frac{e^x + e^{-x}}{2}\right)' = \frac{e^x - e^{-x}}{2} \tag{1.2}$$

$$\left(\frac{e^x - e^{-x}}{2}\right)' = \frac{e^x + e^{-x}}{2} \tag{1.3}$$

これは三角関数で

$$(\cos x)' = -\sin x \quad \text{および} \quad (\sin x)' = \cos x$$

となることと，符号の違いはあるが，類似している．指数関数が (1.1) の形をとる
と，さらに興味深い性質を示す，前者を $X = \frac{e^x + e^{-x}}{2}$，後者を $Y = \frac{e^x - e^{-x}}{2}$ とお
く．すると，(X, Y) は次のように双曲線となる．

$$X^2 - Y^2 = \left(\frac{e^x + e^{-x}}{2}\right)^2 - \left(\frac{e^x - e^{-x}}{2}\right)^2 = 1 \tag{1.4}$$

このように，双曲線の性質を持ち，正弦関数と余弦関数とも類似した性質を持つこ
とから新たな記号を使って，次のように表す（図1.2）．

$$\cosh x = \frac{e^x + e^{-x}}{2}, \quad \sinh x = \frac{e^x - e^{-x}}{2} \tag{1.5}$$

$$\cosh^2 x - \sinh^2 x = 1 \tag{1.6}$$

ここで，「h」は双曲線を表す hyperbola （ハイパーボラ）の頭文字である．(1.5) の
2 式はそれぞれ，双曲的余弦関数，双曲的正弦関数を意味する**ハイパーボリックコ
サイン，ハイパーボリックサイン**と呼ぶ．これらの関数は，三角関数と極めて類似
した性質を持つ．BOX 1.1 にまとめておこう．

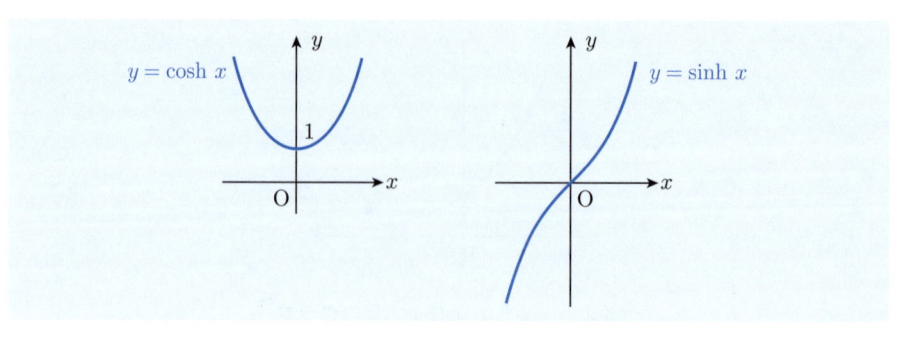

図1.2 $y = \cosh x$ と $y = \sinh x$

╭─ ● **BOX 1.1 双曲線関数の基本的性質および公式** ●

(1) $\cosh^2 x - \sinh^2 x = 1$

(2) $\tanh x = \dfrac{\sinh x}{\cosh x}$

(3) $\cosh(a+b) = \cosh a \cosh b + \sinh a \sinh b$

(4) $\sinh(a+b) = \sinh a \cosh b + \cosh a \sinh b$

(5) $(\cosh x)' = \sinh x$

(6) $(\sinh x)' = \cosh x$

注意 1.1 $\cosh x, \sinh x$ や $\tanh x$ などすべてを双曲線関数と呼ぶ. $\tanh x$ はハイパーボリックタンジェントである.

注意 1.2 ハイパーボリックコサイン $y = \cosh x$ は鎖の垂れる形状を表す関数で懸垂線, または鎖を意味するラテン語 カテナ（catena）に由来してカテナリーと呼ばれることもある（注意 6.10 を参照）.

■ **例題 1.1** ■

　BOX 1.1 の公式 (3), (4) を示せ.

【解答】　前者 (3) のみを示す.

（右辺）$= \cosh a \cosh b + \sinh a \sinh b$

$$= \left(\frac{e^a + e^{-a}}{2}\right)\left(\frac{e^b + e^{-b}}{2}\right) + \left(\frac{e^a - e^{-a}}{2}\right)\left(\frac{e^b - e^{-b}}{2}\right)$$

$$= \frac{1}{4}(e^{a+b} + e^{a-b} + e^{-a+b} + e^{-a-b}) + \frac{1}{4}(e^{a+b} - e^{a-b} - e^{-a+b} + e^{-a-b})$$

$$= \frac{1}{2}(e^{a+b} + e^{-a-b}) = \cosh(a+b)$$

$$= （左辺）$$

よって示された. 後者 (4) も同様に示すことができる. ■

　以上が, 高校の数学で学んだ関数を, より広い視点で見直して新たに定義した例である.

注意 1.3 3 章の BOX 3.6 において, 指数関数, 三角関数および双曲関数は, すべて本質的に同じ関数であることが示される.

◤ 逆関数のおさらい

　高校で逆関数は学んでいる．ある関数の逆関数が，すでに知られている関数となることもあるが，これまで学んだことのない関数となるものもある．そのような関数は新たに定義しなければならない．その例の 1 つが逆三角関数である．まず，逆関数の基本の復習から始めよう．

関数から逆関数を導くステップ　例として，放物線 $y = x^2$ とその逆関数 $y = \pm\sqrt{x}$ の 図1.3 を見て，逆関数を導くステップを思い出そう．

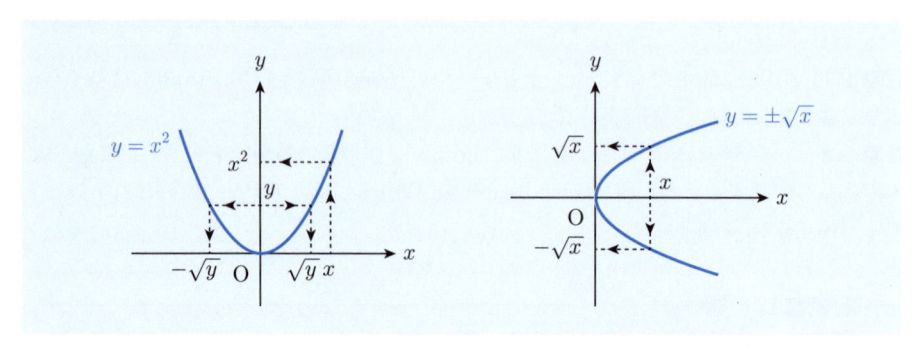

図1.3　放物線とその逆関数．逆関数は 2 価関数．

　関数は x を与えたら $y = f(x)$ が決まる．逆に，y を与える x は何かと問うことが逆関数を考えることである．図1.3 の放物線で，x を与えたら $y = x^2$ が 1 つ決まる．逆に，その y の値を与える x は 1 つではなく，$x = \pm\sqrt{y}$ の 2 つがある．これを $x = f^{-1}(y)$ と表す．これら 2 つの記法は，同じ関数の異なる表し方である．$y = f(x) = x^2$ の逆関数は，x と y を入れ替えた

$$y = f^{-1}(x) = \pm\sqrt{x}$$

と定義する．このように，関数が 1 価でも，逆関数は 1 価とは限らない．

　では，一般の関数から逆関数を得る方法をおさらいする．それには 2 つのステップが必要である（BOX 1.2）．

Step 1 $[\updownarrow]$：　$y = f(x)$ を $x = \cdots$ の形にし，$x = f^{-1}(y)$ とする．

Step 2 $[x \leftrightarrow y]$：　この 2 つの記法に対して，x と y を入れ替えて，

$x = f(y)$ および $y = f^{-1}(x)$ を得る．特に $y = f^{-1}(x)$ を**逆関数**という．
関数からその逆関数を得るには，2 つのステップの順序は問わない．

● BOX 1.2 逆関数の求め方：$y = f(x) \rightarrow y = f^{-1}(x)$ ●

関数 $y = f(x)$ がある．下記のいずれかの手順によっても右下の逆関数を得る．

$$y = f(x) \longrightarrow (x \leftrightarrow y) \rightarrow \quad x = f(y)$$

$$\text{関数} \Updownarrow \qquad\qquad\qquad \Updownarrow \text{逆関数} \qquad\qquad (1.7)$$

$$x = f^{-1}(y) \longrightarrow (x \leftrightarrow y) \rightarrow \quad y = f^{-1}(x)$$

注意 1.4 BOX 1.2 の左側の $y = f(x)$ と $x = f^{-1}(y)$ は記法は異なるが同じ関数である．左下の $x = f^{-1}(y)$ を逆関数と呼ぶ文献もある．

知られている関数が逆関数となる例（上記の放物線も含める）（図1.3 〜 1.6）：

関数		逆関数		
$y = x^2$	$\rightarrow$	$y = \pm\sqrt{x}$	(2 価)	(1.8)
$y = e^x$	$\rightarrow$	$y = \log x$	(1 価)	(1.9)
$y = \cosh x$	$\rightarrow$	$y = \cosh^{-1} x = \pm\log(x + \sqrt{x^2 - 1})$	(2 価)	(1.10)
$y = \sinh x$	$\rightarrow$	$y = \sinh^{-1} x = \log(x + \sqrt{x^2 + 1})$	(1 価)	(1.11)

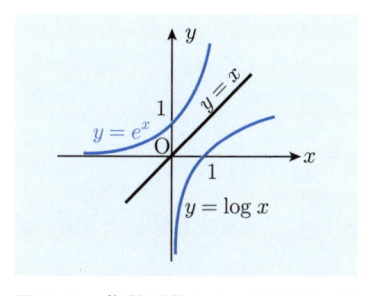

図1.4 指数関数とその逆関数．両方とも 1 価関数．

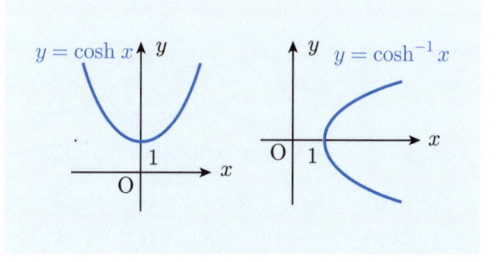

図1.5 ハイパーボリックコサインと逆関数．逆関数は 2 価関数．

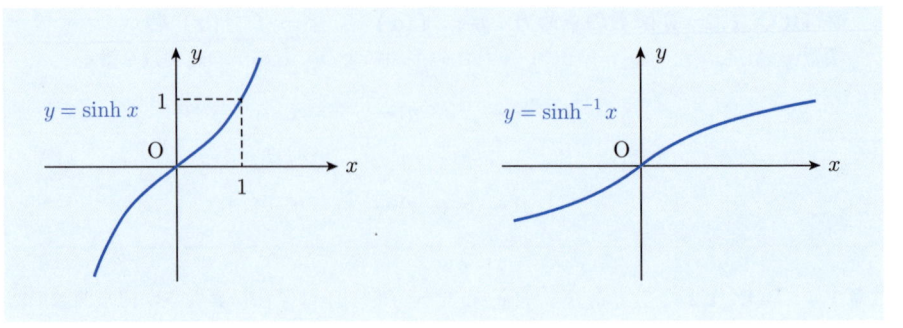

図1.6 ハイパーボリックサインと逆関数. 両方とも 1 価関数.

■ **例題 1.2** ■

(1) $y = \cosh x$ の逆関数 (1.10) を導け.

(2) $y = \sinh x$ の逆関数 (1.11) を導け.

【解答】 (1) $y = \cosh x$ から $[x \leftrightarrow y]$ （入れ替え）より,

$$x = \cosh y = \frac{1}{2}(e^y + e^{-y})$$

となる.

y について解く.

$$e^y + e^{-y} - 2x = 0 \quad \rightarrow \quad (e^y)^2 - 2xe^y + 1 = 0$$
$$\rightarrow \quad e^y = x \pm \sqrt{x^2 - 1}$$
$$\rightarrow \quad y = \log(x \pm \sqrt{x^2 - 1})$$
$$\rightarrow \quad y = \cosh^{-1} x = \pm \log(x + \sqrt{x^2 - 1})$$

よって (1.10) （2 価）が導かれた（注：$\log(x - \sqrt{x^2 - 1}) = -(\log x + \sqrt{x^2 - 1})$）.

(2) $y = \sinh x$ から $[x \leftrightarrow y]$ （入れ替え）より,

$$x = \sinh y = \frac{1}{2}(e^y - e^{-y})$$

となる.

y について解く.

$$e^y - e^{-y} - 2x = 0$$
$$\rightarrow \quad (e^y)^2 - 2xe^y - 1 = 0$$
$$\rightarrow \quad e^y = x \pm \sqrt{x^2 + 1}$$

（注：$x - \sqrt{x^2 + 1} < 0$ なので不可）$\rightarrow y = \sinh^{-1} x = \log(x + \sqrt{x^2 + 1})$. よって (1.11) （1 価）が導かれた. ■

◆ 逆関数が新たな関数となる例 ── 三角関数の逆関数

　基本的な初等関数では表すことができない逆関数がある．余弦関数や正弦関数の逆関数は，まさにそのような新たな関数として定義される．

関数		逆関数		
$y = f(x) = \cos x$	$\rightarrow$	$y = f^{-1}(x) = \cos^{-1} x$	（逆余弦関数）	(1.12)
$y = f(x) = \sin x$	$\rightarrow$	$y = f^{-1}(x) = \sin^{-1} x$	（逆正弦関数）	(1.13)

逆三角関数 $\cos^{-1} x$, $\sin^{-1} x$ はそれ自体が新しい関数なので，そのまま関数を表す記号として使う．

関数は 1 価でも逆関数は 1 価とは限らない　さて，逆三角関数は，無限価の多価関数である．この様子は，$\cos x$ と $\sin x$ が 1 価であることに対して（図 1.7），逆三角関数 $\cos^{-1} x$ と $\sin^{-1} x$ は多価関数となることが図 1.8 において示されている．
主値　ある関数が，1 価であるか多価であるかの判断は重要である．しかしながら，1 つの値が重要となることもある．その場合，関数の値 y に制限を付けて便宜上 1 価関数とすることがある．それを主値という．図 1.8 で，多価の逆余弦関数 $y = \cos^{-1} x$ に制限を付けて，値は 1 つしかとらないようにしたもの，すなわち主値を与えるようにした 1 価逆余弦関数を $y = \mathrm{Cos}^{-1} x$ と表す．すなわち，次のように定義する（図 1.8（左））．

$$y = \mathrm{Cos}^{-1} x \quad \leftrightarrow \quad y = \cos^{-1} x, \ 0 \leqq y \leqq \pi \tag{1.14}$$

1 価逆正弦関数 $y = \mathrm{Sin}^{-1} x$ も同様に，次のように定義する（図 1.8（右））．

$$y = \mathrm{Sin}^{-1} x \quad \leftrightarrow \quad y = \sin^{-1} x, \ -\frac{\pi}{2} \leqq y \leqq \frac{\pi}{2} \tag{1.15}$$

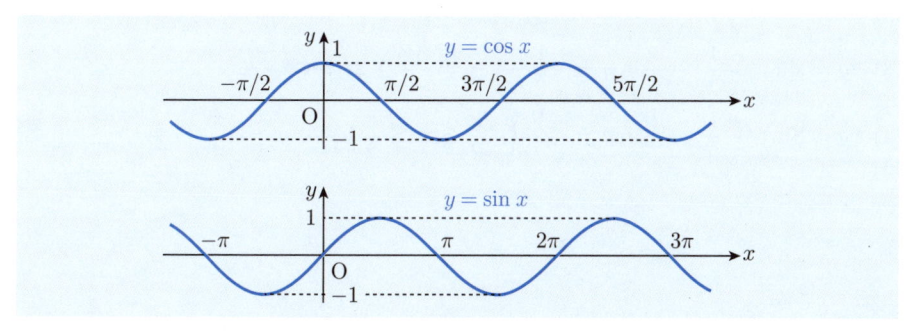

図 1.7　$y = \cos x$ と $y = \sin x$

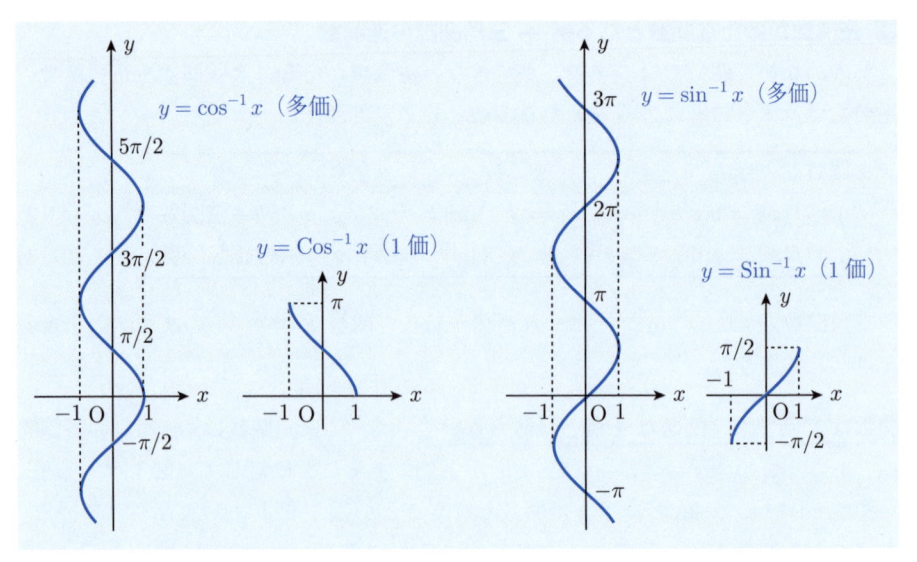

図1.8 逆三角関数.（左）$\cos x$ の逆関数 $\cos^{-1} x$ は多価関数．1価の逆関数が $\mathrm{Cos}^{-1}x$.
（右）$\sin x$ の逆関数 $\sin^{-1} x$ は多価関数．1価の逆関数 $\mathrm{Sin}^{-1}x$.

■ **例題1.3** ■

次の値を求めよ．

(1) $\cos^{-1}\dfrac{\sqrt{3}}{2}$　　(2) $\mathrm{Cos}^{-1}\dfrac{\sqrt{3}}{2}$　　(3) $\sin^{-1}\dfrac{-1}{\sqrt{2}}$　　(4) $\mathrm{Sin}^{-1}\dfrac{-1}{\sqrt{2}}$

【解答】

(1) $y = \cos^{-1}\dfrac{\sqrt{3}}{2}$ → $\cos y = \dfrac{\sqrt{3}}{2}$ → $y = \dfrac{\pi}{6} + 2n\pi$ （多価）.

(2) $y = \mathrm{Cos}^{-1}\dfrac{\sqrt{3}}{2}$ → $\cos y = \dfrac{\sqrt{3}}{2}$ $(0 \leqq y \leqq \pi)$ → $y = \dfrac{\pi}{6}$ （1価）.

(3) $y = \sin^{-1}\dfrac{-1}{\sqrt{2}}$ → $\sin y = \dfrac{-1}{\sqrt{2}}$ → $y = \dfrac{3\pi}{4} + 2n\pi$ （多価）.

(4) $y = \mathrm{Sin}^{-1}\dfrac{-1}{\sqrt{2}}$ → $\sin y = \dfrac{-1}{\sqrt{2}}$ $\left(-\dfrac{\pi}{2} \leqq y \leqq \dfrac{\pi}{2}\right)$ → $y = -\dfrac{\pi}{4}$ （1価）.

逆関数の導関数　逆関数の導関数は，(1.7) の右側の逆関数のいずれか $x = f(x)$ からでも，$y = f^{-1}(x)$ からでも計算することができる．高校の数学で，$y = f(x)$ の逆関数の導関数の求め方は，x と y を入れ替えた $x = f(y)$ に対して，x を y の関数と考えて微分して，まず $\frac{dx}{dy}$ を計算して，逆関数の導関数はその逆数として得られることを学んだ．

$$\text{方法：} \quad x = f(y) \text{ を } y \text{ で微分 } \to \frac{dx}{dy} \to \frac{dy}{dx} = \frac{1}{\dfrac{dx}{dy}} \tag{1.16}$$

注意 1.5　この方法では，逆関数の $y = f^{-1}(x)$ の形を知らなくても導関数が計算できる．x と y の文字を取り替えるだけで，元の関数の形のまま計算ができる．

■ 例題 1.4 ■

$y = \sinh^{-1} x$ の導関数を求める．

(1)　方法 (1.16) によって求めよ．

(2)　$y = \sinh^{-1} x = \log(x + \sqrt{x^2 + 1})$ を直接微分して求めよ．

【解答】　(1)　$x = \sinh y$ を y で微分 $\to \frac{dx}{dy} = \frac{d}{dy}\sinh y = \cosh y$．したがって，$y = \sinh^{-1} x$ の導関数は $\frac{dy}{dx} = \frac{1}{\cosh y}$ (> 0)．ところで，$\cosh^2 y - \sinh^2 y = 1$ より，$\cosh y = \sqrt{\sinh^2 y + 1} = \sqrt{x^2 + 1}$ (> 0)．よって，

$$\frac{d}{dy} \sinh^{-1} x = \frac{1}{\sqrt{x^2 + 1}}$$

となる．

(2)　$\frac{d}{dx}\log(x + \sqrt{x^2 + 1}) = \frac{1}{\sqrt{x^2 + 1}}$ となる．　■

■ 例題 1.5 ■

次の関数の導関数を求めよ．

(1)　$y = \sin^{-1} x$　　(2)　$y = \mathrm{Sin}^{-1} x$

【解答】　(1)　方法 (1.16) を使わざるを得ない．$x = \sin y$ を y で微分 $\to \frac{dx}{dy} = \frac{d}{dy}\sin y = \cos y$．したがって $y = \sin^{-1} x$ の導関数は $\frac{dy}{dx} = \frac{1}{\cos y}$．ところで，$\cos^2 y + \sin^2 y = 1$ より $\cos y = \pm\sqrt{1 - \sin^2 y} = \pm\sqrt{1 - x^2}$．よって，$\frac{d}{dx}\sin^{-1} x = \pm\frac{1}{\sqrt{1 - x^2}}$ となる．

(2)　前問で $\frac{d}{dx}\sin^{-1} x = \pm\frac{1}{\sqrt{1 - x^2}}$ が得られている．図 1.8 からも明らかなように，多価関数であることからグラフの傾きが正負のどちらにもなり得る．ところが 1 価関数では，傾きは単調増加または単調減少のいずれかとなる．図 1.8 の 1 価関数の場合は，単調増加となる部分に制限している．よって，求める導関数は $\frac{d}{dx}\mathrm{Sin}^{-1} x = \frac{1}{\sqrt{1 - x^2}}$ (> 0) である．　■

1.2　関数を級数で表す

関数を**級数**として表すことがある．すると具体的な関数の形にとらわれることなく，統一された級数という形式で関数を記述することができる．いくつかの例を紹介して，今後の勉強の初歩的な指針としたい．

◆ テイラー級数 — $(x-a)$ の多項式で関数を表す

指数関数　$e^x = e^a + e^a(x-a) + \dfrac{e^a}{2!}(x-a)^2 + \dfrac{e^a}{3!}(x-a)^3 + \cdots$　(1.17)

正弦関数　$\sin x = \sin a + \cos a(x-a) - \dfrac{\sin a}{2!}(x-a)^2 - \dfrac{\cos a}{3!}(x-a)^3 + \cdots$

(1.18)

余弦関数　$\cos x = \cos a - \sin a(x-a) - \dfrac{\cos a}{2!}(x-a)^2 + \dfrac{\sin a}{3!}(x-a)^3 + \cdots$

(1.19)

ハイパーボリックサイン

$$\sinh x = \sinh a + \cos a(x-a) + \dfrac{\sinh a}{2!}(x-a)^2 + \dfrac{\cosh a}{3!}(x-a)^3 + \cdots \quad (1.20)$$

ハイパーボリックコサイン

$$\cosh x = \cosh a + \sinh a(x-a) + \dfrac{\cosh a}{2!}(x-a)^2 + \dfrac{\sinh a}{3!}(x-a)^3 + \cdots \quad (1.21)$$

◆ マクローリン級数 — x の多項式で関数を表す

テイラー級数において $a = 0$ としたもの

指数関数　$e^x = 1 + x + \dfrac{1}{2!}x^2 + \dfrac{1}{3!}x^3 + \cdots$　(1.22)

正弦関数　$\sin x = x - \dfrac{1}{3!}x^3 + \dfrac{1}{5!}x^5 - \dfrac{1}{7!}x^7 + \cdots$　(1.23)

余弦関数　$\cos x = 1 - \dfrac{1}{2!}x^2 + \dfrac{1}{4!}x^4 - \dfrac{1}{6!}x^6 + \cdots$　(1.24)

ハイパーボリックサイン　$\sinh x = x + \dfrac{1}{3!}x^3 + \dfrac{1}{5!}x^5 + \dfrac{1}{7!}x^7 + \cdots$

(1.25)

ハイパーボリックコサイン　$\cosh x = 1 + \dfrac{1}{2!}x^2 + \dfrac{1}{4!}x^4 + \dfrac{1}{6!}x^6 + \cdots$

(1.26)

◥ フーリエ級数 — 周期関数を正弦関数と余弦関数の級数で表す

2 つの例を示す.

例 1 区間 $[-\pi, \pi)$ で $f(x) = x$ となる周期 2π の関数（図 1.9）のフーリエ級数：

$$x \sim 2\left(\frac{\sin x}{1} - \frac{\sin 2x}{2} + \frac{\sin 3x}{3} - \cdots\right)$$
(1.27)

（不連続点があるときは記号 $\sim$ を使う.）

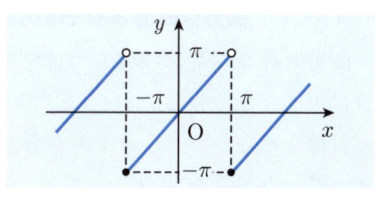

図 1.9 $f(x) = x$ のグラフ

例 2 区間 $[-\pi, \pi)$ で $f(x) = x^2$ となる周期 2π の関数（図 1.10）のフーリエ級数：

$$x^2 = \frac{\pi^2}{3} - 4\left(\frac{\cos x}{1^2} - \frac{\cos 2x}{2^2} + \cdots\right)$$
(1.28)

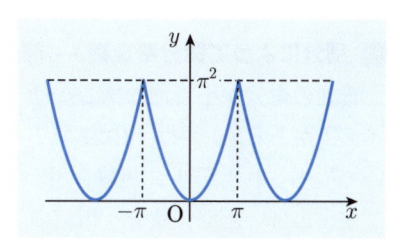

図 1.10 $f(x) = x^2$ のグラフ

● **BOX 1.3 多項式にすると何がよいのか** ●

　関数をすべて，同じタイプの多項式で表すと，微分などの具体的演算が同じタイプの多項式で表される．個々の関数ごとの微分や積分にとらわれることなく，あらゆる結果が同じタイプの多項式の形で表すことができる．

● マクローリン級数の場合

（関数） $f(x) = a_0 + a_1 x + a_2 x^2 + a_3 x^3 + \cdots$ (1.29)

（導関数） $f'(x) = a_1 + 2a_2 x + 3a_3 x^2 + \cdots$ (1.30)

このように導関数も同じマクローリン級数で表される．

1.3　微分を積分で定義する — デルタ関数

1.3.1　積分は微分よりも広い — ディラックとソボレフ

　微分可能な関数は積分も可能である．逆はそうとは限らない．微分が不可でも積分は可能となり得る．例えば，個々に面積を持った 2 つの図形を合わせると，つなぎ目はなめらかではなくても合体した図形は面積を持っている（図1.11）．要するに，積分が可能な関数の全体が，微分が可能な関数を包含している．

$$\text{普通の微分}\quad \lim_{h \to 0}\frac{f(x+h)-f(x)}{h}\quad \text{が不可でも積分は可能}$$

◤ 積分によって微分を定義 — 部分積分を使う

　普通の微分が不可能な関数の微分ができるようにするために，2 つの基本的なアイデアがある．1 つは，1927 年のディラックによる量子力学での新たな定式化において提唱された**デルタ関数**を用いることである．もう 1 つは，1930 年代にソボレフが思い付いた部分積分を用いることである．

<u>デルタ関数 $\delta(x)$ とは—イメージ</u>　　デルタ関数 $\delta(x)$ には，「関数」という名詞が付いているが，面積 1 が原点 $x=0$ に集中している様子を表す「分布関数」である．提唱したディラックの言葉から，まずはイメージを感じ取ってもらいたい（定義は1.3.2 項）．

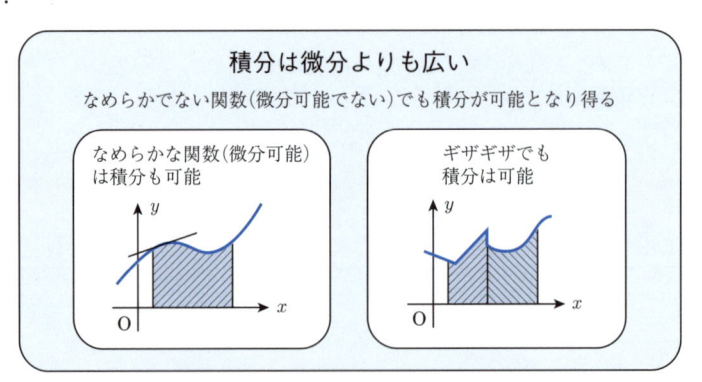

図1.11　積分可能な関数の範囲が，微分可能な関数の範囲よりも広い．微分が不可でも積分は可能となり得る．

● **BOX 1.4　デルタ関数の生みの親ディラックの言葉** (参考文献 [8] の §15) ●

　「ある種の無限大を含む量を考えることが必要になった．これらの無限大を取り扱うために詳しい記号がほしいので，パラメータ x に関して次の条件を満足する量 $\delta(x)$ を考えることにする：

$$\int_{-\infty}^{\infty} \delta(x)\,dx = 1, \qquad x \neq 0 \text{ に対しては } \delta(x) = 0$$

$\delta(x)$ のありさまを思い浮かべるには，実変数 x の関数で，原点 $x = 0$ を取り囲む小さな領域，例えば長さ ε の領域の内部のほかでは零であり，この領域の内部では非常に大きい値をとり，この領域について積分すれば 1 となるようなものを考えればよい．そうすれば $\varepsilon \to 0$ の極限ではこの関数は $\delta(x)$ へ移ってゆくことになる．」

　「$\delta(x)$ の最もたいせつな性質を示すよい例は次の方程式である：

$$\int_{-\infty}^{\infty} f(x)\,\delta(x)\,dx = f(0) \tag{1.31}$$

ここで $f(x)$ は x の連続関数であれば何でもよい．」

　ディラックの言葉から，次の 2 点に注意して，**モデル関数**（$\mathscr{D}_\varepsilon(x)$ と表す）を使ってデルタ関数のイメージを描くことができる（**図 1.12**）．

- $\mathscr{D}_\varepsilon(x)$ は原点を含む幅が ε において 0 ではなく面積 1 を持つ．
- 面積 1 を保っての極限 $\varepsilon \to 0$ で $\mathscr{D}_\varepsilon(x)$ がデルタ関数となる．

$$\lim_{\varepsilon \to 0} \mathscr{D}_\varepsilon(x) = \delta(x) \tag{1.32}$$

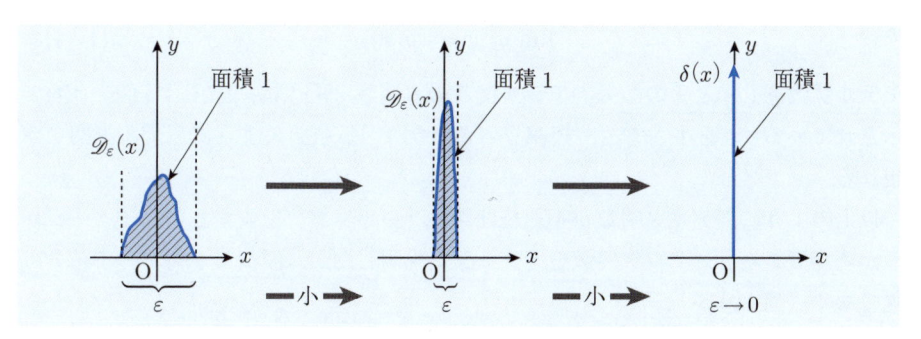

図 1.12　モデル関数 $\mathscr{D}_\varepsilon(x)$ からデルタ関数へ至るイメージ

◤ デルタ関数で不連続関数を見直す

デルタ関数を不連続点にあてはめることをイメージしてみよう．すると，不連続関数の微分可能性が拓けてくる．例として，$x = 1$ で不連続な関数 (1.33)（図 1.13）の微分を考える．

$$y = \begin{cases} (x-1)^2 + 1 & (x \geqq 1) \\ -x + 1 & (x < 1) \end{cases} \tag{1.33}$$

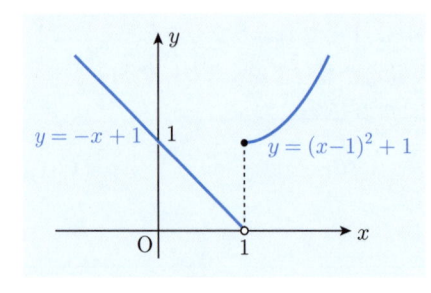
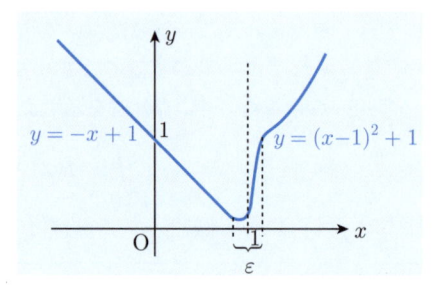

図 1.13　不連続関数 (1.33) のグラフ．$x = 1$ において，値が 1 だけ増加している．

図 1.14　不連続関数 (1.33) の微分可能なモデル関数 $y = y_\varepsilon(x)$.

さて，不連続点 $x = 1$ を含む小さな幅 ε の範囲で，適当ななめらかな関数でつないで，微分可能な関数を考える（図 1.14）．それを $y_\varepsilon(x)$ とする．これを不連続関数 (1.33) の**モデル関数**という．すなわち，$\varepsilon \to 0$ のとき $y_\varepsilon(x) \to y(x)$ となる．

$$\lim_{\varepsilon \to 0} y_\varepsilon(x) = y(x) \tag{1.34}$$

<u>モデル関数 $y_\varepsilon(x)$ とその微分</u>　モデル関数の導関数 $y'_\varepsilon(x)$ は，図 1.15（左，中）で示されている．ε を小さくし，極限をとると図 1.15（右）のように，デルタ関数が現れる．

以上のように，デルタ関数が不連続関数の「ギャップ」を表すというイメージがつかめたであろう．デルタ関数をイメージで説明したが，面積 1 を持つので積分可能である（図 1.16）．

注意 1.6　デルタ関数は，それぞれの分野において異なる呼び方がある．例えば，システム制御では，単位インパルス入力，単位インパルス関数などと呼ばれる．

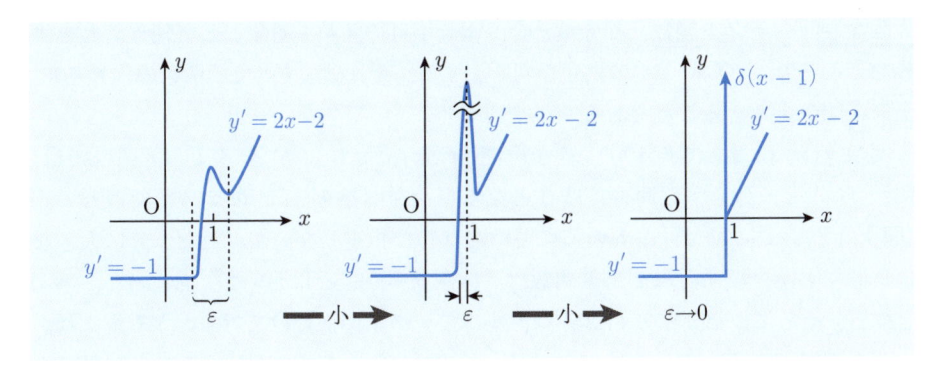

図1.15 モデル関数 $y_\varepsilon(x)$ の導関数 $y_\varepsilon'(x)$ に対して，$\varepsilon \to 0$ の極限をとると，不連続点でデルタ関数が現れる．

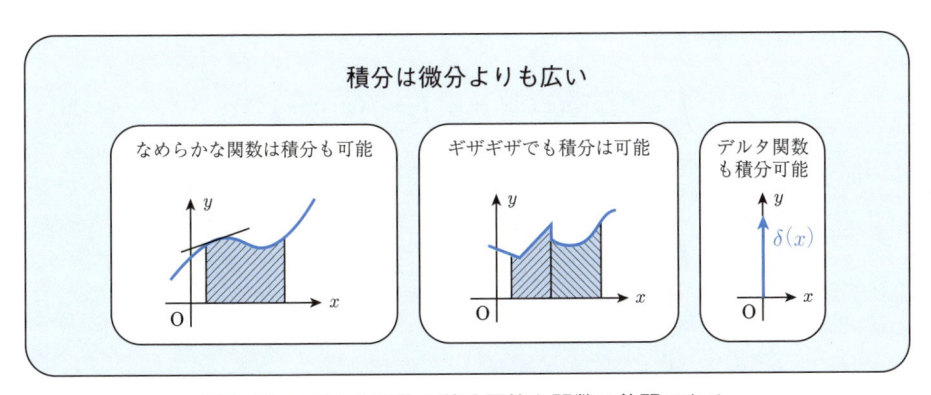

図1.16 デルタ関数も積分可能な関数の仲間である．

■ 部分積分を微分に使う — ソボレフのアイデア

高校の微積分ですでに知っている部分積分は，2 つの関数 $f(x)$ と $g(x)$ に対して，次式で表される．

$$\int_{-\infty}^{\infty} f'(x)\, g(x)\, dx = \Big[f(x)\, g(x) \Big]_{-\infty}^{\infty} - \int_{-\infty}^{\infty} f(x)\, g'(x)\, dx \qquad (1.35)$$

2 つの関数および導関数は，積分をされているので，なめらか（微分可能）でなくても部分積分の式は成立するであろう（積分可能ならばよい）．

大胆な判断——テスト関数　部分積分を，微分不可の関数も対象として使うことを決めたところで，さらに1つの大胆な判断をする．それは，すべての関数の代わりに，**テスト関数**を考えることである．

　関数 $f(x)$ に対して，十分大きな区間 $[a,b]$ $(a < 0 < b)$ を考え，区間内では，関数 $f(x)$ と一致し，区間外では 0 となる新たな関数を $f(x)$ のテスト関数という（図1.17）．ここでは，a, b の値については特に指定しないが，ただ十分に大きな値としておく．要するにテスト関数は，極限 $x \to \pm\infty$ において，常に $f(x) \to 0$ とする．そして，部分積分 (1.35) は，すべてテスト関数だけを対象とする．これが大胆な判断である．これ以降，$f(x)$ も $g(x)$ も，そのままの記法でテスト関数であるとする．すると，$\left[f(x)\,g(x)\right]_{-\infty}^{\infty} \to 0$ となることから部分積分 (1.35) は，すべてのテスト関数に対して無限遠における値（極限）を気にすることなく，次を公式として使うことができる．

$$\int_{-\infty}^{\infty} f'(x)\,g(x)\,dx = -\int_{-\infty}^{\infty} f(x)\,g'(x)\,dx \tag{1.36}$$

この部分積分を，微分を定義するための基本式とする

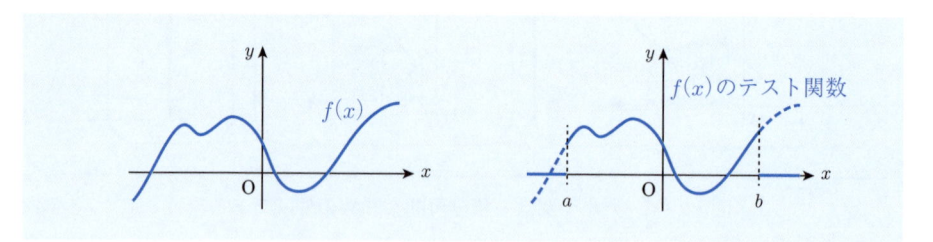

図1.17　（左）与えられた関数 $\boldsymbol{f(x)}$．（右）$\boldsymbol{f(x)}$ のテスト関数：区間 $[\boldsymbol{a,b}]$ の外では $\boldsymbol{0}$ となる新たな関数．

注意1.7　本節の「大胆な判断」については，本来，「超関数論」において「急減少関数」という概念によって議論されるべきものである．超関数論は，1950年以降に整備された理論である．本書におけるデルタ関数の解説は，それ以前のディラックとソボレフによる1930年代の議論に基づいている．その2つの根幹となる考え方を知ることが重要である．

◤ 基本式 (1.36) による微分の定義

テスト関数 $f(x)$ は，普通の微分ができない可能性があるとする．もう一方の $g(x)$ は任意関数であるが，普通の微分が可能なものとする．

$$\int_{-\infty}^{\infty} f'(x)\,g(x)\,dx = -\int_{-\infty}^{\infty} f(x)\,g'(x)\,dx \tag{1.37}$$

微分不可　微分可能な
の可能性　任意関数

> **定義（広い意味の微分）**　(1.37) が任意の微分可能な関数 $g(x)$ に対して成立するとき，左辺の $f'(x)$ を微分不可の可能性のある関数 $f(x)$ の微分（導関数）と定義する（微分可能な関数 $f(x)$ の微分 $f'(x)$ も，この定義による微分と一致する）．

1.3.2　デルタ関数 ── 定義から

> **定義（デルタ関数）**　デルタ関数 $\delta(x)$ は，任意のテスト関数 $f(x)$ との積 $f(x)\delta(x)$ の積分が，常に $f(x)$ の原点の値 $f(0)$ となるものと定義する．
>
> $$\int_{-\infty}^{\infty} f(x)\,\delta(x)\,dx = f(0) \tag{1.38}$$

この定義式から次式も導かれる．

$$\int_{-\infty}^{\infty} f(x)\,\delta(x-a)\,dx = f(a) \tag{1.39}$$

注意 1.8　ディラックの言葉（BOX 1.4）の (1.31) は，任意の連続関数によるものである．しかし，(1.38) は，任意のテスト関数に対する式であることに注意を要する．

デルタ関数 $\delta(x)$ の定義が与えられた．デルタ関数の性質は，一貫してこの定義から導かれる．そのうちの 3 つを例題として紹介する．

■ 例題 1.6（性質 1 ── 縮尺）

任意の関数 $f(x)$ と任意の 0 でない定数 c に対して次式を示せ．

$$\delta(cx) = \frac{1}{|c|}\,\delta(x) \quad (c \neq 0) \tag{1.40}$$

（定数 c の値によって，x 軸の縮尺が変化する．c は負の場合もあるが，そのときは縮尺の変化だけではなく x 軸の正の向きも逆になる．）

【解答】　定義 (1.38) の $\delta(x)$ の変数 x を cx に置き換える．すると，

$$\int_{-\infty}^{\infty} f(x)\,\delta(cx)\,dx = \frac{1}{|c|} \int_{-\infty}^{\infty} f\left(\frac{\xi}{c}\right) \delta(\xi)\,d\xi = \frac{1}{|c|} f(0)$$

$$= \frac{1}{|c|} \int_{-\infty}^{\infty} f(x)\,\delta(x)\,dx = \int_{-\infty}^{\infty} f(x)\,\frac{1}{|c|}\delta(x)\,dx$$

ここで，第 1 の式と最後の式との差をとると

$$\int_{-\infty}^{\infty} f(x)\left\{\delta(cx) - \frac{1}{|c|}\delta(x)\right\} dx = 0$$

（これは任意関数 $f(x)$ に対する恒等式なので中括弧の中が 0）

$$\rightarrow \quad \delta(cx) = \frac{1}{|c|}\,\delta(x) \quad （よって示された.）$$

■ **例題1.7 （性質 2 — 偶関数）** ■

デルタ関数は偶関数であることを示せ.

$$\delta(-x) = \delta(x) \tag{1.41}$$

【解答】　(1.40) において $c = -1$ とおく.

■ **例題1.8 （性質 3 — $f(0)$ を取り出す作用素）** ■

次式を示せ.

$$f(x)\,\delta(x) = f(0)\,\delta(x) \tag{1.42}$$

【解答】　関数 $f(x)$, $g(x)$ に対して次式を得る.

$$\int_{-\infty}^{\infty} \Big(f(x)\delta(x)\Big) g(x)\,dx = \int_{-\infty}^{\infty} \Big(f(x)g(x)\Big) \delta(x)\,dx = f(0)g(0)$$

$$= f(0) \int_{-\infty}^{\infty} g(x)\,\delta(x)\,dx = \int_{-\infty}^{\infty} \Big(f(0)\delta(x)\Big) g(x)\,dx$$

ここで，第 1 の式と最後の式との差をとると

$$\int_{-\infty}^{\infty} \left\{f(x)\delta(x) - f(0)\delta(x)\right\} g(x)\,dx = 0$$

（これは任意関数 $g(x)$ に対する恒等式なので中括弧の中が 0）

$$\rightarrow \quad f(x)\delta(x) = f(0)\delta(x) \quad （よって示された.）$$

公式 (1.41), (1.42) は，さらに次のように応用される.

$$\delta(-x + a) = \delta(x - a), \tag{1.43}$$

$$f(x)\,\delta(x - a) = f(a)\,\delta(x - a) \tag{1.44}$$

● BOX 1.5 デルタ関数は汎関数 ●

デルタ関数 $\delta(x)$ は，それ自体具体的な値を持つことがなく普通の関数とはいえない．上記の注意 1.7 で述べたように，デルタ関数の誕生から 20 年ほど経った 1950 年頃に，超関数（英語では distributions（分布という意味））と呼ばれる新しい関数の体系の原形として認識されるようになった．

ところで，17 世紀末から創始された変分法がある．それは本書の最後の 7 章のテーマである．変分法では，汎関数というものを考える．これは「関数の関数」として説明される．関数を $f, g, h, \cdots$ などと表すことにする．汎関数を $\mathscr{F}$ で表す．普通の関数は，変数 x を与えると

$$x \longmapsto f(x), \ g(x), \ h(x), \ \cdots$$

のようにそれぞれ値が定まる．ところが，汎関数は，このような変数を取り入れて値を定めるのではなく，関数 $f, g, h, \cdots$ を変数のように取り入れて値が定まるという機能を持つ．まさに関数の関数である．

$$f, \ g, \ h, \ \cdots \longmapsto \mathscr{F}[f], \ \mathscr{F}[g], \ \mathscr{F}[h], \ \cdots$$

さて，デルタ関数の定義式 (1.38) および性質 3 (1.42) を見てみよう．デルタ関数が関数 $f(x)$ を取り入れて，その関数の原点の値 $f(0)$ を出力するという機能を表しているではないか．これは関数を変数のように取り入れてある値を出すという汎関数の機能である．したがって，汎関数という機能を示すものとして，デルタ関数の定義を次のように表すこともある．

$$\delta[f] = \int_{-\infty}^{\infty} f(x)\,\delta(x)\,dx = f(0) \tag{1.45}$$

すなわち，デルタ関数は，「関数」ではなく汎関数である．1927 年に誕生したデルタ関数は，1950 年以降，超関数という新たな関数の体系に組み込まれたが，それは 250 年前から考えられてきたより大きな「汎関数」という枠組みの中で定式化されたものである（汎関数の英語は functional である）．

◆ デルタ関数はヘビサイド関数の導関数

ヘビサイド関数 $u(x)$ は，(1.46) で定義される（図 1.18）．ヘビサイド（Heaviside）の頭文字を使って $H(x)$ と表されることもある．

$$u(x) = \begin{cases} 1 & (x \geqq 0) \\ 0 & (x < 0) \end{cases} \tag{1.46}$$

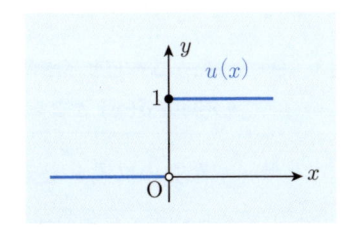

図 1.18
ヘビサイド関数 $u(x)$ のグラフ

注意 1.9　ヘビサイド関数は，単位ステップ関数，単位階段関数，またユニット関数，ステップ関数などとも呼ばれる．

■ 例題1.9（公式）■

デルタ関数はヘビサイド関数の導関数であることを示せ．

$$u'(x) = \delta(x) \tag{1.47}$$

【解答】　基本式 (1.37) の $f(x)$ のところに $u(x)$ を代入する．

$$\int_{-\infty}^{\infty} u'(x)\,g(x)\,dx = -\int_{-\infty}^{\infty} u(x)\,g'(x)\,dx = -\int_{0}^{\infty} g'(x)\,dx$$

$$= -\big[\,g(x)\,\big]_{0}^{\infty} = g(0) = \int_{-\infty}^{\infty} g(x)\,\delta(x)\,dx$$

最初と最後の式の差をとると，$\displaystyle\int_{-\infty}^{\infty} (u'(x) - \delta(x))g(x)\,dx = 0$

これが任意の $g(x)$ に対して，恒等的に成り立つために，(1.47) が成り立つ．　■

ヘビサイド関数の微分 $u'(x) = \delta(x)$ のイメージ　　ヘビサイド関数 $u(x)$ のモデル関数を $u_\varepsilon(x)$ とする．極限 $\varepsilon \to 0$ によって，モデル関数の導関数 $u'_\varepsilon(x)$ が $u'(x) = \delta(x)$ となる（図1.19）．

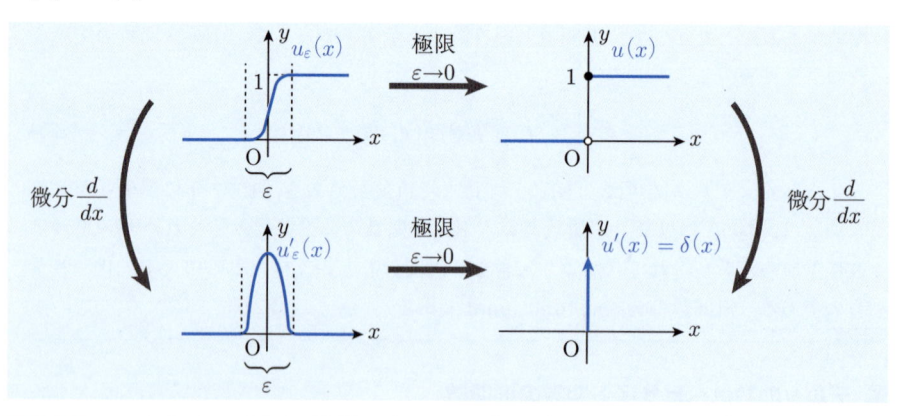

図1.19　$u_\varepsilon(x)$ はヘビサイド関数 $u(x)$ のモデル関数．この導関数 $u'_\varepsilon(x)$ の極限がデルタ関数 $\delta(x)$ となる．

ヘビサイド関数の位置を変えたときのデルタ関数との関係は，

$$u'(x) = \delta(x), \;\; u'(x-a) = \delta(x-a), \;\; u'(-x+a) = -\delta(x-a) \tag{1.48}$$

となる．図1.20はこれらのグラフである．

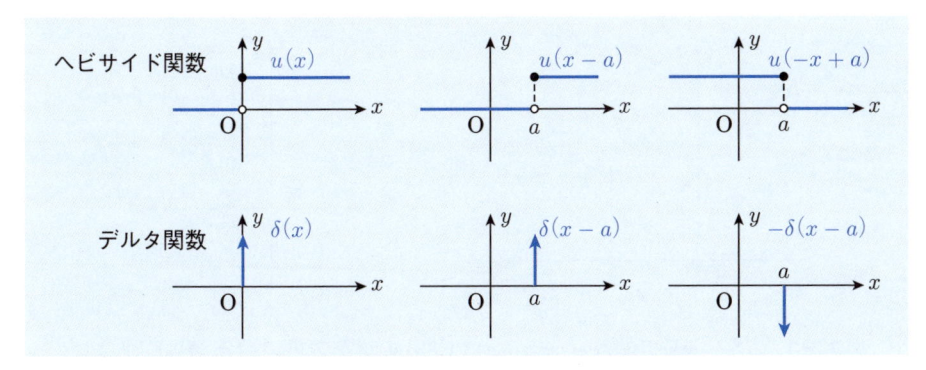

図1.20 （上）ヘビサイド関数と（下）デルタ関数. 位置を変えた3つのグラフ.

1.3.3 不連続関数の導関数 —— 計算法

ところで，不連続関数 (1.33) を例として，導関数がデルタ関数によって得られることをイメージで示したが，あらためて，デルタ関数によって導関数が計算できることを示す.

不連続関数 (1.33) をヘビサイド関数で表す.

$$y(x) = \{(x-1)^2 + 1\}\, u(x-1) + (-x+1)\, u(1-x) \tag{1.49}$$

場合分けして表された関数の各パートがヘビサイド関数との積となって，全体として場合分けの無い1つの式で表された. これを微分する.

$$
\begin{aligned}
y'(x) &= \left[\{(x-1)^2 + 1\}\, u(x-1) + (-x+1)\, u(1-x)\right]' \\
&= \{2(x-1)\, u(x-1) + \{(x-1)^2 + 1\}\, u'(x-1) - u(1-x) \\
&\quad + (-x+1)\, \{u(1-x)\}' \\
&= 2(x-1)u(x-1) + \{(x-1)^2 + 1\}\, \delta(x-1) - u(1-x) \\
&\quad - (-x+1)\, \delta(x-1) \qquad\qquad\qquad \text{[(1.48) を使う]} \\
&= 2(x-1)u(x-1) - u(1-x) \\
&\quad + \left[\{(x-1)^2 + 1\} - (-x+1)\right] \delta(x-1) \\
&= 2(x-1)u(x-1) - u(1-x) \\
&\quad + \left[\{(x-1)^2 + 1\} - (-x+1)\right]\Big|_{x=1} \delta(x-1) \quad \text{[(1.44) を使う]} \\
&= 2(x-1)u(x-1) - u(1-x) + \delta(x-1)
\end{aligned}
$$

よって導関数 $y'(x)$ が，ヘビサイド関数とデルタ関数を使って得られた.

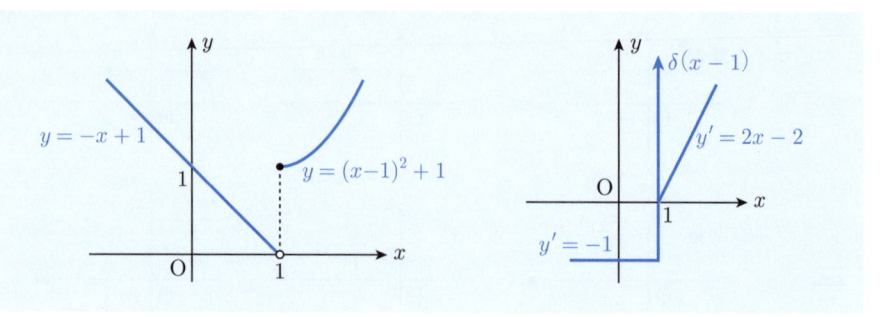

図1.21 (左) 不連続関数 $y = y(x)$ (1.33) のグラフ (図1.13 再掲), および (右) デルタ関数を使って得られた導関数 $y'(x)$ (1.50) のグラフ (図1.15 (右) の再掲).

$$y'(x) = 2(x-1)u(x-1) - u(1-x) + \delta(x-1) \tag{1.50}$$

図1.21 が, この関数と導関数のグラフである.

◤ 不連続関数を表すのに便利なヘビサイド関数

1 カ所 x_0 で不連続な関数 $f(x)$ を考える. $f(x)$ は, 2 つの関数 $f_1(x)$, $f_2(x)$ によって表されたものとする (図1.22). $f(x)$ は場合分けで表されるが, ヘビサイド関数で 1 つの式で表すことができる.

$$f(x) = \begin{cases} f_1(x) & (x \geqq x_0) \\ f_2(x) & (x < x_0) \end{cases} = f_1(x)u(x-x_0) + f_2(x)u(x_0-x) \tag{1.51}$$

注意 1.10 関数 (1.51) の不連続点 x_0 における両側からの極限値を次のように表すことにする.

$$\begin{cases} \lim_{x \to x_0+0} f_1(x) = f_1(x_0) & \text{(右側極限値)} \\ \lim_{x \to x_0-0} f_2(x) = f_2(x_0) & \text{(左側極限値)} \end{cases} \tag{1.52}$$

これの導関数は, ヘビサイド関数の微分によって計算できて, デルタ関数が現れる. 次式がその概略である.

$$\begin{aligned} f'(x) &= f_1'(x)u(x-x_0) + f_2'(x)u(x_0-x) \\ &\quad + f_1(x)u'(x-x_0) + f_2(x)u'(x_0-x) \qquad \text{[(1.48) を使う]} \\ &= f_1'(x)u(x-x_0) + f_2'(x)u(x_0-x) \\ &\quad + f_1(x)\delta(x-x_0) - f_2(x)\delta(x-x_0) \end{aligned}$$

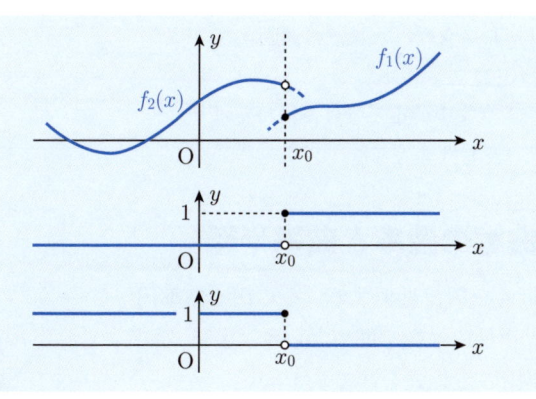

図1.22 不連続関数 $f(x)$ (1.51) が，ヘビサイド関数を使って 1 つの式として表されることのイメージ.

$$
\begin{aligned}
&= f_1'(x)u(x-x_0) + f_2'(x)u(x_0-x) \\
&\quad + \{f_1(x) - f_2(x)\}\,\delta(x-x_0) \qquad\qquad [(1.44)\ \text{を使う}] \\
&= f_1'(x)u(x-x_0) + f_2'(x)u(x_0-x) \\
&\quad + \{f_1(x_0) - f_2(x_0)\}\,\delta(x-x_0) \qquad\qquad (1.53)
\end{aligned}
$$

以上をまとめると，導関数は次のように導かれる.

$$
\begin{aligned}
f'(x) &= \big\{f_1(x)u(x-x_0) + f_2(x)u(x_0-x)\big\}' \\
&= f_1'(x)u(x-x_0) + f_2'(x)u(x_0-x) \\
&\quad + \{f_1(x_0) - f_2(x_0)\}\,\delta(x-x_0) \qquad\qquad (\text{再掲 } (1.53))
\end{aligned}
$$

もしも，両側からの極限値が一致している場合，すなわち $f_1(x_0) = f_2(x_0)$ となるとき，ヘビサイド関数を使ってデルタ関数も現れるが，結果 (1.53) のデルタ関数の係数 $\{f_1(x_0) - f_2(x_0)\}$ は 0 となる．計算の途中ではデルタ関数が現れても，結果の導関数には現れない（演習 1.4 を参照）.

● **BOX 1.6　デルタ関数が登場するところ** ●

　デルタ関数によって不連続関数の微分ができるようになった．デルタ関数の活躍の場はそれだけではない．本書でも 5〜7 章において，次のようにデルタ関数が多岐に亘って登場する.

- 5.8 節のフーリエ変換 (F8) 〜 (F17)，例題 5.4(3) 〜 (6)，注意 5.2
- 5.9 節のラプラス変換 (L8), (L9)
- 5.10 節のフーリエ変換による解法（Step 1 〜 3）

- 6.12 節のインパルスを受ける粒子の運動
- 6 章の演習 6.10(1)
- 7.5 節の例 1（1 点集中荷重を受ける片持ちはり）

1.4　曲線の曲率と曲率半径

　曲線上の点の近傍を円で近似する．その円を**曲率円**，
半径を**曲率半径**，半径の逆数を**曲率**という．半径 r，中
心 (X, Y) の曲率円の方程式を次で表す．

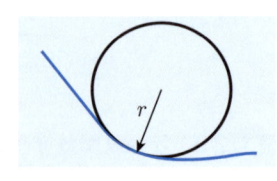

$$(x - X)^2 + (y - Y)^2 = r^2 \qquad (1.54)$$

円の任意の点 (x, y) における接線の方程式は次のよう
になる．

図 1.23

曲線の曲率円と曲率半径

$$(x - X) + (y - Y)y'(x) = 0 \qquad (1.55)$$

曲率は曲線の凹凸に関係するので，2 階導関数を計算しておく．

$$1 + (y'(x))^2 + (y - Y)y''(x) = 0 \qquad (1.56)$$

円は曲線上の点 (a, b) $(b = f(a))$ において，曲線と接し，さらに凹凸も一致すると
して，次の 3 式を得る．

$$\begin{cases} (a - X)^2 + (b - Y)^2 = r^2(a) \\ (a - X) + (b - Y)y'(a) = 0 \\ 1 + (y'(a))^2 + (b - Y)y''(a) = 0 \end{cases} \qquad (1.57)$$

上記の第 2, 3 の式から，$(a - X), (b - Y)$ を求めると

$$(a - X) = \frac{1 + (y'(a))^2}{y''(a)}y'(a), \quad (b - Y) = -\frac{1 + (y'(a))^2}{y''(a)} \qquad (1.58)$$

これらを (1.57) の第 1 式に代入すると

$$r^2(a) = (a - X)^2 + (b - Y)^2 = \frac{\{1 + (y'(a))^2\}^3}{(y''(a))^2} \qquad (1.59)$$

となる．点 (a, b) は曲線 $y = f(x)$ の任意の点なので，一般の点 $(x, f(x))$ における
曲率 $\kappa(x) \left(= \dfrac{1}{r(x)} \right)$ が次のように求まる．

$$\kappa(x) = \frac{1}{r(x)} = \frac{f''}{\{1 + (f')^2\}^{\frac{3}{2}}} \qquad (1.60)$$

■ **例題 1.10** ■

　ハイパーボリックコサイン（またはカテナリー）$y_1 = \frac{1}{2}(e^{ax} + e^{-ax})$ の原点 $x = 0$ における曲率 $\kappa_1(0)$ と，放物線 $y_2 = bx^2$ の原点における曲率 $\kappa_2(0)$ が一致するためには $a^2 = 4b$ であることを示せ.

【解答】　それぞれの関数の曲率 (1.60) を計算して，$x = 0$ とおくと

$$\kappa_1(0) = \frac{1}{2}a^2, \quad \kappa_2(0) = 2b$$

となる. これらを等しいとおくと

$$a^2 = 4b$$

となる. ■

注意 1.11　曲率は，材料力学で，はりのたわみ曲線と弾性エネルギーに関係する（6 章の注意 6.12 および 7 章 (7.45) を参照）.

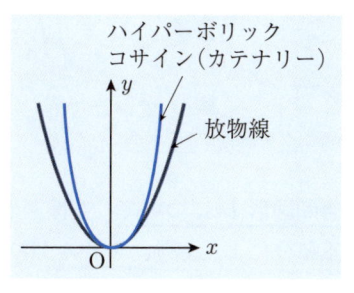

頂点において曲率が同じカテナリーと放物線.

1.5　重積分 — 面積，体積，重心

　多変数関数の積分 $\int \cdots \int f(x_1, \cdots, x_m)\, dx_1 \cdots dx_m$ を**多重積分**という. 機械工学では，重積分 $\iint f(x, y)\, dxdy$ や 3 重積分 $\iiint f(x, y, z)\, dxdydz$ が特に重要である. 面積，体積，重心，慣性モーメントなどは，重積分または 3 重積分によって求める. 平面図形も空間図形も，積分を対象とする領域（面積や体積）を D で表す（重心や慣性モーメントなどは質点の集合（点の集合）でも定義できる）.

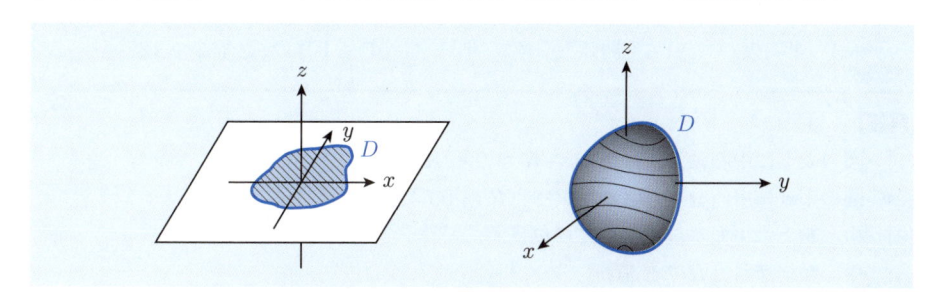

図 1.24　平面図形と空間図形. どちらも D で表す.

平面図形 D について　平面図形 D（図 1.24（左））の面積，質量および重心は，重積分によって与えられる．D の密度関数を $\rho = \rho(x, y)$ とする．

$$
\text{面積：} \quad A = \iint_D dx\, dy
$$

$$
\text{質量：} \quad M = \iint_D \rho\, dx\, dy \tag{1.61}
$$

$$
\text{重心：} \quad (x_{\mathrm{G}}, y_{\mathrm{G}}) = \left(\frac{1}{M} \iint_D \rho x\, dx\, dy, \ \frac{1}{M} \iint_D \rho y\, dx\, dy \right)
$$

空間図形 D について　空間図形 D（図 1.24（右））の体積，質量および重心は，3重積分によって与えられる．D の密度関数を $\rho = \rho(x, y, z)$ とする．

$$
\text{体積：} \quad V = \iiint_D dx\, dy\, dz
$$

$$
\text{質量：} \quad M = \iiint_D \rho\, dx\, dy\, dz \tag{1.62}
$$

$$
\text{重心：}
$$

$$
(x_{\mathrm{G}}, y_{\mathrm{G}}, z_{\mathrm{G}})
$$

$$
= \left(\frac{1}{M} \iiint_D \rho\, x\, dxdydz, \ \frac{1}{M} \iiint_D \rho y\, dxdydz, \ \frac{1}{M} \iiint_D \rho z\, dxdydz \right)
$$

■ **例題 1.11** ■

次の重心を求めよ．(1)–(4) の半径を R，(5) の高さを H とする．

(1) 半円板　　(2) 半円弧　　(3) 半球　　(4) 半球殻　　(5) 円錐

【解答】　結果のみを示す．

(1) 図のように中心軸上，弦から $\frac{4}{3\pi}R \approx 0.42R$ の点．

(2) 図のように中心軸上，開放側から $\frac{2}{\pi}R \approx 0.64R$ の点．

(3) 中心軸上水平面から深さ $\frac{5}{8}R$ の位置．

(4) 中心軸上深さ $\frac{1}{2}H$ の位置．

(5) 中心軸上底面から $\frac{1}{4}H$ の位置．

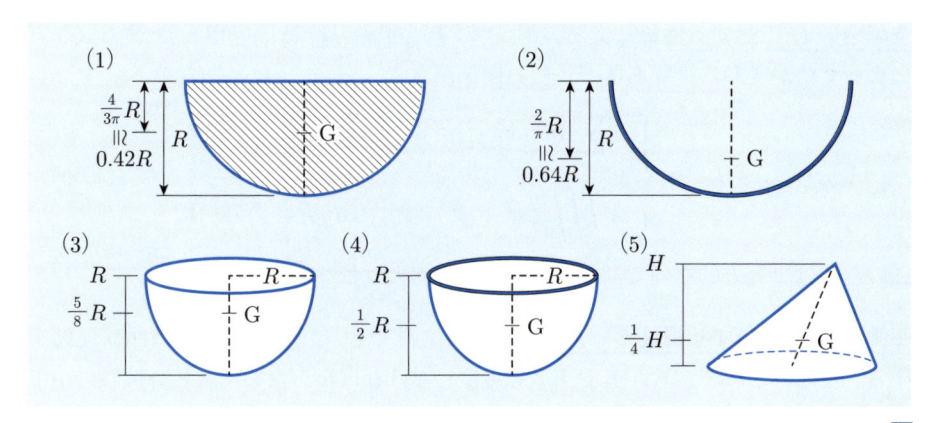

1.6　慣性モーメント

◆ 慣性モーメント空間

　図形（平面図形も）を D とする．D は力学では**剛体**という．慣性モーメント I は，剛体の形状と質量によって決まる剛体固有の物理量で，剛体の回転運動で角速度と角運動量をつなぐ役割を持ち下記の 6 成分からなる．

D が複数の座標 (x_i, y_i, z_i) にある質点 m_i からなる場合

$$\begin{cases} I_{xx} = \sum_i m_i \left(y_i^2 + z_i^2 \right), & I_{xy} = -\sum_i m_i \, x_i y_i \\ I_{yy} = \sum_i m_i \left(x_i^2 + z_i^2 \right), & I_{xz} = -\sum_i m_i \, x_i z_i \\ I_{zz} = \sum_i m_i \left(x_i^2 + y_i^2 \right), & I_{yz} = -\sum_i m_i \, y_i z_i \end{cases} \tag{1.63}$$

D が密度分布 $\rho = \rho(x, y, z)$ の空間領域を表す場合

$$\begin{cases} I_{xx} = \iiint_D \rho \left(y^2 + z^2 \right) dx dy dz, & I_{xy} = -\iiint_D \rho xy \, dx dy dz \\ I_{yy} = \iiint_D \rho \left(x^2 + z^2 \right) dx dy dz, & I_{xz} = -\iiint_D \rho xz \, dx dy dz \\ I_{zz} = \iiint_D \rho \left(x^2 + y^2 \right) dx dy dz, & I_{yz} = -\iiint_D \rho yz \, dx dy dz \end{cases} \tag{1.64}$$

空間図形 D に対する性質　空間図形 D の I_{xx}, I_{yy}, I_{zz} は，座標 xyz 軸の取り方によって値が変わる量であるが，次の関係がある．

$$I_{xx} + I_{yy} + I_{zz} = \begin{cases} 2 \sum_i m_i \left(x_i^2 + y_i^2 + z_i^2 \right) & \text{（点分布）} \\ 2 \iiint_D (x^2 + y^2 + z^2) \, dxdydz & \text{（連続体）} \end{cases} \tag{1.65}$$

この右辺は，等方的なので選んだ座標軸の方向には依存しない量となる．

平面図形 D に対する慣性モーメント　平面図形でも，z 軸のまわりの回転運動をすることがあるので，I_{zz}, I_{xz}, I_{yz} も考慮しなければならない．被積分関数の中で $z = 0$ に注意すると，定義式 (1.64) は，次のようになる．

$$\begin{cases} I_{xx} = \iint_D \rho \, y^2 \, dxdy, & I_{xy} = -\iint_D \rho \, xy \, dxdy \\ I_{yy} = \iint_D \rho \, x^2 \, dxdy, & I_{xz} = -\iint_D \rho \, xz \, dxdy = 0 \\ I_{zz} = \iint_D \rho \, (x^2 + y^2) \, dxdy, & I_{yz} = -\iint_D \rho \, yz \, dxdy = 0 \end{cases} \tag{1.66}$$

平面図形 D の I_{xx}, I_{yy}, I_{zz} は独立ではなく，次の関係がある．

$$I_{zz} = I_{xx} + I_{yy} = \begin{cases} \sum_i m_i \left(x_i^2 + y_i^2 \right), & \text{（点分布）} \\ \iint_D (x^2 + y^2) dxdy & \text{（連続体）} \end{cases} \tag{1.67}$$

注意 1.12　平面図形 D を 3 次元図形の特殊な場合とすれば，慣性モーメントを本来 3 重積分で定義したとしても，実際は z 成分は寄与しないので x と y の重積分で定義するのが普通である．

■ **例題 1.12** ■

(1) 図の二等辺三角形 D（$\rho = 1$）の慣性モーメント (1.64) が，

$$I_{xx} = \frac{ab^3}{6}, \quad I_{yy} = \frac{a^3b}{6}, \quad I_{zz} = \frac{ab^3 + a^3b}{6},$$

$$I_{xy} = I_{xz} = I_{yz} = 0$$

となることを示せ.

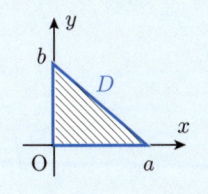

(2) 図の直角三角形 D（$\rho = 1$）の慣性モーメ

ント (1.64) が，

$$I_{xx} = \frac{a^3b}{12}, \quad I_{yy} = \frac{ab^3}{12}, \quad I_{zz} = \frac{ab^3 + a^3b}{12},$$

$$I_{xy} = -\frac{a^2b^2}{24},$$

$$I_{xz} = I_{yz} = 0$$

となることを示せ（$I_{xy} \neq 0$ の例として，次章の主慣性モーメントにおいて再び取り上げる）.

【解答】 (1) 二等辺三角形 D は，x 軸，直線 $y = \frac{b}{a}x + b$ と $y = -\frac{b}{a}x + b$ によって囲まれている. よって，

$$I_{xx} = \iint_D y^2 \, dxdy$$

$$= \int_0^b \left(\int_{\frac{a}{b}y-a}^{-\frac{a}{b}y+a} dx \right) y^2 \, dy$$

$$= \frac{ab^3}{6}$$

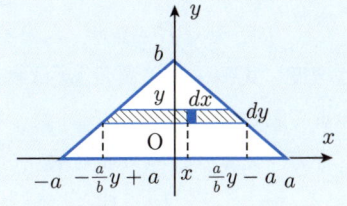

同様の計算により，

$$I_{yy} = \iint_D x^2 \, dxdy = \frac{a^3b}{6}$$

さらに，

$$I_{zz} = \iint_D (x^2 + y^2) \, dxdy = I_{xx} + I_{yy} = \frac{a^3b + ab^3}{6}$$

となる.

$$I_{xy} = -\iint_D xy \, dxdy = 0,$$

$$I_{xz} = -\iint_D xz \, dxdy = 0,$$

$$I_{yz} = -\iint_D xz \, dxdy = 0$$

（注：y 軸対称により $I_{xy} = 0$. 平面図形では $z = 0$ なので $I_{xz} = I_{yz} = 0$.）

(2)　直角三角形 D は，x 軸，y 軸，および直線 $y = -\frac{b}{a}x + b$ で囲まれている．よって，

$$I_{xx} = \iint_D y^2\, dxdy$$
$$= \int_0^a \left(\int_0^{-\frac{b}{a}x+b} y^2\, dy \right) dx = \frac{ab^3}{12}$$

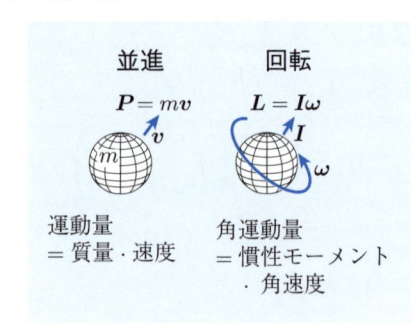

同様の計算により，

$$I_{yy} = \iint_D x^2\, dxdy = \frac{a^3 b}{12},$$

$$I_{zz} = \iint_D (x^2 + y^2)\, dxdy = I_{xx} + I_{yy} = \frac{a^3 b + ab^3}{12},$$

$$I_{xy} = -\iint_D xy\, dxdy = -\int_0^a \left(\int_0^{-\frac{b}{a}x+b} y\, dy \right) x\, dx = -\frac{a^2 b^2}{24}$$

平面図形では $I_{xz} = I_{yz} = 0$.

◤ 角運動量と角速度をつなぐ慣性モーメント

空間における剛体の運動は，並進運動と回転運動に分けられる．

並進運動における運動量

$$\boldsymbol{P} = m\boldsymbol{v}$$

は速度に比例する．質量 m は物体に固有の量で動き難さを表す．

一方，回転運動の角運動量

$$\boldsymbol{L} = I\boldsymbol{\omega}$$

は角速度 $\boldsymbol{\omega}$（3 成分）と比例する．**慣性モーメント** I（6 成分）は，回転のし難さを表す．積で表された関係式（$\boldsymbol{L} = I\boldsymbol{\omega}$）の定義は 2 章 (2.41) で与えられる．

図1.25　剛体の並進と回転

注意 1.13　2 章 2.5 節で，慣性モーメントを行列の固有値と固有ベクトルから考える．

1 章の演習問題

☐ **1.1**　次の値を求めよ.

(1)　$\mathrm{Cos}^{-1}\left(-\dfrac{1}{\sqrt{2}}\right)$　　(2)　$\mathrm{Sin}^{-1}\dfrac{\sqrt{3}}{2}$

☐ **1.2**　方程式 $\mathrm{Sin}^{-1}x = \mathrm{Tan}^{-1}\sqrt{7}$ を解け.

☐ **1.3**　次の関数の導関数を, ヘビサイド関数とデルタ関数を使って求めよ.

$$f(x) = \begin{cases} 3 - x & (x \geqq 1) \\ x^3 & (x < 1) \end{cases}$$

☐ **1.4**　同じく導関数を求めよ.

(1)　$f(x) = \begin{cases} 2 - x & (x \geqq 1) \\ x^3 & (x < 1) \end{cases}$　　(2)　$f(x) = \begin{cases} -x & (x \geqq 1) \\ x^3 & (x < 1) \end{cases}$

☐ **1.5**　パラメータ t で表示された曲線 $(x, y) = (x(t), y(t))$ の曲率が

$$\kappa = \frac{\dot{x}\ddot{y} - \ddot{x}\dot{y}}{(\dot{x}^2 + \dot{y}^2)^{\frac{3}{2}}}$$

であることを示せ. ただし, $\dot{x} = \frac{dx}{dt}, \ddot{x} = \frac{d^2x}{dt^2}$ である.

☐ **1.6**　サイクロイド

$$x(\theta) = a(\theta - \sin\theta),$$
$$y(\theta) = a(1 - \cos\theta)$$

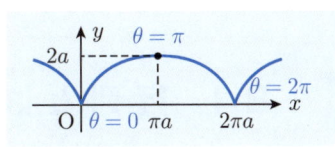

の θ における曲率半径が $|r(\theta)| = 4a|\sin\frac{1}{2}\theta|$ であることを示せ. 特に, $\theta = \pi$ のとき
の (x, y) 座標と曲率半径を求めよ.

☐ **1.7**　平面図形

$$D = \left\{ (x, y) \,\middle|\, 0 \leqq x \leqq a, \, 0 \leqq y \leqq \frac{b}{\sqrt{a}}\sqrt{x} \right\}$$

の重心を求めよ.

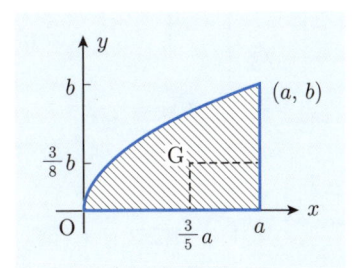

☐ **1.8**　放物線で囲まれた 2 次元平面図形 $D = \{ (x, y) \mid x^2 \leqq y \leqq 1, \, -1 \leqq x \leqq 1 \}$ がある.
D について次の量を求めよ. ただし, 面密度を
$\rho = 1$ とする.

(1)　面積 A

(2)　重心 $(x_\mathrm{G}, y_\mathrm{G})$

(3)　慣性モーメントの 6 成分のうち I_{xx}, I_{yy}, I_{zz}

第2章

線形代数

　線形代数とは，ベクトルや行列およびそれらの写像や変換を考える数学である．行列の初歩は，かつて高校の数学として扱われていたが，いまでは大学で初めて学ぶものとなっている．しかし，行列の特別な場合としてのベクトルは知っている．2次元のベクトルは2つの数値からなり，3次元のベクトルは3つの数値からなる．また，2つのベクトルの間で，和や差，さらには内積という積も計算することができた．行列は，ベクトルをさらに一般化したものとして，複数の数値を方形状に並べて1つの組として扱い，やはり和，差，および積も定義され，ベクトルの一般化と見なされるものである．2.1節で行列の基本を簡単な例で確認してから，正方行列の固有値と固有ベクトルについて述べる．特に機械工学に関わる問題として，応力とひずみ，剛体の慣性モーメントと回転，および多自由度振動系の解析について紹介する．

2.1 行列とは

行列とは，数や文字を次のように長方形のように並べたものをいう．

$$\begin{bmatrix} 2 \\ -1 \\ \sqrt{3} \end{bmatrix}, \quad \begin{bmatrix} 5 & -0.4 & 1 \\ -6 & 3 & 0 \end{bmatrix}, \quad \begin{bmatrix} 3 & 2 \\ -1 & 0 \end{bmatrix}, \quad \cdots, \quad \begin{bmatrix} a_1 & a_2 & a_3 \end{bmatrix} \quad (2.1)$$

行列を構成する数や文字を，行列の**成分**という．横の並びを**行**，縦の並びを**列**という．行の数が m 個，列の数が n 個の行列は，$m \times n$ **行列**という．特に，$n \times n$ 行列を n **次正方行列**という．

　上の第1の例は 3×1 行列であるが，これを3次の**列ベクトル**または**縦ベクトル**という．最後の例は 1×3 行列であるが，これを3次の**行ベクトル**または**横ベクトル**という．上記の3番目の行列は2次正方行列である．1つの行列の上から i 番目の行かつ左から j 番目の列の成分を (i, j) **成分**という．行列の基本操作（和，スカラー倍，転置，積，行列式，逆行列）を簡単な例で示す．

(1) **行列の和**：2 つの 2×3 行列 $\boldsymbol{A} = \begin{bmatrix} 5 & -0.4 & 1 \\ -6 & 3 & 0 \end{bmatrix}$ と $\boldsymbol{B} = \begin{bmatrix} -2 & 3 & \sqrt{5} \\ 1 & 0 & 4 \end{bmatrix}$ の和は，

$$\boldsymbol{A} + \boldsymbol{B} = \begin{bmatrix} 3 & 2.6 & 1+\sqrt{5} \\ -5 & 3 & 4 \end{bmatrix}$$

となる．各成分ごとの和となる．差も同様に計算できる．

(2) **行列の定数倍（スカラー倍）**：行列 $\boldsymbol{A}$ に k（定数）を掛けると，

$$k\boldsymbol{A} = k \begin{bmatrix} 5 & -0.4 & 1 \\ -6 & 3 & 0 \end{bmatrix} = \begin{bmatrix} 5k & -0.4k & k \\ -6k & 3k & 0 \end{bmatrix}$$

となる．

(3) **転置**：上記の行列 $\boldsymbol{A}$ の転置とは，(i,j) 成分を，(j,i) 成分に置き換えた行列のことで A^t で表す．実際，次のようになる．

$$\boldsymbol{A} = \begin{bmatrix} 5 & -0.4 & 1 \\ -6 & 3 & 0 \end{bmatrix} \rightarrow \boldsymbol{A}^t = \begin{bmatrix} 5 & -6 \\ -0.4 & 3 \\ 1 & 0 \end{bmatrix} \tag{2.2}$$

(4) **2 つの行列の積**：2 つの行列 $\boldsymbol{P}$ と $\boldsymbol{Q}$ の積ができるためには，行列 $\boldsymbol{P}$ の列の数（m とする）と $\boldsymbol{Q}$ の行の数が一致していなければならない．すなわち，$\boldsymbol{Q}$ の行の数は m でなければならない．例として，3×2 行列と 2×3 行列の積を示す．

$$\begin{bmatrix} 6 & 4 \\ 0 & 1 \\ 3 & 7 \end{bmatrix} \begin{bmatrix} 2 & 1 & -3 \\ 0.6 & 2 & 5 \end{bmatrix} = \begin{bmatrix} 6\cdot 2+4\cdot 0.6 & 6\cdot 1+4\cdot 2 & 6\cdot(-3)+4\cdot 5 \\ 0\cdot 2+1\cdot 0.6 & 0\cdot 1+1\cdot 2 & 0\cdot(-3)+1\cdot 5 \\ 3\cdot 2+7\cdot 0.6 & 3\cdot 1+7\cdot 2 & 3\cdot(-3)+7\cdot 5 \end{bmatrix}$$

$$= \begin{bmatrix} 14.4 & 14 & 2 \\ 0.6 & 2 & 5 \\ 8.1 & 17 & 26 \end{bmatrix} \tag{2.3}$$

(5) **ベクトルの内積**：内積の記号は「$\cdot$」であるが，普通の積と同様に省略することも多い．本書では省略する（4 章 (4.3) 参照）．同じ次数 n のベクトル $\boldsymbol{u} = (u_1, \cdots, u_n)$ と $\boldsymbol{v} = (v_1, \cdots, v_n)$ の**内積** $\boldsymbol{uv}$ は，それぞれの成分ごとの積の和である．

$$\boldsymbol{uv} = u_1 v_1 + \cdots + u_n v_n \tag{2.4}$$

内積が $\boldsymbol{uv} = 0$ のとき，$\boldsymbol{u}$ と $\boldsymbol{v}$ は直交する．同じベクトルの内積は，

$$\boldsymbol{u}^2 = \boldsymbol{uu} = u_1^2 + \cdots + u_n^2$$

となり，$\boldsymbol{u}$ の長さの二乗を表す．

注意 2.1　ベクトルの成分が複素数のときは，内積は次式で定義される．

$$\boldsymbol{u}\boldsymbol{v} = u_1\overline{v}_1 + \cdots + u_n\overline{v}_n \tag{2.5}$$

よって，同じベクトルの内積は，

$$\boldsymbol{u}^2 = \boldsymbol{u}\boldsymbol{u} = u_1\overline{u}_1 + \cdots + u_n\overline{u}_n = |u_1|^2 + \cdots + |u_n|^2$$

のように実数となる．

(6)　**2 次と 3 次の正方行列の行列式**：2 次の行列 $\boldsymbol{A} = \begin{bmatrix} a & b \\ c & d \end{bmatrix}$，および 3 次の行列 $\boldsymbol{B} = \begin{bmatrix} a_1 & b_1 & c_1 \\ a_2 & b_2 & c_2 \\ a_3 & b_3 & c_3 \end{bmatrix}$ の行列式は，それぞれ次式で与えられる．

$$|\boldsymbol{A}| = ad - bc, \tag{2.6}$$

$$|\boldsymbol{B}| = (a_2b_3 - a_3b_2)c_1 + (a_3b_1 - a_1b_3)c_2 + (a_1b_2 - a_2b_1)c_3 \tag{2.7}$$

行列式が 0 でないとき，行列は**正則**といわれる．

(7)　**対称行列**：$\boldsymbol{A}$ は，(i,j) 成分と (j,i) 成分が等しいとき**対称行列**という．対称行列となる条件は，$\boldsymbol{A}$ と転置が等しくなることである．

$$\boldsymbol{A}^t = \boldsymbol{A} \tag{2.8}$$

(8)　**2 次の正方行列の逆行列**：$\boldsymbol{A} = \begin{bmatrix} a & b \\ c & d \end{bmatrix}$ に対して，

$$\boldsymbol{A}\boldsymbol{X} = \begin{bmatrix} 1 & 0 \\ 0 & 1 \end{bmatrix} \quad \text{（単位行列）} \tag{2.9}$$

となる 2 次の正方行列 $\boldsymbol{X}$ が存在するとき，$\boldsymbol{X}$ を $\boldsymbol{A}^{-1}$ と表して，$\boldsymbol{A}$ の逆行列といい，次式で表される．

$$\boldsymbol{A}^{-1} = \frac{1}{ad - bc} \begin{bmatrix} d & -b \\ -c & a \end{bmatrix} = \frac{1}{|\boldsymbol{A}|} \begin{bmatrix} d & -b \\ -c & a \end{bmatrix} \tag{2.10}$$

正方行列が正則であれば逆行列が存在する．

(9)　**正方行列による変換**　$\boldsymbol{A} = \begin{bmatrix} a & b \\ c & d \end{bmatrix}$ によるベクトル $\boldsymbol{x} = \begin{bmatrix} x \\ y \end{bmatrix}$ の変換は次のようになる．

$$\boldsymbol{x} = \begin{bmatrix} x \\ y \end{bmatrix} \rightarrow \boldsymbol{x}' = \begin{bmatrix} x' \\ y' \end{bmatrix} = \boldsymbol{A}\boldsymbol{x}$$

$$= \begin{bmatrix} a & b \\ c & d \end{bmatrix} \begin{bmatrix} x \\ y \end{bmatrix} = \begin{bmatrix} ax + by \\ cx + dy \end{bmatrix} \tag{2.11}$$

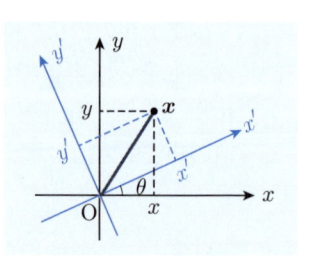

図 2.1　座標の回転

特に $A = \begin{bmatrix} \cos\theta & -\sin\theta \\ \sin\theta & \cos\theta \end{bmatrix}$ はベクトルの回転または座標の回転を表す.

$$\begin{bmatrix} x \\ y \end{bmatrix} \rightarrow \begin{bmatrix} x' \\ y' \end{bmatrix} = \begin{bmatrix} \cos\theta & -\sin\theta \\ \sin\theta & \cos\theta \end{bmatrix} \begin{bmatrix} x \\ y \end{bmatrix} = \begin{bmatrix} x\cos\theta - y\sin\theta \\ x\sin\theta + y\cos\theta \end{bmatrix} \quad (2.12)$$

2.2 正方行列の固有値と固有ベクトル

行と列の数が同じ**正方行列**は特に重要である. A を正方行列とする. E を同じ次数の単位行列とする. n 次正方行列ならば,次の形をしてる.

$$A = \begin{bmatrix} a_{11} & a_{12} & \cdots & a_{1n} \\ a_{21} & a_{22} & \cdots & a_{2n} \\ \vdots & \ddots & \ddots & \vdots \\ a_{n1} & a_{n2} & \cdots & a_{nn} \end{bmatrix}, \qquad E = \begin{bmatrix} 1 & 0 & \cdots & 0 \\ 0 & 1 & \cdots & 0 \\ \vdots & \ddots & \ddots & \vdots \\ 0 & 0 & \cdots & 1 \end{bmatrix} \quad (2.13)$$

◤ 固有方程式,固有値

A の**固有方程式**(固有多項式ともいう)とは,行列式で表された次の λ の n 次方程式のことをいう.

$$|\lambda E - A| = \begin{vmatrix} \lambda - a_{11} & -a_{12} & \cdots & -a_{1n} \\ -a_{21} & \lambda - a_{22} & \cdots & -a_{2n} \\ \vdots & \ddots & \ddots & \vdots \\ -a_{n1} & -a_{n2} & \cdots & \lambda - a_{nn} \end{vmatrix}$$

$$= (\lambda - \lambda_1)\cdots(\lambda - \lambda_i)\cdots(\lambda - \lambda_n) = 0 \quad (2.14)$$

この解を A の**固有値**という. n 個の解が異なる場合もあれば,いくつかの解が重解となることもある. 重複も数えて n 個の解がある.

注意 2.2 固有方程式は n 次代数方程式で,一般に重複を含めて n 個の複素数解を持つことが,代数学の基本定理として知られている. 一般に固有値は複素数である.

◤ 固有ベクトル

行列 A とある固有値 λ_i に対して,ベクトル x_i が,

$$A x_i = \lambda_i x_i \quad (2.15)$$

となるとき, x_i を λ_i の**固有ベクトル**という. 転置行列 A^t の固有値は, A の固有値と同じである. (2.15) は,固有ベクトル x_i が変換 A を受けてもその方向が変わらず, λ_i 倍にされるのみであることを意味している.

◤ 対称行列と内積

正方行列 T は，ベクトル u と積をとるとまたベクトル Tu となる．また，他の
ベクトル v と積をとって得られたベクトル Tv との間で内積をとる．それらが，等
しくなるための条件は，T が対称行列となることである．

$$(Tu)v = u(Tv) \quad \leftrightarrow \quad T^t = T \tag{2.16}$$

◤ 対称行列の固有値はすべて実数

A を対称行列（$A^t = A$）として，A の任意の固有値 λ の固有ベクトルを x と
する．すると，

$$(Ax)x = (\lambda x)x = \lambda xx = \lambda |x|^2 \tag{2.17}$$

$$(2.16) \text{ より } (Ax)x = x(Ax) = x(\lambda x) = \overline{\lambda} xx = \overline{\lambda} |x|^2 \tag{2.18}$$

この (2.18) において，複素数の固有値 $\overline{\lambda}$ が現れるのは，注意 2.1 の (2.5) による．
(2.17) と (2.18) は一致するので，$\lambda = \overline{\lambda}$，よって固有値は実数となる．

◤ 対称行列の異なる固有値の固有ベクトルは直交する

対称行列 A の異なる固有値 λ_1 と λ_2 の固有ベクトル x_1 と x_2 に対して，

$$(Ax_1)x_2 = (\lambda_1 x_1)x_2 = \lambda_1 x_1 x_2 \tag{2.19}$$

$$(\text{一方}) \quad (Ax_1)x_2 = x_1(Ax_2) = x_1(\lambda_2 x_2) = \lambda_2 x_1 x_2 \tag{2.20}$$

(2.17), (2.18) より，λ_2 は実数となり，さらに (2.19) と (2.20) は等しいので，差
をとると $(\lambda_1 - \lambda_2)x_1 x_2 = 0$．しかし $\lambda_1 \neq \lambda_2$ なので，$x_1 x_2 = 0$．よって，x_1 と
x_2 は直交する（例題 2.2）．

◤ 行列の対角化

正方行列 A がある．A に対して，同じ次数の正方行列 P によって，$P^{-1}AP$ が
対角行列となるとき，A は対角化可能という．A の固有値がすべて異なることが，
対角化可能の十分条件である．さて，A の次数を n として，相異なる固有値を λ_i
$(i = 1, \cdots, n)$ とする．

$$A x_i = \lambda_i x_i$$

ここで，n 個の固有ベクトルを並べた行列を P とする．すなわち

$$P = \begin{bmatrix} x_1 & \cdots & x_n \end{bmatrix} \tag{2.21}$$

さて，この P に左から A を掛けると，

$$AP = \begin{bmatrix} Ax_1 & \cdots & Ax_n \end{bmatrix} = \begin{bmatrix} \lambda_1 x_1 & \cdots & \lambda_n x_n \end{bmatrix}$$

$$= \begin{bmatrix} x_1 & \cdots & x_n \end{bmatrix} \begin{bmatrix} \lambda_1 & \cdots & 0 \\ \vdots & \ddots & \vdots \\ 0 & \cdots & \lambda_n \end{bmatrix} = P \begin{bmatrix} \lambda_1 & \cdots & 0 \\ \vdots & \ddots & \vdots \\ 0 & \cdots & \lambda_n \end{bmatrix} \tag{2.22}$$

ここで，左から P の逆行列 P^{-1} を掛けると，

$$P^{-1}AP = \begin{bmatrix} \lambda_1 & \cdots & 0 \\ \vdots & \ddots & \vdots \\ 0 & \cdots & \lambda_n \end{bmatrix} \tag{2.23}$$

のように A の対角化行列が得られる（例題 2.3, 2.4）．

次の例題 2.1〜2.4 は，3 次対称行列 $A = \begin{bmatrix} 1 & 2 & 0 \\ 2 & 1 & 0 \\ 0 & 0 & 2 \end{bmatrix}$ に関するものである．

■ **例題2.1（固有値）** ■

3 次対称行列 A の固有方程式を書き下し，その解としての固有値 λ_i $(i = 1, 2, 3)$ が，3, 2, −1 であることを示せ．

【解答】 固有値方程式

$$|\lambda E - A| = \begin{vmatrix} \lambda - 1 & -2 & 0 \\ -2 & \lambda - 1 & 0 \\ 0 & 0 & \lambda - 2 \end{vmatrix} = (\lambda - 3)(\lambda - 2)(\lambda + 1) = 0$$

より，固有値が 3, 2, −1 である．A は対称行列なので固有値は実数となる． ■

■ **例題2.2（固有ベクトル）** ■

3 つの固有ベクトルが，次で与えられることを示せ．

$$\lambda_1 = 3, \qquad \lambda_2 = 2, \qquad \lambda_3 = -1,$$

$$x_1 = \begin{bmatrix} 1 \\ 1 \\ 0 \end{bmatrix}, \qquad x_2 = \begin{bmatrix} 0 \\ 0 \\ 2 \end{bmatrix}, \qquad x_3 = \begin{bmatrix} -1 \\ 1 \\ 0 \end{bmatrix}$$

さらに，これらが互いに直交することを示せ．

【解答】 固有値 $\lambda_1 = 3$ に対して x_1 の成分を α_i $(i = 1, 2, 3)$ とすると，

$$\boldsymbol{A}\boldsymbol{x}_1 = \lambda_1 \boldsymbol{x}_1$$

$$\rightarrow \begin{bmatrix} 1 & 2 & 0 \\ 2 & 1 & 0 \\ 0 & 0 & 2 \end{bmatrix} \begin{bmatrix} \alpha_1 \\ \alpha_2 \\ \alpha_3 \end{bmatrix} = 3 \begin{bmatrix} \alpha_1 \\ \alpha_2 \\ \alpha_3 \end{bmatrix}$$

$$\rightarrow \alpha_1 = \alpha_2,\, \alpha_3 = 0$$

$$\rightarrow \boldsymbol{x}_1 = \begin{bmatrix} 1 \\ 1 \\ 0 \end{bmatrix} \rightarrow (\text{同様に})\ \boldsymbol{x}_2 = \begin{bmatrix} 0 \\ 0 \\ 2 \end{bmatrix},\quad \boldsymbol{x}_3 = \begin{bmatrix} -1 \\ 1 \\ 0 \end{bmatrix}$$

3 つの内積を計算する.

$$\boldsymbol{x}_1 \boldsymbol{x}_2 = 1 \cdot 0 + 1 \cdot 0 + 0 \cdot 2 = 0,$$

$$\boldsymbol{x}_1 \boldsymbol{x}_3 = 1 \cdot (-1) + 1 \cdot 1 + 0 \cdot 0 = 0,$$

$$\boldsymbol{x}_2 \boldsymbol{x}_3 = 0 \cdot (-1) + 0 \cdot 1 + 2 \cdot 0 = 0$$

よって，互いに直交する. ■

■ 例題2.3 （固有ベクトルから構成される行列 P）■

　前例題の 3 つの固有ベクトルを列ベクトルとして並べた行列 $\boldsymbol{P} = [\,\boldsymbol{x}_1\ \boldsymbol{x}_2\ \boldsymbol{x}_3\,]$ を書き下し，その逆行列を求めよ.

【解答】 $\boldsymbol{P} = [\ \boldsymbol{x}_1\ \boldsymbol{x}_2\ \boldsymbol{x}_3\ ] = \begin{bmatrix} 1 & 0 & -1 \\ 1 & 0 & 1 \\ 0 & 2 & 0 \end{bmatrix} \rightarrow \boldsymbol{P}^{-1} = \dfrac{1}{2} \begin{bmatrix} 1 & 1 & 0 \\ 0 & 0 & 1 \\ -1 & 1 & 0 \end{bmatrix}$ ■

■ 例題2.4 （P による A の対角化）■

　3 つの行列の積 $\boldsymbol{P}^{-1}\boldsymbol{A}\boldsymbol{P}$ を計算して，固有値 $3, 2, -1$ が対角成分となる対角行列となることを確認せよ.

【解答】 $\boldsymbol{P}^{-1}\boldsymbol{A}\boldsymbol{P} = \dfrac{1}{2} \begin{bmatrix} 1 & 1 & 0 \\ 0 & 0 & 1 \\ -1 & 1 & 0 \end{bmatrix} \begin{bmatrix} 1 & 2 & 0 \\ 2 & 1 & 0 \\ 0 & 0 & 2 \end{bmatrix} \begin{bmatrix} 1 & 0 & -1 \\ 1 & 0 & 1 \\ 0 & 2 & 0 \end{bmatrix} = \begin{bmatrix} 3 & 0 & 0 \\ 0 & 2 & 0 \\ 0 & 0 & -1 \end{bmatrix}$ ■

2.3 正方行列の応用例 1 — 応力とひずみ

▶ 材料力学における応力とひずみ

応力テンソル 材料力学において，物体の内部に生じる応力とひずみは方向性を持っている．物体の中の小さな部分における任意の面を考える．単位面積あたりの垂直な内力を**垂直応力** σ，面に沿っての内力を**せん断応力** τ という（**図2.2**）．

図2.2

垂直応力 σ とせん断応力 τ

面を 1 つ指定すると 1 方向の垂直応力が決まるが，せん断応力は面内で 2 方向の成分を決める必要がある（**図2.3**）．

3 次元物体では，独立に 3 方向を向いた面がある．yz 面，zx 面，xy 面の 3 面である．垂直応力は 3 方向の成分 σ_x，σ_y, σ_x がある．せん断応力は，面内において 2 方向の座標軸成分をとればよく，xyz の 3 つの座標軸に関しては 6 成分ある．したがって，応力は，垂直応力とせん断応力とをあわせて次のように 9 個の成分からなる（**図2.4（左）**）．

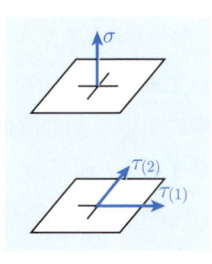

図2.3

面ごとに垂直応力は
1 成分，せん断応力
は 2 成分ある．

	yz 面	zx 面	xy 面
垂直応力	σ_x	σ_y	σ_z
せん断応力	τ_{xy}, τ_{xz}	τ_{yx}, τ_{yz}	τ_{zx}, τ_{zy}

特に，せん断応力には共役性という関係（対称性）が成立する．

$$\tau_{xy} = \tau_{yx}, \quad \tau_{yz} = \tau_{zy}, \quad \tau_{zx} = \tau_{xz} \tag{2.24}$$

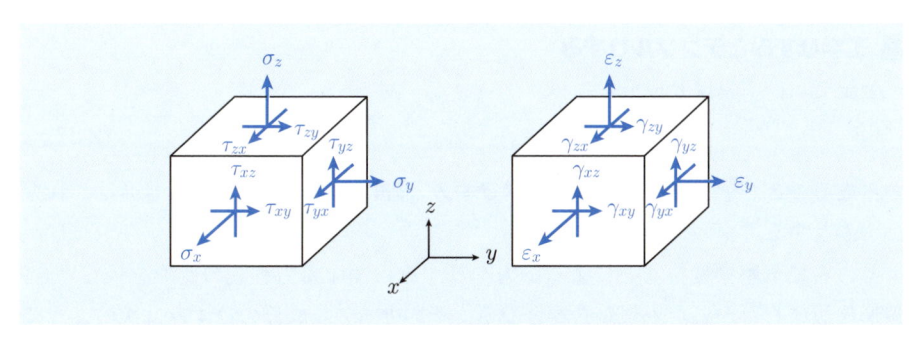

図2.4 応力テンソル（左）とひずみテンソル（右）

よって，応力は 6 個の独立成分からなるが，1 まとめの物理量として扱うために，次のような行列による表現が便利である．

$$\begin{bmatrix} \sigma_x & \tau_{xy} & \tau_{xz} \\ \tau_{xy} & \sigma_y & \tau_{yz} \\ \tau_{xz} & \tau_{yz} & \sigma_z \end{bmatrix} \tag{2.25}$$

これは $(1,2)$ 成分と $(2,1)$ 成分，$(2,3)$ 成分と $(3,2)$ 成分，$(3,1)$ 成分と $(1,3)$ 成分が等しいので，対称行列である．

注意 2.3 $n \times 1$ 行列，あるいは $1 \times n$ 行列は，ベクトルである．それに対して，一般の $n \times m$ 行列は，テンソルといわれることもある．6 成分の応力は，3×3 行列で表され，応力テンソルと呼ばれる．特に，1 行または 1 列の行列で表されるベクトルは 1 階のテンソル，3×3 行列の応力は 2 階のテンソルと呼ばれる．重量，質量等の大きさしか持たない物理量はスカラーと呼ばれ，0 階のテンソルである．

ひずみ　応力が発生したとき生じるひずみも方向性がある．応力と同様に，物体の中の小さな部分の任意の面を考える．単位面積あたりの垂直方向のひずみを**垂直ひずみ** ε，面に沿ってのひずみを**せん断ひずみ** γ という．ひずみも応力と同様に，xyz 座標に関して次のように 9 成分ある（**図 2.4（右）**）．

	yz 面	zx 面	xy 面
垂直ひずみ	ε_x	ε_y	ε_z
せん断ひずみ	γ_{xy}, γ_{xz}	γ_{yx}, γ_{yz}	γ_{zx}, γ_{zy}

特に，せん断ひずみの間にも共役性という関係（対称性）が成立する．

$$\gamma_{xy} = \gamma_{yx}, \quad \gamma_{yz} = \gamma_{zy}, \quad \gamma_{zx} = \tau_{xz} \tag{2.26}$$

よって，ひずみも 6 個の独立成分から成る．

◥ 工学ひずみとテンソルひずみ

上記で，ひずみは 6 成分

$$\varepsilon_x, \quad \varepsilon_y, \quad \varepsilon_z, \quad \gamma_{xy}, \quad \gamma_{yz}, \quad \gamma_{xzy} \tag{2.27}$$

から成ることが示された．これは**工学ひずみ**と呼ばれ，材料力学では普通はこれをひずみとする．

ところで，座標変換などによる応力やひずみに関する方程式の変形を扱う場合，線形代数にしたがった表現が必要となる．そのとき，6 成分のひずみは次のように 3 次の正方行列で表される．これを**テンソルひずみ**という．

$$\begin{bmatrix} \varepsilon_x & \varepsilon_{xy} & \varepsilon_{xz} \\ \varepsilon_{xy} & \varepsilon_y & \varepsilon_{yz} \\ \varepsilon_{xz} & \varepsilon_{yz} & \varepsilon_z \end{bmatrix} = \begin{bmatrix} \varepsilon_x & \frac{1}{2}\gamma_{xy} & \frac{1}{2}\gamma_{xz} \\ \frac{1}{2}\gamma_{xy} & \varepsilon_y & \frac{1}{2}\gamma_{yz} \\ \frac{1}{2}\gamma_{xz} & \frac{1}{2}\gamma_{yz} & \varepsilon_z \end{bmatrix} \tag{2.28}$$

ここで，テンソルひずみのせん断成分 $\varepsilon_{xy}, \cdots$ は，工学ひずみのせん断成分 γ_{xy}, $\cdots$ の $\frac{1}{2}$ であることに注意しなければならない.

◤ フックの法則 — 応力とひずみの比例関係

<u>バネの変位</u>　バネの変位 x が小さいとき外力と変位は比例し，$F = kx$ と表される（**図2.5**）．これをフックの法則という．比例定数 k はバネ定数である.

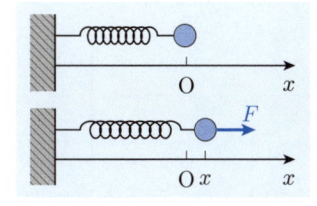

図2.5 フックの法則

<u>応力とひずみの線形関係</u>　材料の変形が小さいとき，応力とひずみが線形関係にあることもフックの法則という．応力もひずみも，方向性があって 6 成分からなる量であり，6 成分の応力とひずみの線形関係は，次のように表される.

$$\begin{cases} \varepsilon_x = \frac{1}{E}\sigma_x - \frac{\nu}{E}\sigma_y - \frac{\nu}{E}\sigma_z \\ \varepsilon_y = -\frac{\nu}{E}\sigma_x + \frac{1}{E}\sigma_y - \frac{\nu}{E}\sigma_z \\ \varepsilon_z = -\frac{\nu}{E}\sigma_x - \frac{\nu}{E}\sigma_y + \frac{1}{E}\sigma_z \end{cases} , \begin{cases} \varepsilon_{xy} = \frac{1}{2}\gamma_{xy} = \frac{1}{2G}\tau_{xy} \\ \varepsilon_{yz} = \frac{1}{2}\gamma_{yz} = \frac{1}{2G}\tau_{yz} \\ \varepsilon_{yz} = \frac{1}{2}\gamma_{yz} = \frac{1}{2G}\tau_{yz} \end{cases} \tag{2.29}$$

これらを行列によって記述する.

$$\begin{bmatrix} \varepsilon_x & \varepsilon_{xy} & \varepsilon_{zx} \\ \varepsilon_{xy} & \varepsilon_y & \varepsilon_{yz} \\ \varepsilon_{zx} & \varepsilon_{yz} & \varepsilon_z \end{bmatrix}$$

$$= \begin{bmatrix} \frac{1}{E}\sigma_x - \frac{\nu}{E}\sigma_y - \frac{\nu}{E}\sigma_z & \frac{1}{2G}\tau_{xy} & \frac{1}{2G}\tau_{xz} \\ \frac{1}{2G}\tau_{xy} & -\frac{\nu}{E}\sigma_x + \frac{1}{E}\sigma_y - \frac{\nu}{E}\sigma_z & \frac{1}{2G}\tau_{yz} \\ \frac{1}{2G}\tau_{xz} & \frac{1}{2G}\tau_{yz} & -\frac{\nu}{E}\sigma_x - \frac{\nu}{E}\sigma_y + \frac{1}{E}\sigma_z \end{bmatrix} \tag{2.30}$$

ここで，E は縦弾性係数（ヤング率ともいう），ν はポアソン比，G は横断弾性係数（剛性率ともいう）という.

応力テンソルの 1 成分 σ_x だけが 0 でなく，他の 5 成分が 0 でも，テンソルひずみの 3 成分が 0 ではなく，ひずみは 3 方向に発生する．

$$
\begin{bmatrix}
\varepsilon_x & \varepsilon_{xy} & \varepsilon_{zx} \\
\varepsilon_{xy} & \varepsilon_y & \varepsilon_{yz} \\
\varepsilon_{zx} & \varepsilon_{yz} & \varepsilon_z
\end{bmatrix}
=
\begin{bmatrix}
\frac{1}{E}\sigma_x & 0 & 0 \\
0 & -\frac{\nu}{E}\sigma_x & 0 \\
0 & 0 & -\frac{\nu}{E}\sigma_x
\end{bmatrix}
\tag{2.31}
$$

応力テンソルの 1 成分 τ_{xy} だけが 0 でなく，他の 5 成分が 0 であっても，テンソルひずみの 2 成分が 0 ではなく，ひずみは 2 方向に発生する．

$$
\begin{bmatrix}
\varepsilon_x & \varepsilon_{xy} & \varepsilon_{zx} \\
\varepsilon_{xy} & \varepsilon_y & \varepsilon_{yz} \\
\varepsilon_{zx} & \varepsilon_{yz} & \varepsilon_z
\end{bmatrix}
=
\begin{bmatrix}
0 & \frac{1}{2G}\tau_{xy} & 0 \\
\frac{1}{2G}\tau_{xy} & 0 & 0 \\
0 & 0 & 0
\end{bmatrix}
\tag{2.32}
$$

このように，ある多成分の量が他の多成分の量との関係（特に線形関係）にあるときには，行列による表現が欠かせない．

2.4　正方行列の応用例 2 — 多自由度振動系

◤ 行列による多自由度振動系の解析

図2.6 のような複数のバネと重りの系などのように，多自由度の振動系を解析するために，正方行列の固有値と固有ベクトルを応用することができる．

二重バネ振動系　図2.6 の 2 個のバネと重りの振動系を考える．バネ定数は，上が k_1 で下が k_2 とする．上の重り m_1 の釣り合いの位置からの変位を x_1，下の重り m_2 の釣り合いの位置からの変位を x_2 とすると，運動方程式は次のようになる．

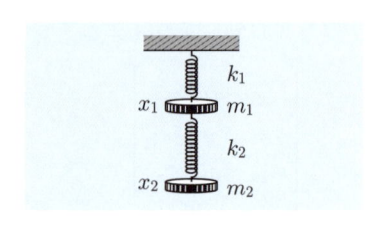

図2.6　二重バネ振動系

$$
\begin{cases}
m_1 \dfrac{d^2 x_1}{dt^2} = -k_1 x_1 + k_2(x_2 - x_1) \\[2mm]
m_2 \dfrac{d^2 x_2}{dt^2} = -k_2(x_2 - x_1)
\end{cases}
\tag{2.33}
$$

この運動方程式は，次のように行列の式として表すことができる．

$$\frac{d^2}{dt^2}\begin{bmatrix} x_1 \\ x_2 \end{bmatrix} = \begin{bmatrix} -\dfrac{k_1+k_2}{m_1} & \dfrac{k_2}{m_1} \\ \dfrac{k_2}{m_2} & -\dfrac{k_2}{m_2} \end{bmatrix}\begin{bmatrix} x_1 \\ x_2 \end{bmatrix} \tag{2.34}$$

行列の固有値と振動数 (2.34) のバネ定数と重りの質量からなる行列 K に注目する.

$$K = \begin{bmatrix} -\dfrac{k_1+k_2}{m_1} & \dfrac{k_2}{m_1} \\ \dfrac{k_2}{m_2} & -\dfrac{k_2}{m_2} \end{bmatrix} \tag{2.35}$$

また,変位を成分とするベクトルを x とすると,(2.34) は次式で表される.

$$\frac{d^2}{dt^2}x = Kx, \qquad x = \begin{bmatrix} x_1 \\ x_2 \end{bmatrix} \tag{2.36}$$

ここで,0 でない定ベクトルを u として,次式を仮定する.

$$x = e^{\omega t}u \tag{2.37}$$

これを (2.36) に代入すると,

$$\omega^2 e^{\omega t}u = Ke^{\omega t}u \quad \to \quad Ku = \omega^2 u \tag{2.38}$$

よって,ω^2 は K の固有値であり,かつ u はその固有ベクトルである.

次の 2 つの例題では,二重バネ振動系 (2.33) においてバネ定数を $k_1=4, k_2=2$,および重りの質量を $m_1=2, m_2=1$ とする.すなわち,運動方程式 (2.34) は,次式となる:

$$\frac{d^2}{dt^2}\begin{bmatrix} x_1 \\ x_2 \end{bmatrix} = \begin{bmatrix} -3 & 1 \\ 2 & -2 \end{bmatrix}\begin{bmatrix} x_1 \\ x_2 \end{bmatrix} \tag{2.39}$$

■ **例題2.5** ■

バネ定数 $k_1 = 4$, $k_2 = 2$ および重りの質量 $m_1 = 2$, $m_2 = 1$ の二重バネ振動系 (2.39) について，次の問いに答えよ.
(1) $\boldsymbol{K}$ の固有値 ω^2 を求めよ.
(2) (1)で求めた $\boldsymbol{K}$ の固有値 (i) $\omega^2 = -1$ の固有ベクトル，および (ii) $\omega^2 = -4$ の固有ベクトルを求めよ.

【解答】 (1) (2.39) より，$\boldsymbol{K} = \begin{bmatrix} -3 & 1 \\ 2 & -2 \end{bmatrix}$ なので，固有値方程式

$$\begin{vmatrix} \lambda + 3 & -1 \\ -2 & \lambda + 2 \end{vmatrix} = (\lambda + 1)(\lambda + 4) = 0$$

となる．固有値 ω^2 は -1 と -4 となる.
(2) (i) 固有値 $\omega^2 = -1$ の固有ベクトルは

$$\begin{bmatrix} -3 & 1 \\ 2 & -2 \end{bmatrix} \begin{bmatrix} u_1 \\ u_2 \end{bmatrix} = - \begin{bmatrix} u_1 \\ u_2 \end{bmatrix}$$

を満たす．これより，固有ベクトル $\boldsymbol{u}_1 = \begin{bmatrix} 1 \\ 2 \end{bmatrix}$ が求まる.

(ii) 同様に，固有値 $\omega^2 = -4$ の固有ベクトルは $\boldsymbol{u}_2 = \begin{bmatrix} 1 \\ -1 \end{bmatrix}$ となる. ■

■ **例題2.6** ■

(1) 例題 2.5 の結果を使って，指定されたバネ定数および重りの質量における二重バネ振動系 (2.39) の一般解を求めよ.
(2) (1) の結果から，初期値が $\boldsymbol{x}(0) = \begin{bmatrix} 1 \\ 3 \end{bmatrix}$（初期位置）かつ $\frac{d}{dt}\boldsymbol{x}(0) = \begin{bmatrix} 0 \\ 1 \end{bmatrix}$（初速度）となる解を求めよ.

【解答】 (2.38) より，固有値 $\omega^2 = -1$ $(\omega = \pm i)$ に対して，固有ベクトルが $\boldsymbol{u}_1 = \begin{bmatrix} 1 \\ 2 \end{bmatrix}$ となる．よって，(2.37) より，解

$$e^{\pm it} \boldsymbol{u}_1 = e^{\pm it} \begin{bmatrix} 1 \\ 2 \end{bmatrix}$$

を得る．同様に，固有値 $\omega^2 = -4$ $(\omega = \pm 2i)$ のときは固有ベクトルが $\boldsymbol{u}_2 = \begin{bmatrix} 1 \\ -1 \end{bmatrix}$ なので，(2.37) より解

$$e^{\pm 2it} \boldsymbol{u}_2 = e^{\pm 2it} \begin{bmatrix} 1 \\ 2 \end{bmatrix}$$

を得る．したがって一般解は，c_i $(i = 1, \cdots, 4)$ を任意定数として，次式で与えられる.

$$\boldsymbol{x}(t) = (c_1 e^{it} + c_2 e^{-it}) \begin{bmatrix} 1 \\ 2 \end{bmatrix} + (c_3 e^{2it} + c_4 e^{-2it}) \begin{bmatrix} 1 \\ -1 \end{bmatrix} \tag{2.40}$$

ただし解は実数なので，定数は $\overline{c_2} = c_1$ かつ $\overline{c_4} = c_3$ でなければならない.

(2) 初期位置の条件から，

$$\boldsymbol{x}(0) = (c_1 + c_2) \begin{bmatrix} 1 \\ 2 \end{bmatrix} + (c_3 + c_4) \begin{bmatrix} 1 \\ -1 \end{bmatrix} = \begin{bmatrix} c_1 + c_2 + c_3 + c_4 \\ 2c_1 + 2c_2 - c_3 - c_4 \end{bmatrix} = \begin{bmatrix} 1 \\ 3 \end{bmatrix}$$

速度は，

$$\frac{d}{dt} \boldsymbol{x}(t) = i(c_1 e^{it} - c_2 e^{-it}) \begin{bmatrix} 1 \\ 2 \end{bmatrix} + 2i(c_3 e^{2it} - c_4 e^{-2it}) \begin{bmatrix} 1 \\ -1 \end{bmatrix}$$

より，初速度の条件は

$$\frac{d}{dt} \boldsymbol{x}(0) = i(c_1 - c_2) \begin{bmatrix} 1 \\ 2 \end{bmatrix} + 2i(c_3 - c_4) \begin{bmatrix} 1 \\ -1 \end{bmatrix} = i \begin{bmatrix} c_1 - c_2 + 2(c_3 - c_4) \\ 2(c_1 - c_2) - 2(c_3 - c_4) \end{bmatrix} = \begin{bmatrix} 0 \\ 1 \end{bmatrix}$$

これを満たす定数は

$$c_1 = \frac{4-i}{6}, \quad c_2 = \overline{c_1} = \frac{4+i}{6}, \quad c_3 = -\frac{2-i}{12}, \quad c_4 = \overline{c_3} = -\frac{2+i}{12}$$

よって，初期値を満たす解は次式で与えられる.

$$\boldsymbol{x}(t) = \begin{bmatrix} x_1 \\ x_2 \end{bmatrix} = \left(\frac{4}{3}\cos t + \frac{1}{3}\sin t \right) \begin{bmatrix} 1 \\ 2 \end{bmatrix} - \left(\frac{1}{3}\cos 2t + \frac{1}{6}\sin 2t \right) \begin{bmatrix} 1 \\ -1 \end{bmatrix}$$

$$= \begin{bmatrix} \dfrac{4}{3}\cos t + \dfrac{1}{3}\sin t - \dfrac{1}{3}\cos 2t - \dfrac{1}{6}\sin 2t \\[2mm] \dfrac{8}{3}\cos t + \dfrac{2}{3}\sin t + \dfrac{1}{3}\cos 2t + \dfrac{1}{6}\sin 2t \end{bmatrix},$$

$$\frac{d}{dt} \boldsymbol{x}(t) = \frac{d}{dt} \begin{bmatrix} x_1 \\ x_2 \end{bmatrix} = \left(\frac{1}{3}\cos t - \frac{4}{3}\sin t \right) \begin{bmatrix} 1 \\ 2 \end{bmatrix} - \left(\frac{1}{3}\cos 2t - \frac{2}{3}\sin 2t \right) \begin{bmatrix} 1 \\ -1 \end{bmatrix}$$

$$= \begin{bmatrix} \dfrac{1}{3}\cos t - \dfrac{4}{3}\sin t - \dfrac{1}{3}\cos 2t + \dfrac{2}{3}\sin 2t \\[2mm] \dfrac{2}{3}\cos t - \dfrac{8}{3}\sin t + \dfrac{1}{3}\cos 2t - \dfrac{2}{3}\sin 2t \end{bmatrix}$$

($e^{\pm it}$, $e^{\pm 2it}$ から $\cos t$, $\sin t$ および $\cos 2t$, $\sin 2t$ への変換は，オイラーの公式 $e^{\pm i\theta} = \cos\theta \pm \sin\theta$ による（3 章の (3.25) を参照）.）

2.5　正方行列の応用例3 — 剛体の回転

◆ 力学における剛体の回転

　数学の応用という視点から，まず1章の微
積分において重積分として現れる慣性モー
メントの計算を扱った．さらに，線形代数
の応用という観点から，剛体の力学的な解
析において，行列の固有値と固有ベクトル
が重要な役割を果たすことに焦点を当てる．

　空間内で運動（並進，回転）する剛体を
図2.7に示す．剛体の運動は，機械力学ま
たは工業力学において扱われる問題であり，
その解析には行列が欠かせない．

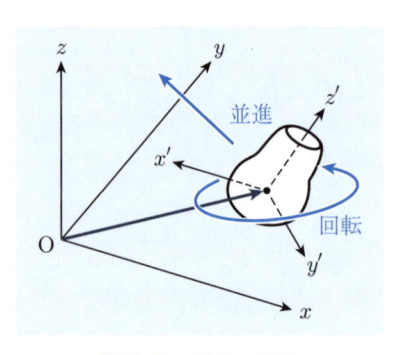

図2.7　剛体の運動

◆ 慣性モーメント

　1章1.6節で，6成分からなる慣性モーメントは (1.63) および (1.64) で定義され
ている．慣性モーメントは，回転のし難さを表す剛体固有の量である．3次元の向
きと大きさを持つ角速度ベクトルと生じる角運動量ベクトルの間の関係式が，1章
(1.6節) で示されている（図1.25参照）．その式は，慣性モーメントを 3×3 正
方行列（テンソル）として，次のように行列で表すことができる．

[角運動量] = [慣性モーメント] ・ [角速度]　$(L = I\omega)$

$$
L = I\omega \quad \leftrightarrow \quad
\begin{bmatrix} L_x \\ L_y \\ L_z \end{bmatrix}
=
\begin{bmatrix} I_{xx} & I_{xy} & I_{xz} \\ I_{xy} & I_{yy} & I_{yz} \\ I_{xz} & I_{yz} & I_{zz} \end{bmatrix}
\begin{bmatrix} \omega_x \\ \omega_y \\ \omega_z \end{bmatrix}
\tag{2.41}
$$

（角運動量）　　（慣性モーメント）　　（角速度）

　行列で表された慣性モーメントの非対角成分 I_{xy}, I_{yz}, I_{xz} を慣性乗積という．

剛体の回転の運動方程式　　回転運動は，距離 r において作用する外力 F のモーメ
ント $r \times F$（トルク）による角運動量 L の時間変化を記述する運動方程式にした
がう．次式は，静止座標系における運動方程式である．

$$
\frac{dL}{dt} = r \times F \,(= N\,（トルク）)
\tag{2.42}
$$

◥ 慣性モーメントの具体例

1 章の例題 1.12(1) の二等辺三角形と，その右半分の例題 1.12(2) の直角三角形の慣性モーメントを考える．それらをテンソルとして，すなわち行列で表す．

$$（例題 1.12(1) の例）\quad \boldsymbol{I}_A = \begin{bmatrix} \frac{ab^3}{6} & 0 & 0 \\ 0 & \frac{a^3b}{6} & 0 \\ 0 & 0 & \frac{a^3b+ab^3}{6} \end{bmatrix}, \tag{2.43}$$

$$（例題 1.12(2) の例）\quad \boldsymbol{I}_B = \begin{bmatrix} \frac{a^3b}{12} & -\frac{a^2b^2}{24} & 0 \\ -\frac{a^2b^2}{24} & \frac{ab^3}{12} & 0 \\ 0 & 0 & \frac{ab^3+a^3b}{12} \end{bmatrix} \tag{2.44}$$

ここで，$\boldsymbol{I}_A$ の非対角成分の慣性乗積は 0 である．それは二等辺三角形が y 軸対称性なので，被積分関数の xy に対して反対側に $-xy$ があるから

$$I_{xy} = 0$$

となる．一方，平面図形は $z = 0$ なので，

$$I_{xz} = I_{yz} = 0$$

である．

二等辺三角形の回転（例題 1.12(1)）　（対角成分のみの慣性モーメントの例）　二等辺三角形を x 軸のまわりに角速度 ω_x で回転させると，(2.41) によって xy 面を通過するとき，

$$\begin{bmatrix} L_x \\ L_y \\ L_z \end{bmatrix} = \begin{bmatrix} \frac{ab^3}{6} & 0 & 0 \\ 0 & \frac{a^3b}{6} & 0 \\ 0 & 0 & \frac{a^3b+ab^3}{6} \end{bmatrix} \begin{bmatrix} \omega_x \\ 0 \\ 0 \end{bmatrix} = \begin{bmatrix} \frac{ab^3}{6}\omega_x \\ 0 \\ 0 \end{bmatrix} \tag{2.45}$$

となる．すなわち，回転軸の x 成分の角運動量だけが

$$L_x = \frac{ab^3}{6}\omega_x$$

となって，他の成分は

$$L_y = L_z = 0$$

となる．

三角形の回転（例題 1.12(2)） （慣性乗積が存在する慣性モーメントの例）　三角形を x 軸のまわりに角速度 ω_x で回転させると，xy 面を通過するとき，

$$
\begin{bmatrix} L_x \\ L_y \\ L_z \end{bmatrix} = \begin{bmatrix} \frac{ab^3}{12} & -\frac{a^2b^2}{24} & 0 \\ -\frac{a^2b^2}{24} & \frac{a^3b}{12} & 0 \\ 0 & 0 & \frac{ab^3+a^3b}{12} \end{bmatrix} \begin{bmatrix} \omega_x \\ 0 \\ 0 \end{bmatrix} = \begin{bmatrix} \frac{ab^3}{12}\omega_x \\ -\frac{a^2b^2}{24}\omega_x \\ 0 \end{bmatrix} \tag{2.46}
$$

となる．すなわち，慣性乗積が存在するために，角運動量は回転軸の x 成分の角運動量 $L_x = \frac{ab^3}{12}\omega_x$ だけでなく，y 成分 $L_y = -\frac{a^2b^2}{24}\omega_x$ も発生する．

注意 2.4　機械の回転部品の歪みなどによって慣性乗積が生じたりすると，余計な方向に角運度量およびトルクが発生し振動や騒音を引き起こしたりする．

注意 2.5　例題 1.12(1) の慣性モーメント (2.43) および例題 1.12(2) の慣性モーメント (2.44) は，静止座標系（慣性系ともいう）に依存する定義 (1.64) にしたがって求めた．一般には，静止座標系に依存して記述される剛体の慣性モーメントは回転と共に変化する．

◆ 慣性主軸

慣性モーメントの定義 (1.63) および (1.64) は，選んだ座標系に依存する．テンソルとして 3×3 行列で表すと，次のように対角成分だけでなく非対角成分の慣性乗積も現れる．

$$
\boldsymbol{I} = \begin{bmatrix} I_{xx} & I_{xy} & I_{xz} \\ I_{xy} & I_{yy} & I_{yz} \\ I_{xz} & I_{yz} & I_{zz} \end{bmatrix} \tag{2.47}
$$

慣性乗積が現れると，回転軸とは異なる方向の角運動量成分が現れる．ところで，任意の剛体に対して，回転軸と角運動量の方向が一致するような軸が存在する．それを**慣性主軸**という．慣性主軸において，慣性モーメントを表すと，対角成分だけが存在して，次のようになる．

$$
\boldsymbol{I} = \begin{bmatrix} I_1 & 0 & 0 \\ 0 & I_2 & 0 \\ 0 & 0 & I_3 \end{bmatrix} \tag{2.48}
$$

この 3 つの成分 I_1, I_2, I_3 を**主慣性モーメント**という．

◤ 慣性主軸と主慣性モーメントの求め方 — 行列の応用

　行列の固有値と固有ベクトル，およびそれによる行列の対角化によって，慣性乗積のある慣性モーメントの慣性主軸と主慣性モーメントを求めることができる．具体例として，慣性モーメント I_B (2.44) について，慣性主軸と主慣性モーメント求めてみよう．計算を簡略化するために，$a = b$ のときの次の慣性モーメントの対角化を考えよう．

$$I_B = \begin{bmatrix} \frac{a^4}{12} & -\frac{a^4}{24} & 0 \\ -\frac{a^4}{24} & \frac{a^4}{12} & 0 \\ 0 & 0 & \frac{a^4}{6} \end{bmatrix} \tag{2.49}$$

Step 1：3×3 正方行列 (2.49) の固有値を求める．

　固有値方程式より，

$$|\lambda E_3 - I_B| = \begin{vmatrix} \lambda - \frac{a^4}{12} & \frac{a^4}{24} & 0 \\ \frac{a^4}{24} & \lambda - \frac{a^4}{12} & 0 \\ 0 & 0 & \lambda - \frac{a^4}{6} \end{vmatrix}$$

$$= \left(\lambda - \frac{a^4}{6}\right)\left(\lambda - \frac{a^4}{8}\right)\left(\lambda - \frac{a^4}{24}\right) = 0 \tag{2.50}$$

よって，固有値は相異なる $\lambda_1 = \frac{a^4}{6}$，$\lambda_2 = \frac{a^4}{8}$，$\lambda_3 = \frac{a^4}{24}$ が 3 つある．

注意 2.6　線形代数では，対称行列の固有値は実数となることが知られている（p.36 参照）．慣性モーメントは，対称行列なので固有値は実数である．

Step 2：固有値に対応する固有ベクトルを求める．

　固有ベクトルを $u = \begin{bmatrix} u_1 \\ u_2 \\ u_3 \end{bmatrix}$ とおく．固有方程式は

$$I_B u = \lambda u \quad (\lambda \text{ は固有値})$$

である．この式から固有ベクトル u を求める．

$\lambda_1 = \frac{a^4}{6}$ のとき：　$I_B u = \frac{a^4}{6} u \;\rightarrow\; u = \begin{bmatrix} 0 \\ 0 \\ u_3 \end{bmatrix}$

$\lambda_2 = \frac{a^4}{8}$ のとき：　$I_B u = \frac{a^4}{8} u \;\rightarrow\; u = \begin{bmatrix} u_1 \\ -u_1 \\ 0 \end{bmatrix}$

$\lambda_3 = \frac{a^4}{24}$ のとき：　$I_B u = \frac{a^4}{24} u \;\rightarrow\; u = \begin{bmatrix} u_1 \\ u_1 \\ 0 \end{bmatrix}$

最後の $\lambda_3 =$ の固有ベクトルの計算だけ示す．

$$I_B u = \frac{a^4}{24} u$$

$$\rightarrow \begin{bmatrix} \frac{a^4}{12} & -\frac{a^4}{24} & 0 \\ -\frac{a^4}{24} & \frac{a^4}{12} & 0 \\ 0 & 0 & \frac{a^4}{6} \end{bmatrix} \begin{bmatrix} u_1 \\ u_2 \\ u_3 \end{bmatrix} = \frac{a^4}{24} \begin{bmatrix} u_1 \\ u_2 \\ u_3 \end{bmatrix}$$

$$\rightarrow \frac{a^4}{24}(2u_1 - u_2) = \frac{a^4}{24} u_1, \quad \frac{a^4}{24}(-u_1 + 2u_2) = \frac{a^4}{24} u_2, \quad \frac{a^4}{6} u_3 = \frac{a^4}{24} u_3$$

$$\rightarrow u_2 = u_1, \quad u_3 = 0$$

よって示された.

以上の 3 つの固有ベクトルが示す方向が **慣性主軸**である. 大きさ（任意）を適当に決めれば, 互いに直交する 3 つのベクトルの組が得られる.

$$\{ u_1, u_2, u_2 \} = \left\{ \begin{bmatrix} 0 \\ 0 \\ 1 \end{bmatrix}, \begin{bmatrix} 1 \\ -1 \\ 0 \end{bmatrix}, \begin{bmatrix} 1 \\ 1 \\ 0 \end{bmatrix} \right\} \tag{2.51}$$

◆ 慣性モーメント I_B の対角化 ─ 固有ベクトルの応用

線形代数における固有ベクトルの応用として, 行列の対角化がある (p.36 参照). それを適用して, (2.49) の慣性モーメント I_B の対角化をする.

3 つの固有ベクトルを列成分とする行列 $P = [u_1 \ u_2 \ u_3]$ を考える. これに, 対角化したい行列 I_B を P に掛けると,

$$I_B P = \begin{bmatrix} \frac{a^4}{12} & -\frac{a^4}{24} & 0 \\ -\frac{a^4}{24} & \frac{a^4}{12} & 0 \\ 0 & 0 & \frac{a^4}{6} \end{bmatrix} \begin{bmatrix} 0 & 1 & 1 \\ 0 & -1 & 1 \\ 1 & 0 & 0 \end{bmatrix} = [I_B u_1 \ I_B u_2 \ I_B u_3]$$

$$= \left[\frac{a^4}{6} u_1 \ \frac{a^4}{8} u_2 \ \frac{a^4}{24} u_3 \right] = \begin{bmatrix} 0 & \frac{a^4}{8} & \frac{a^4}{24} \\ 0 & -\frac{a^4}{8} & \frac{a^4}{24} \\ \frac{a^4}{6} & 0 & 0 \end{bmatrix}$$

$$= \begin{bmatrix} 0 & 1 & 1 \\ 0 & -1 & 1 \\ 1 & 0 & 0 \end{bmatrix} \begin{bmatrix} \frac{a^4}{6} & 0 & 0 \\ 0 & \frac{a^4}{8} & 0 \\ 0 & 0 & \frac{a^4}{24} \end{bmatrix} = P \begin{bmatrix} \frac{a^4}{6} & 0 & 0 \\ 0 & \frac{a^4}{8} & 0 \\ 0 & 0 & \frac{a^4}{24} \end{bmatrix} \tag{2.52}$$

最初と最後の式に $\boldsymbol{P}^{-1}$ を掛けると，3 つの固有値からなる対角成分の対角行列が得られた．

$$\boldsymbol{P}^{-1}\boldsymbol{I}_B\boldsymbol{P} = \begin{bmatrix} \frac{a^4}{6} & 0 & 0 \\ 0 & \frac{a^4}{8} & 0 \\ 0 & 0 & \frac{a^4}{24} \end{bmatrix} \tag{2.53}$$

これが例題 1.12(2) の $a = b$ における**主慣性モーメント**である．図2.8 の左図で慣性主軸の方向を示し，右図で慣性主軸と一致した座標系 (x', y', z') を示した．

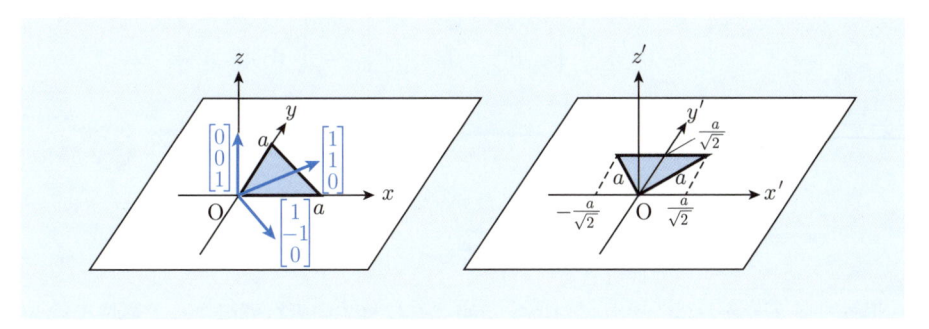

図2.8　例題 1.12(2) の三角形の慣性主軸（左）．慣性主軸と一致する座標系 $(\boldsymbol{x'}, \boldsymbol{y'}, \boldsymbol{z'})$ での表示（右）．

◤ 座標系 (x, y, z) から (x', y', z') への座標変換 — 回転行列の応用

この座標変換は，xy 平面内における $\theta = \frac{\pi}{2}$ の回転によって，(x', y', z') 座標へ変換される．z 軸は不変（$z' = z$）である．したがって，この座標変換は，次のようになる．

$$\begin{bmatrix} x \\ y \\ z \end{bmatrix} \rightarrow \begin{bmatrix} x' \\ y' \\ z' \end{bmatrix} = \begin{bmatrix} \cos\theta & -\sin\theta & 0 \\ \sin\theta & \cos\theta & 0 \\ 0 & 0 & 1 \end{bmatrix}\Bigg|_{\theta=\frac{\pi}{4}} \begin{bmatrix} x \\ y \\ z \end{bmatrix}$$

$$= \frac{1}{\sqrt{2}}\begin{bmatrix} 1 & -1 & 0 \\ 1 & 1 & 0 \\ 0 & 0 & 1 \end{bmatrix}\begin{bmatrix} x \\ y \\ z \end{bmatrix} = \frac{1}{\sqrt{2}}\begin{bmatrix} x-y \\ x+y \\ z \end{bmatrix} \tag{2.54}$$

◆ 座標変換に伴う慣性モーメント I_B の変換 — 回転行列の応用

$[(x, y, z)$ 座標における$]$

$$
I_B = \begin{bmatrix} \frac{a^4}{12} & -\frac{a^4}{24} & 0 \\ -\frac{a^4}{24} & \frac{a^4}{12} & 0 \\ 0 & 0 & \frac{a^4}{6} \end{bmatrix}
$$

$$
\rightarrow \frac{1}{\sqrt{2}} \begin{bmatrix} 1 & -1 & 0 \\ 1 & 1 & 0 \\ 0 & 0 & 1 \end{bmatrix} \begin{bmatrix} \frac{a^4}{12} & -\frac{a^4}{24} & 0 \\ -\frac{a^4}{24} & \frac{a^4}{12} & 0 \\ 0 & 0 & \frac{a^4}{6} \end{bmatrix} \frac{1}{\sqrt{2}} \begin{bmatrix} 1 & -1 & 0 \\ 1 & 1 & 0 \\ 0 & 0 & 1 \end{bmatrix}^{-1}
$$

$$
= \begin{bmatrix} \frac{a^4}{6} & 0 & 0 \\ 0 & \frac{a^4}{8} & 0 \\ 0 & 0 & \frac{a^4}{24} \end{bmatrix} \tag{2.55}
$$

$[(x', y', z')$ における主慣性モーメント (2.53) と一致$]$

　慣性主軸が分かれば，それに対応する座標系に移す回転行列によって慣性モーメントを変換すれば，主慣性モーメントが得られる．

注意 2.7　一般に，$n \times n$ 正方行列 A が，n 個の異なる固有値 $\lambda_1, \cdots, \lambda_n$ を持ち，対応する固有ベクトルが $v_1, \cdots, v_n$ であるとする．これら固有ベクトルを第 1 列，$\cdots$，第 n 列とした行列を $P = [v_1 \cdots v_n]$ とする．すると，$P^{-1}AP$ は，$\lambda_1, \cdots, \lambda_n$ が対角成分となる対角行列を得ることができる．

● BOX 2.1　発展 1 — 剛体の運動方程式 ●

● 並進運動と回転運動（p.30 参照）：

$$
P = mv \quad (運動量), \qquad L = I\,\omega \quad (角運動量) \tag{2.56}
$$

これらの時間変化が，並進および回転の運動方程式となる．

$$
\frac{dP}{dt} = F \quad (力), \qquad \frac{dL}{dt} = T \quad (トルク) \quad (静止座標系) \tag{2.57}
$$

剛体に固定した運動座標系では慣性モーメントは一定となる．静止座標系から運動座標系への変換による運動方程式は次のようになる．

$$
\frac{dP}{dt} + \omega \times P = F, \qquad \frac{dL}{dt} + \omega \times L = T \quad (運動座標系) \tag{2.58}
$$

（注：$\omega \times L$ はベクトル積である（(4.10) を参照））

● **BOX 2.2　発展 2 — オイラーの運動方程式** ●

　回転の運動方程式（(2.56) の第 2 の式）の時間変化を運動座標系で記述する．すると $\boldsymbol{I}$ は，対角化された主慣性モーメント (2.48) になるので

● (2.56) の第 2 式より $L_x = I_x \omega_x,\ L_y = I_y \omega_y,\ L_z = I_z \omega_z$

● (2.58) の第 2 式の x 成分は，

$$\frac{dL_x}{dt} + \omega_y L_z - \omega_z L_y = T_x \ \rightarrow\ I_x \frac{d\omega_x}{dt} + \omega_y I_z \omega_z - \omega_z I_y \omega_y = T_x$$

y 成分，z 成分も計算し，整理すると回転の運動方程式を得る．

$$I_x \frac{d\omega_x}{dt} + (I_z - I_y)\omega_y \omega_z = T_x,$$

$$I_y \frac{d\omega_y}{dt} + (I_x - I_z)\omega_x \omega_z = T_y, \tag{2.59}$$

$$I_z \frac{d\omega_z}{dt} + (I_y - I_x)\omega_x \omega_y = T_z$$

これが**オイラーの運動方程式**で，人工衛星の姿勢制御の基礎方程式となる．

2章の演習問題

☐**2.1**　次の積を計算せよ．

(1) $\begin{bmatrix} 3 & 0 & -1 \\ 1 & 2 & 4 \\ -2 & 1 & 0 \end{bmatrix} \begin{bmatrix} a \\ b \\ c \end{bmatrix}$　　(2) $\begin{bmatrix} 1 & 1 & 2 \\ -1 & 3 & 1 \\ 5 & 0 & -2 \end{bmatrix} \begin{bmatrix} 4 & 1 & 2 \\ 1 & -3 & 1 \\ 3 & 2 & 1 \end{bmatrix}$

☐**2.2**　$\boldsymbol{A} = \begin{bmatrix} a & 1 \\ 0 & b \end{bmatrix}$ が，$\boldsymbol{A}^2 = \begin{bmatrix} 4 & -2 \\ c & 16 \end{bmatrix}$ を満たす．a, b, c の値を定めよ．

☐**2.3**　$\boldsymbol{A} = \begin{bmatrix} a & b \\ c & d \end{bmatrix}$ に対して，

$$\boldsymbol{A}^2 - (a + d)\boldsymbol{A} + (ad - bc)\boldsymbol{E} = 0$$

が成り立つことを示せ（ケーリー–ハミルトンの定理）．

☐**2.4**　$\boldsymbol{A} = \begin{bmatrix} -\frac{1}{2} & -\frac{\sqrt{3}}{2} \\ \frac{\sqrt{3}}{2} & -\frac{1}{2} \end{bmatrix}$ について，$\boldsymbol{A} + \boldsymbol{A}^2 + \boldsymbol{A}^3 = \boldsymbol{0}$ を示せ．

□ **2.5**　回転行列 $\boldsymbol{R}(\theta) = \begin{bmatrix} \cos\theta & -\sin\theta \\ \sin\theta & \cos\theta \end{bmatrix}$ について，

$$\boldsymbol{R}(\theta_1)\boldsymbol{R}(\theta_2) = \boldsymbol{R}(\theta_1 + \theta_2)$$

が成り立つことを示せ.

□ **2.6**　$\boldsymbol{B} = \begin{bmatrix} a & 2 & -1 \\ 0 & b & 3 \\ 0 & 1 & c \end{bmatrix}$ が $\boldsymbol{B}^2 = \begin{bmatrix} 4 & -11 & 6 \\ 0 & 12 & -3 \\ 0 & -1 & 7 \end{bmatrix}$ を満たす. a, b, c の値を求めよ.

□ **2.7**　テンソルひずみ (2.30) の 6 成分のすべてが 0 でないとき，0 でない応力テンソルの成分は最低何個必要か.

□ **2.8**　(**1 階線形連立微分方程式**)

(1)　微分方程式 $\begin{cases} y_1' = 4y_1 + 2y_2 \\ y_2' = 4y_1 - 3y_2 \end{cases}$ を行列の固有値と固有ベクトルを使って一般解を求めよ.

(2)　初期値 $y_1(0) = 1$, $y_2(0) = 2$ を満たす解を求めよ.

□ **2.9**　(**ねじれ振動系**)　図のように，慣性モーメントが I_1, I_2 の 2 つの円板が，ねじりバネ定数 k_1, k_2 の 2 本の重さのない棒に取り付けられ，上端で固定されている. 円板のねじれ角を θ_1（上の円板），θ_2（下の円板）とするとき，運動方程式は，

$$I_1 \frac{d^2}{dt^2}\theta_1 = -k_1\theta_1 + k_2(\theta_2 - \theta_1),$$
$$I_2 \frac{d^2}{dt^2}\theta_2 = -k_2(\theta_2 - \theta_1)$$

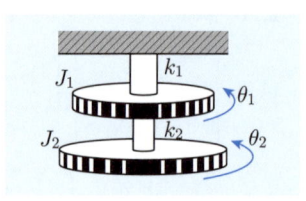

となる. 次の小問にしたがい行列の固有値と固有ベクトルによって解析せよ.

(1)　運動方程式は，二重バネ振動系の運動方程式 (2.33) と同じく 2 階連立線形微分方程式であることを確認せよ. そして，$\boldsymbol{\theta} = \begin{bmatrix} \theta_1 \\ \theta_2 \end{bmatrix}$ とおく. $\boldsymbol{A}$ を 2×2 正方行列として，行列による運動方程式

$$\frac{d^2}{dt^2}\boldsymbol{\theta} = \boldsymbol{A}\boldsymbol{\theta}$$

を成分で表せ.

(2)　$k_1 = 7$, $k_2 = 6$, $I_1 = 1$, $I_2 = 3$ とし，$\boldsymbol{A}$ の固有値と固有ベクトルを求めよ.

(3)　(2) の定数において，運動方程式の一般解を求めよ.

□ **2.10**　(x', y', z') 座標系における三角形 (図 2.8（右）) の慣性モーメントを (1.64) から求め，主慣性モーメント (2.53) と一致することを示せ. ただし，三角形は，$D = \{(x', y', z') \mid y' \geqq -x', y' \geqq x', 0 \leqq y' \leqq \frac{a}{\sqrt{2}}\}$ である.

第3章

複素関数の微積分

　高校の数学では，実数では解がなかった方程式も，数が複素数にまで広がると解を持つことを学んだ．また，複素数は数値として扱われていた．大学では，変数も値も複素数にまで拡張した複素関数を学ぶ．複素関数の微積分が複素関数論である．特に導入部を丁寧に説明する．実関数を包含する複素関数を考えることによって，応用力が格段に増す．

3.1　複素変数の導入

　自然数の中では，「和」と「積」が演算として使える．整数まで広がると「差」が使える．「商」は有理数で使えるようになるというように，演算の広がりは，数の概念の拡がりを伴ってきた．$x^2 = 2$ の解などを表す無理数を有理数に加えて実数となる．さらに，$x^2 = -3$ のように 2 乗して負となる数をも含めて複素数にまで広がってきた．どこまで数の概念が広がるかというと，高校の教科書にも記述があるが，n 次方程式は複素数の範囲で n 個の解を持つことが**代数学の基本定理**として知られている．この事実が，複素数を変数および値とする複素関数を考える前提あるいは背景となっている，

◼ 変数としての複素数

　実数全体を $\mathbb{R}$ で，複素数全体を $\mathbb{C}$ で表す．実数の英語が Real numbers, 複素数が Complex numbers の頭文字に由来する．実 2 変数 (x, y) は実平面 $\mathbb{R}^2$ のデカルト座標を表し，虚数単位 $i = \sqrt{-1}$ を使って複素平面上の複素数 $z = x + iy$ と次のように対応する（図3.1）．

$$
\begin{array}{ccc}
\mathbb{R}^2 & \leftrightarrow & \mathbb{C} \\
(x, y) & \leftrightarrow & z = x + iy \quad (i = \sqrt{-1})
\end{array}
\tag{3.1}
$$

◼ 平面の座標と変換則

　複素変数 $z = x + iy$ に対して $\bar{z} = x - iy$ を**共役複素数**という．複素数を形式的に 2 変数 $(z, \bar{z})$ で表すと，実 2 変数と複素数との間の変換則が次のように与えられる．

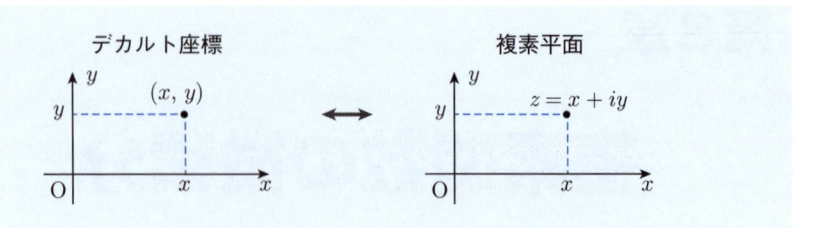

図3.1　デカルト座標 (x, y) と複素平面 z. 対応は $1:1$.

$$
\begin{array}{ccc}
\mathbb{R}^2 & \leftrightarrow & \mathbb{C}
\end{array}
$$

$$
\begin{cases} x = \dfrac{z+\bar{z}}{2} \\ y = \dfrac{z-\bar{z}}{2i} \end{cases} \leftrightarrow \begin{cases} z = x + iy \\ \bar{z} = x - iy \end{cases} \tag{3.2}
$$

2 次元平面は，実 2 変数の座標として極座標 (r, θ) もよく使われる．そこに，複素平面も座標として加わった．**図3.2**はこれら 3 種の座標を表している．極座標と複素平面との間には，次の対応関係がある．

$$
\begin{array}{ccc}
\mathbb{R}^2 & \leftrightarrow & \mathbb{C} \\
(r, \theta) & \leftrightarrow & z = r(\cos\theta + i\sin\theta)
\end{array} \tag{3.3}
$$

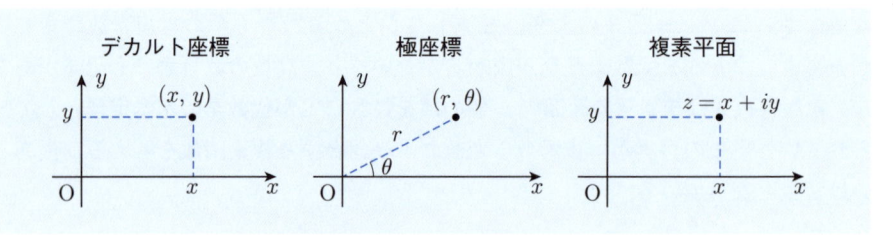

図3.2　平面上の座標 3 種．(1) デカルト座標 (x, y),
(2) 極座標 (r, θ), (3) 複素平面 z

3.2　実関数と複素関数との対応

2 次元の実数と複素数が対応することから，まず実関数と複素関数との対応を見ていこう．複素変数で複素数値をとる関数は，実関数としては実 2 変数 (x, y) で実 2 成分関数 (u, v) が対応する．

$$
\begin{array}{cccc}
f: & \mathbb{R}^2 & \to & \mathbb{R}^2 \\
& (x, y) & \mapsto & f(x, y) = (u, v) = (u(x, y), v(x, y))
\end{array} \tag{3.4}
$$

ここで, (x, y) を (3.2) にしたがって複素変数 $(z, \overline{z})$ に対応させ, 同様に実 2 成分 (u, v) も複素成分 $u + iv$ に対応させる.

$$
\begin{array}{cccc}
f: & \mathbb{C} & \to & \mathbb{C} \\
& (z, \overline{z}) & \mapsto & f(z, \overline{z}) = u + iv = u(x, y) + iv(x, y)
\end{array}
\tag{3.5}
$$

注意 3.1 実変数表示の $f(x, y)$ を複素変数で表すと厳密には $f\left(\frac{z+\overline{z}}{2}, \frac{z-\overline{z}}{2i}\right)$ である. 一方, 複素変数表示の $f(z, \overline{z})$ は実変数では $f(x + iy, x - iy)$ であるが, 本書では, これらを同じ関数として, 実変数は $f(x, y)$ で, また複素変数は $f(z, \overline{z})$ のまま表すことにする.

● **BOX 3.1 実変数の関数と複素変数の関数との対応** ●

多くの複素関数論の教科書では, 序章から, 複素関数は $f(z)$ のように表されて登場してくる. それは複素数の世界に一気に飛び込んでから話が始まることを意味している. 本書は実 2 変数関数 u と v が 2 つあるところから始まる. それらの変数 (x, y) を $x + iy$ とおけば複素変数 z に対応し, $u + iv$ とおけば関数も複素数となるので, 任意の実 2 変数の実 2 成分関数は, 1 複素変数 z の 1 複素成分関数に対応する. よって, 複素関数を $f(z)$ と表すことには確かに意味がある.

ところで, u と v が共に微分可能だとしても, 複素関数として複素微分可能になるとは限らない. 複素微分が可能となる条件は, u と v に対してさらに厳しい条件が課せられる (次の 3.3 節参照). そのとき, 図のように, 実 2 変数で実 2 成分関数が複素数の関数と対応することをまず認識する. その中に複素微分可能条件を満たすものが存在する. 複素関数論は, 複素微分可能条件を知り, 複素微分可能な関数について学ぶ. 実は, 複素微分可能条件を問題にする前に, 複素関数となるものの実変数表現と複素変数の表現を与えようとすると, z の共役複素数 $\overline{z}$ は z とは独立な変数ではないが, この 2 つの複素変数と実 2 変数との対応は座標変換の一種と考えることができる. すると, 複素関数は, まず $f(z, \overline{z})$ のように表される.

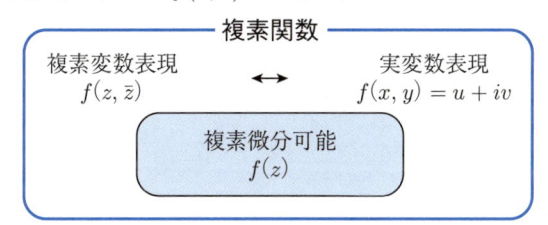

そこから, 複素微分可能条件を満たす関数はどのようなものかを調べていくと, $\overline{z}$ を含まず $f(z)$ のように z のみの関数となることが分かる. このことから, 序章から「$f(z)$」を使うことをためらう. このような観点から著された文献は明らかに少ないが, 本書はこのように実数による関数の表現から複素関数の世界に入って行く.

■ **例題3.1** ■

次の実変数 (x, y) で実部 u と虚部 v が表された複素数値関数を，複素変数で表せ.
(1) $u = x^2 - y^2$, $v = 2xy$
(2) $u = x^3 + xy^2$, $v = -x^2y - y^3$

【解答】 (1) $f(x, y) = (u, v) = (x^2 - y^2, 2xy)$

$$\rightarrow u + iv = (x^2 - y^2) + 2ixy$$

$$= \left(\frac{z + \overline{z}}{2}\right)^2 - \left(\frac{z - \overline{z}}{2i}\right)^2 + 2i\frac{z + \overline{z}}{2}\frac{z - \overline{z}}{2i} = z^2$$

よって，複素数値関数 $f(z) = z^2$ である. 逆に,

$$z^2 = (x + iy)^2 = x^2 - y^2 + 2ixy$$

も確認できる.

(2) $f(x, y) = (u, v) = (x^3 + xy^2, -x^2y - y^3)$

$$\rightarrow u + iv = x^3 + xy^2 - i(x^2y + y^3)$$

$$= \left(\frac{z + \overline{z}}{2}\right)^3 + \left(\frac{z + \overline{z}}{2}\right)\left(\frac{z - \overline{z}}{2i}\right)^2 - i\left\{\left(\frac{z + \overline{z}}{2}\right)^2 \left(\frac{z - \overline{z}}{2i}\right) + \left(\frac{z - \overline{z}}{2i}\right)^3\right\}$$

$$= z\overline{z}^2$$

よって，複素数値関数 $f(z, \overline{z}) = z\overline{z}^2$ である. 逆に, $z\overline{z}^2 = (x + iy)(x - iy)^2 = x^3 + xy^2 - i(x^2y + y^3)$ も確認できる. ■

3.3 複素の意味の微分

定義（複素数値関数 $f(z, \overline{z})$ の微分）

z における複素パラメータ η の極限値

$$\lim_{\eta \to 0} \frac{f(z + \eta, \overline{z + \eta}) - f(z, \overline{z})}{\eta} \tag{3.6}$$

（任意の極限 $\eta \to 0$ に対して）

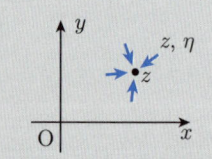

図3.3

任意方向からの極限

が η の 0 への近づき方（図3.3）に関係なく確定するとき，$f(z, \overline{z})$ は z において微分可能であるという.

この極限値を z における $f(z)$ の微分といい $\dfrac{df}{dz}$ または $f'(z)$ とかく.

「任意の方向」を x 軸方向と y 軸方向に分解　パラメータ η は 2 次元の自由度がある．よって実軸の x 方向と虚軸の y 方向からの極限に分解する（図3.4）．

$$\eta = h_1 + ih_2 = \begin{cases} h_1 \ \to\ 0 \quad (h_2 = 0) \ [\text{実軸方向から}] \\ h_2 \ \to\ 0 \quad (h_1 = 0) \ [\text{虚軸方向から}] \end{cases} \tag{3.7}$$

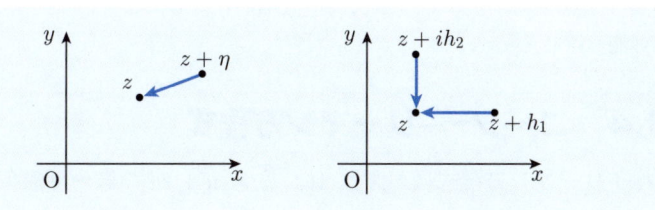

図3.4　極限 $(\boldsymbol{z + \eta \ \to\ z})$ には 2 次元の自由度がある（左）．
実軸からと虚軸からの 2 方向に分解する（右）．

パラメータの分解 (3.7) に対応して，複素微分の定義の極限も分解される．

$$(3.6)\ \to\ \begin{cases} A(z, \overline{z}) = \displaystyle\lim_{h_1 \to 0} \frac{f(z + h_1, \overline{z + h_1}) - f(z, \overline{z})}{h_1} \\ B(z, \overline{z}) = \displaystyle\lim_{h_2 \to 0} \frac{f(z + ih_2, \overline{z + ih_2}) - f(z, \overline{z})}{ih_2} \end{cases} \tag{3.8}$$

極限 (3.8) による微分可能の意味　2 方向の極限値 $A(z, \overline{z})$ と $B(z, \overline{z})$ が存在して，かつ一致することである．

$$A(z, \overline{z}) = B(z, \overline{z}) \tag{3.9}$$

■ **例題3.2** ■

極限 (3.8) によって，次の複素数値関数の微分可能性を調べよ．
(1)　$f_1(z) = z^2$　　(2)　$f_2(z, \overline{z}) = z\overline{z}$

【解答】　(1)　$\begin{cases} A(z) = \displaystyle\lim_{h_1 \to 0} \dfrac{(z + h_1)^2 - z^2}{h_1} = \displaystyle\lim_{h_1 \to 0} (2z + h_1) = 2z \\ B(z) = \displaystyle\lim_{h_2 \to 0} \dfrac{(z + ih_2)^2 - z^2}{ih_2} = \displaystyle\lim_{h_2 \to 0} (2z + ih_2) = 2z \end{cases}$

よって，任意の点 z において $A(z) = B(z) = 2z$（共に存在して一致）となるので微分可能である．導関数は，$\dfrac{d}{dz} f_1(z) = \dfrac{d}{dz} z^2 = 2z$ となる．z^2 は z のみの関数であることに注意せよ（重要）．

$$
(2) \begin{cases} A(z,\overline{z}) = \displaystyle\lim_{h_1 \to 0} \dfrac{(z+h_1)(\overline{z}+h_1) - z\overline{z}}{h_1} = z + \overline{z} \\[3mm] B(z,\overline{z}) = \displaystyle\lim_{h_2 \to 0} \dfrac{(z+ih_2)(\overline{z}-ih_2) - z\overline{z}}{ih_2} = -z + \overline{z} \end{cases}
$$

よって，原点以外の点 $z \neq 0$ では $A(z,\overline{z}) = z + \overline{z} \neq -z + \overline{z} = B(z,\overline{z})$（極限値は共に存在するが一致しない）．この関数は $\overline{z}$ を含むことに注意（重要）．

ところで，原点 $z = \overline{z} = 0$ で，$A(0,0) = B(0,0) = 0$ のように一致するが，孤立点なので微分可能とはいえない．■

3.4　コーシー–リーマン方程式

コーシー–リーマン方程式は，関数 $f(z,\overline{z}) = u + iv$ の微分可能条件を，実部 u と虚部 v によって表したもので，次の 1 階偏微分方程式系となる．

$$
\frac{\partial u}{\partial x} = \frac{\partial v}{\partial y}, \quad \frac{\partial u}{\partial y} = -\frac{\partial v}{\partial x} \qquad (\text{[略記]} \ u_x = v_y, \ u_y = -v_x) \tag{3.10}
$$

◆ コーシー–リーマン方程式が微分可能条件となること

(3.8) における極限 A と B の一致という条件を確認する．

極限 A を u, v で表す：

$$
\begin{aligned}
A(z,\overline{z}) &= \lim_{h_1 \to 0} \frac{f(z+h_1, \overline{z}+h_1) - f(z,\overline{z})}{h_1} \\[2mm]
&= \lim_{h_1 \to 0} \frac{\big(u(x+h_1,y) + iv(x+h_1,y)\big) - \big(u(x,y) + iv(x,y)\big)}{h_1} \\[2mm]
&= \lim_{h_1 \to 0} \frac{u(x+h_1,y) - u(x,y)}{h_1} + i \lim_{h_1 \to 0} \frac{v(x+h_1,y) - v(x,y)}{h_1} \\[2mm]
&= \frac{\partial u}{\partial x} + i\frac{\partial v}{\partial x} = u_x + iv_x
\end{aligned} \tag{3.11}
$$

極限 B を u, v で表す：

$$
\begin{aligned}
B(z,\overline{z}) &= \lim_{h_2 \to 0} \frac{f(z+ih_2, \overline{z}-ih_2) - f(z,\overline{z})}{0 + ih_2} \\[2mm]
&= \lim_{h_2 \to 0} \frac{\big(u(x,y+h_2) + iv(x,y+h_2)\big) - \big(u(x,y) + iv(x,y)\big)}{ih_2} \\[2mm]
&= \lim_{h_2 \to 0} \frac{v(x,y+h_2) - v(x,y)}{h_2} - i \lim_{h_2 \to 0} \frac{u(x,y+h_2) - u(x,y)}{h_2} \\[2mm]
&= \frac{\partial v}{\partial y} - i\frac{\partial u}{\partial y} = v_y - iu_y
\end{aligned} \tag{3.12}
$$

極限の一致 $A = B$ の確認：

$$A(z,\overline{z}) = B(z,\overline{z}) \quad \Leftrightarrow \quad u_x + iv_x = v_y - iu_y \quad \Leftrightarrow \quad u_x = v_y, \quad u_y = -v_x \quad (3.13)$$

よって，(3.10) は，$f(z,\overline{z})$ の微分可能条件を u と v よって表したものである．

■ 例題3.3 ■

コーシー–リーマン方程式によって

$$f(z,\overline{z}) = u + iv = x^3 - 3xy^2 + i(3x^2y - y^3)$$

が微分可能かどうか調べよ．さらに，z と $\overline{z}$ で表せ．

【解答】 実部 u の偏微分は，$u_x = 3x^2 - 3y^2$, $u_y = -6xy$ で，虚部 v の偏微分は，$v_x = 6xy$, $v_y = 3x^2 - 3y^2$ である．よって，(3.10) の

$$u_x = v_y = 3x^2 - 3y^2, \quad u_y = -v_x = -6xy$$

が成立するので微分可能．さらに，$f(z,\overline{z}) = x^3 - 3xy^2 + i(3x^2y - y^3) = (x+iy)^3 = z^3$ も得る．特に $\overline{z}$ を含まないことに注意．　■

■ 例題3.4 ■

虚部が $v = 2y(1-x)$ の複素微分可能な関数 $f(z) = u + iv$ を求めよ．それを実変数および複素変数で表せ．

【解答】 虚部 v が与えられているので，(3.10) は，実部 u が満たすべき偏微分方程式の条件となる：

$$u_x = v_y = \{2y(1-x)\}_y = 2(1-x), \quad u_y = -v_x = \{-2y(1-x)\}_x = 2y$$

第1式 を x で積分すると，

$$u = \int u_x\,dx = \int 2(1-x)\,dx = 2x - x^2 + \psi(y) \quad (\psi(y)：y\text{ の任意関数})$$

となる．これが (3.10) の第 2 の式を満たすように ψ を決める：$u_y = \psi(y)_y = 2y \to \psi = y^2 + c$．よって $u = 2x - x^2 + y^2 + c$ を得る．求める関数は，積分定数 c を 0 とおいた場合，$f(z) = -x^2 + y^2 + 2x + 2iy(1-x) = -z^2 + 2z$．$\overline{z}$ を含まないことに注意．　■

❌ 複素微分可能性：$\overline{z}$ を含まないこと

微分可能な関数は z のみで $\overline{z}$ を含まない．変換則 (3.2) に伴って偏微分作用素の変換が次のように得られる．

$$\frac{\partial}{\partial z} = \frac{1}{2}\left(\frac{\partial}{\partial x} - i\frac{\partial}{\partial y}\right), \quad \frac{\partial}{\partial \overline{z}} = \overline{\left(\frac{\partial}{\partial z}\right)} = \frac{1}{2}\left(\frac{\partial}{\partial x} + i\frac{\partial}{\partial y}\right) \quad (3.14)$$

特に，後者の偏微分作用素を $f(z,\overline{z}) = u + iv$ に作用させると，

$$\frac{\partial}{\partial \overline{z}} f(z,\overline{z}) = \frac{1}{2}\left(\frac{\partial}{\partial x} + i\frac{\partial}{\partial y}\right)(u+iv) = \frac{1}{2}(u_x - v_y) + \frac{i}{2}(v_x + u_y) \qquad (3.15)$$

よって，コーシー–リーマン方程式 (3.10) が成り立つと，この式が 0 になる．

$$u_x = v_y, \quad u_y = -v_x \quad \leftrightarrow \quad \frac{\partial}{\partial \overline{z}} f(z,\overline{z}) = 0 \qquad (3.16)$$

すなわち，複素微分可能性と $\overline{z}$ を含まないことが同値となる．

● BOX 3.2　(3.14) の導き方 ●

$$\frac{\partial}{\partial z} = \frac{\partial x}{\partial z}\frac{\partial}{\partial x} + \frac{\partial y}{\partial z}\frac{\partial}{\partial y} = \frac{1}{2}\left(\frac{\partial}{\partial x} - i\frac{\partial}{\partial y}\right),$$

$$\frac{\partial}{\partial \overline{z}} = \frac{\partial x}{\partial \overline{z}}\frac{\partial}{\partial x} + \frac{\partial y}{\partial \overline{z}}\frac{\partial}{\partial y} = \frac{1}{2}\left(\frac{\partial}{\partial x} + i\frac{\partial}{\partial y}\right)$$

◆ 複素微分可能な関数は $f(z,\overline{z})$ ではなく $f(z)$

　複素微分可能な関数は，z だけの関数 $f(z)$ である．また，実可微分関数を包含し，実関数の微分の性質がすべて成立する（(3.13) も参照）．

$$f(z) \quad \longrightarrow \quad f'(z) = u_x + iv_x \qquad (3.17)$$

● BOX 3.3　複素微分可能条件 —— 3 通りの表現（まとめ）●

　複素微分可能な関数を**正則関数**または**解析関数**と呼ぶこともある．

(1)　(3.6) の極限が存在 ↔ (3.8) の A と B が存在して一致．

(2)　コーシー–リーマン方程式 (3.10) の成立．

(3)　変数は z のみで $\overline{z}$ を含まないこと (3.16)．

◆ $f(z) = u + iv$ の u と v はラプラス方程式の解（調和関数）

　2 階の偏微分作用素

$$\Delta = \frac{\partial^2}{\partial x^2} + \frac{\partial^2}{\partial y^2} \qquad (3.18)$$

を**ラプラシアン**といい，2 変数関数 $\phi = \phi(x,y)$ に対して，次の方程式

$$\Delta\phi = \frac{\partial^2\phi}{\partial x^2} + \frac{\partial^2\phi}{\partial y^2} = 0 \quad (\Delta\phi = \phi_{xx} + \phi_{yy} = 0 \,(略記)) \qquad (3.19)$$

を**ラプラス方程式**という．解 ϕ は**調和関数**といわれる．コーシー–リーマン方程式 (3.10) を満たす u と v は調和関数である．なぜならば，u と v は，

$$(u_x)_x = (v_y)_x = v_{xy} = (v_x)_y = (-u_y)_y = -u_{yy}$$

$$\rightarrow \quad \Delta u = u_{xx} + u_{yy} = 0 \tag{3.20}$$

同様に,

$$(v_x)_x = (-u_y)_x = -u_{xy} = -(u_x)_y = -(v_y)_y = -v_{yy}$$

$$\rightarrow \quad \Delta v = v_{xx} + v_{yy} = 0 \tag{3.21}$$

のようにラプラス方程式の解となる.

注意 3.2　コーシー–リーマン方程式およびラプラス方程式を満たす 2 変数関数の組は, 2 次元の渦のない非圧縮性流体の解析に応用される ((4.45) を参照).

注意 3.3　3 変数関数 $\psi = \psi(x,y,z)$ に対するラプラシアンとラプラス方程式も同様に定義される ((4.32) および (4.33) を参照).

3.5　複素初等関数

　実関数として学んできた, 代数関数, 指数関数, 対数関数, 三角関数, 双曲線関数などの初等関数を, 複素関数に拡張した**複素初等関数**を考える.

◢ 実関数 $f(x)$ から複素関数 $f(z)$ へのステップ

Step 1：実関数 $f(x)$ がある.

Step 2：$f(x)$ のテイラー級数またはマクローリン級数

$$f(x) = f(0) + f'(0)x + \frac{f''(0)}{2!}x^2 + \frac{f'''(0)}{3!}x^3 + \cdots \tag{3.22}$$

によって, $f(x)$ を多項式で表す (以下, マクローリン級数について述べる).

Step 3：変数の複素化 $x \to z$ を行う.

Step 4：複素変数 z の多項式を複素関数 $f(z)$ と定義する.

$$f(0) + f'(0)z + \frac{f''(0)}{2!}z^2 + \frac{f'''(0)}{3!}z^3 + \cdots = f(z) \tag{3.23}$$

関数 $f(z)$ は代数的に z の関数として定義され複素微分可能性が保証される.

◢ 導関数

　各項微分 $(z^n)' = nz^{n-1}$ によって $f(z)$ の微分ができる.

$$f'(0) + f''(0)z + \frac{f'''(0)}{2!}z^2 + \frac{f^{(4)}(0)}{3!}z^3 + \cdots = f'(z) \tag{3.24}$$

3.6　オイラーの公式から指数関数へ

◆ オイラーの公式

　指数関数 e^x において変数 x を純虚数 $x = i\theta$ とおいたものは偏角が θ の単位円上の複素数

$$\cos\theta + i\sin\theta$$

を表す（図3.5）：

$$e^{i\theta} = \cos\theta + i\sin\theta, \quad \cos\theta = \frac{e^{i\theta} + e^{-i\theta}}{2}, \quad \sin\theta = \frac{e^{i\theta} - e^{-i\theta}}{2i} \tag{3.25}$$

これが**オイラーの公式**である．複素関数の定義にしたがって確認してみよう．次の無限多項式が，実指数関数 e^x のマクローリン級数である．

$$e^x = 1 + x + \frac{1}{2!}x^2 + \frac{1}{3!}x^3 + \frac{1}{4!}x^4 + \frac{1}{5!}x^5 + \frac{1}{6!}x^6 + \cdots \tag{3.26}$$

ここで，実変数を純虚数の変数に変換する，すなわち $x \to i\theta$ とおくと，

$$
\begin{aligned}
e^{i\theta} &= 1 + (i\theta) + \frac{1}{2!}(i\theta)^2 + \frac{1}{3!}(i\theta)^3 + \frac{1}{4!}(i\theta)^4 + \frac{1}{5!}(i\theta)^5 + \frac{1}{6!}(i\theta)^6 + \cdots \\
&= 1 + i\theta - \frac{1}{2!}\theta^2 - \frac{1}{3!}i\theta^3 + \frac{1}{4!}\theta^4 + \frac{1}{5!}i\theta^5 - \frac{1}{6!}\theta^6 + \cdots \\
&= \underbrace{\left(1 - \frac{1}{2!}\theta^2 + \frac{1}{4!}\theta^4 - \frac{1}{6!}\theta^6 + \cdots\right)}_{\cos\theta} + i\underbrace{\left(\theta - \frac{1}{3!}\theta^3 + \frac{1}{5!}\theta^5 + \cdots\right)}_{\sin\theta}
\end{aligned} \tag{3.27}
$$

このようにマクローリン級数として，オイラーの公式が確認できた．

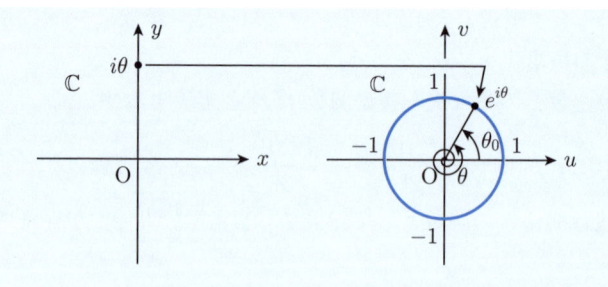

　図3.5　オイラーの公式は，純虚数 $i\theta$ から単位円上の点 $\cos\theta + i\sin\theta$ への写像を与える．θ_0 は θ の中で $0 \leq \theta_0 < 2\pi$ を満たすものとする．

◤ 複素指数関数 e^z

複素変数 z の指数関数の定義は，次式で与えられる．

$$\sum_{n=0}^{\infty} \frac{z^n}{n!} = 1 + z + \frac{z^2}{2!} + \frac{z^3}{3!} + \frac{z^4}{4!} + \cdots = e^z \tag{3.28}$$

さて，複素変数を $z = x + iy$ とすると，オイラーの公式によって，指数関数は次のように表される．実際，次の式を定義としてよい．

$$e^z = e^{x+iy} = e^x e^{iy} = e^x(\cos y + i \sin y) \tag{3.29}$$

指数関数の基本的性質は次の通りである．

---

(1) $e^0 = 1$

(2) $|e^z| = e^x|\cos y + i \sin y| = e^x$ （e^x が e^z の動径を表す）

(3) $e^{z+2n\pi i} = e^z$. 具体的には，任意の整数 n に対して

$$z = x + i(y_0 + 2n\pi)$$

はすべて e^z と同じ値を与える．ただし，y_0 はそのような y の中で，不等式 $0 \le y < 2\pi$ を満たすものとする．

指数関数 e^z の変数 z の虚部 y は偏角，実部 x は e^z の動径

$$|e^z| = e^x$$

である．

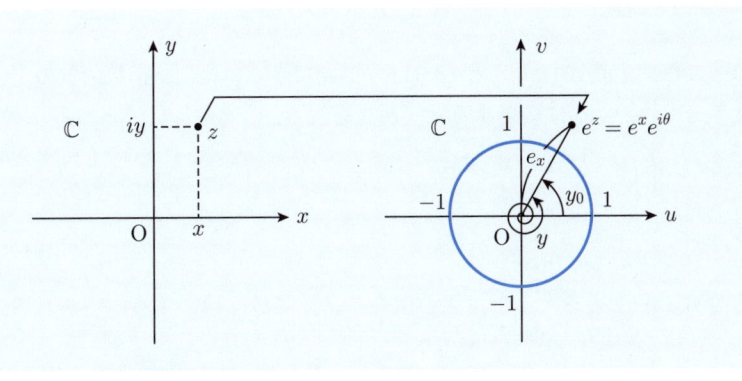

図3.6　指数関数 e^z のグラフ．虚部 y は e^z の偏角，実部は e^z の動径 $|e^z| = e^x$ を表す．$x > 0$ ならば，e^z は単位円から外側の点を，$x < 0$ ならば内側の点を表す．

■ **例題3.5** ■

$e^z = 1 + i\sqrt{3}$ の解を求めよ.

【解答】　$e^z = e^{x+iy} = e^x e^{iy} = e^x (\cos y + i \sin y) = 1 + i\sqrt{3}$

$\quad \to |e^z| = e^x = \sqrt{1^2 + (\sqrt{3})^2} = 2 \to x = \log 2$

さらに,

$$e^{iy} = \frac{e^z}{e^x} = \cos y + i \sin y = \frac{1 + i\sqrt{3}}{2} \to \cos y = \frac{1}{2}, \sin y = \frac{\sqrt{3}}{2} \to y = \frac{\pi}{3} + 2n\pi$$

よって, $z = \log 2 + i(\frac{\pi}{3} + 2n\pi)$.

✖ 複素三角関数 （複素正弦関数，複素余弦関数）

実正弦関数と実余弦関数のマクローリン級数に基づいて定義される.

$$\sum_{n=0}^{\infty} (-1)^n \frac{z^{2n+1}}{(2n+1)!} = z - \frac{z^3}{3!} + \frac{z^5}{5!} - \frac{z^7}{7!} + \cdots = \sin z \tag{3.30}$$

$$\sum_{n=0}^{\infty} (-1)^n \frac{z^{2n}}{(2n)!} = 1 - \frac{z^2}{2!} + \frac{z^4}{4!} - \frac{z^6}{6!} + \cdots = \cos z \tag{3.31}$$

指数関数の定義 (3.28) で，変数を $z \to iz$ に変更すると,

$$e^{iz} = 1 + (iz) + \frac{(iz)^2}{2!} + \frac{(iz)^3}{3!} + \frac{(iz)^4}{4!} + \frac{(iz)^5}{5!} + \frac{(iz)^6}{6!} + \cdots$$

$$= \underbrace{\left(1 - \frac{1}{2!}z^2 + \frac{1}{4!}z^4 - \frac{1}{6!}z^6 + \cdots\right)}_{\cos z} + i\underbrace{\left(z - \frac{1}{3!}z^3 + \frac{1}{5!}z^5 + \cdots\right)}_{\sin z} \tag{3.32}$$

となる．これで定義式 (3.30) と (3.31) が確認できる．また，指数関数の定義 (3.28) で，変数を $z \to -iz$ に変更すると，次式を得る.

$$e^{-iz} = \underbrace{\left(1 - \frac{1}{2!}z^2 + \frac{1}{4!}z^4 - \frac{1}{6!}z^6 + \cdots\right)}_{\cos z} - i\underbrace{\left(z - \frac{1}{3!}z^3 + \frac{1}{5!}z^5 + \cdots\right)}_{\sin z} \tag{3.33}$$

これら 2 式の和と差をとると，正弦関数と余弦関数は次のように得られる.

$$\cos z = \frac{e^{iz} + e^{-iz}}{2}, \quad \sin z = \frac{e^{iz} - e^{-iz}}{2i} \tag{3.34}$$

正接関数は，次式で定義される.

$$\tan z = \frac{\sin z}{\cos z} \tag{3.35}$$

● **BOX 3.4　三角関数の性質および公式** ●

(1)　$e^{iz} = \cos z + i \sin z$

(2)　$\sin z = \sin(x+iy) = \sin x \cosh y + i \cos x \sinh y$

(3)　$\cos z = \cos(x+iy) = \cos x \cosh y - i \sin x \sinh y$

(4)　$\tan z = \tan(x+iy) = \dfrac{1}{2} \dfrac{\sin 2x + i \sinh 2y}{\cos^2 x + \sinh^2 y}$

(5)　$\sin^2 z + \cos^2 z = 1$

(6)　$\sin(-z) = -\sin z, \quad \cos(-z) = \cos z$

(7)　$\sin(z_1 \pm z_2) = \sin z_1 \cos z_2 \pm \cos z_1 \sin z_2$

(8)　$\cos(z_1 \pm z_2) = \cos z_1 \cos z_2 \mp \sin z_1 \sin z_2$

(9)　$\sin(z + 2n\pi) = \sin z, \quad \cos(z + 2n\pi) = \cos z$

(10)　$\sin(z + (2n+1)\pi) = -\sin z, \quad \cos(z + (2n+1)\pi) = -\cos z$

(11)　$\sin\left(z + \dfrac{\pi}{2}\right) = \cos z, \quad \cos\left(z + \dfrac{\pi}{2}\right) = -\sin z$

(12)　$(\sin z)' = \cos z, \quad (\cos z)' = -\sin z, \quad (\tan z)' = \dfrac{1}{\cos^2 z}$

■ **例題3.6** ■

公式 (2) を示せ.

【解答】　$\sin z = \dfrac{e^{i(x+iy)} - e^{-i(x+iy)}}{2i} = \dfrac{e^{-y+ix} - e^{y-ix}}{2i}$

$= \dfrac{1}{2i}\{e^{-y}(\cos x + i \sin x) - e^{y}(\cos x - i \sin x)\}$

$= \sin x \dfrac{e^{y} + e^{-y}}{2} + i \cos x \dfrac{e^{y} - e^{-y}}{2} = \sin x \cosh y + i \cos x \sinh y$　■

✗ 複素双曲線関数 $\sinh z, \cosh z, \tanh z$

複素双曲線関数のハイパーボリックサインやコサインは，複素指数関数 (3.28) によって，(1.5) の複素化として次式で定義される.

$$\cosh z = \frac{e^z + e^{-z}}{2}, \qquad \sinh z = \frac{e^z - e^{-z}}{2} \tag{3.36}$$

次の性質が「双曲線」の名の由来である ((1.4 参照)).

$$\cosh^2 z - \sinh^2 z = 1 \tag{3.37}$$

複素双曲線関数の正接は次式で定義される.

$$\tanh z = \frac{\sinh z}{\cosh z} \tag{3.38}$$

● **BOX 3.5　双曲線関数と三角関数の関係式** ●

(1)　$\cosh z = \cos iz = \cosh x \cos y + i \sinh x \sin y$

(2)　$\sinh z = -i \sin iz = \sinh x \cos y + i \cosh x \sin y$

(3)　$\cosh iz = \cos z$

(4)　$\sinh iz = i \sin z$

(5)　$\sinh(z_1 + z_2) = \sinh z_1 \cosh z_2 + \cosh z_1 \sinh z_2$

(6)　$\cosh(z_1 + z_2) = \cosh z_1 \cosh z_2 + \sinh z_1 \sinh z_2$

(7)　$\cosh z = \cosh(x + iy) = \cosh x \cos y + i \sinh x \sin y$

(8)　$\sinh z = \sinh(x + iy) = \sinh x \cos y + i \cosh x \sin y$

　複素関数では，指数関数，三角関数および双曲線関数は，本質的に同じ関数である．実関数では，指数関数と双曲線関数は，本質的に同じ関数である．でも，三角関数と双曲線関数は，単に類似性があるだけであった．このような，実関数と複素関数における相違および類似性が，BOX 3.6 にまとめられている．

● **BOX 3.6　指数関数，三角関数，双曲線関数** ●

実関数では，ハイパーボリックサインやコサインは，指数関数と本質的に同じものである．正弦関数と余弦関数とは類似性がある．

$$\{e^x,\ e^{-x}\}$$

$$\begin{cases} \cos x \\ \sin x \end{cases} \quad \xleftrightarrow[\text{類似性}]{} \quad \begin{cases} \cosh x = \dfrac{e^x + e^{-x}}{2} \\ \sinh x = \dfrac{e^x - e^{-x}}{2} \end{cases}$$

複素関数では，すべてが虚数単位 i でつながり本質的に同じものである．

$$\{e^z,\ e^{-z},\ e^{iz},\ e^{-iz}\}$$

$$i$$

$$\begin{cases} \cos z = \dfrac{e^{iz} + e^{-iz}}{2} \\ \sin z = \dfrac{e^{iz} - e^{-iz}}{2} \end{cases} \quad \longleftrightarrow \quad \begin{cases} \cosh z = \dfrac{e^z + e^{-z}}{2} \\ \sinh z = \dfrac{e^z - e^{-z}}{2} \end{cases}$$

3.7 複素積分

複素積分とは，複素数値関数 $f(z,\overline{z})$ または複素可微分関数 $f(z)$ と複素平面上の積分経路（曲線）C に対して定義される次の積分のことをいう．

$$\int_C f(z,\overline{z})\,dz \quad \text{または} \quad \int_C f(z)\,dz \tag{3.39}$$

◆ 複素積分は 2 つの実線積分

f を $f(z,\overline{z})$ または $f(z)$ とする．f と dz を実部と虚部に分解して積分を書き下す．

$$\int_C f\,dz = \int_C (u+iv)\,(dx+idy)$$
$$= \int_C (u\,dx - v\,dy) + i\int_C (u\,dy + v\,dx) \tag{3.40}$$
$$\underset{\displaystyle \operatorname{Re}\int_C f\,dz}{\|} \qquad \underset{\displaystyle \operatorname{Im}\int_C f\,dz}{\|}$$

これより複素積分は 2 つの実の線積分からなり，それぞれ実部と虚部を表す．

◆ 複素積分は 4 種類

関数は，複素微分が可能か不可能かの 2 種類ある．一方，積分路 C は，ループ積分路 C_0 または 2 端点を持つ積分路 C_1 の 2 つの選択によって，具体的に次の 4 種類の複素積分が考えられる．

複素微分可能 $f(z)$	複素微分不可能 $f(z,\overline{z})$
$\displaystyle\int_{C_0} f(z)\,dz$	$\displaystyle\int_{C_1} f(z)\,dz$
$\displaystyle\int_{C_0} f(z,\overline{z})\,dz$	$\displaystyle\int_{C_1} f(z,\overline{z})\,dz$

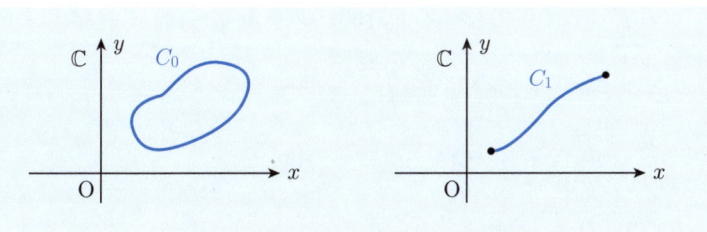

図3.7 （左）ループ積分路 C_0．（右）2 端点を持つ積分路 C_1．

■ **例題3.7** ■

次の複素積分を示せ.

(1) ループ積分路が円 $C_0 = \{\, z \mid |z - 2| = 3 \,\}$ のとき $\displaystyle\int_{C_0} z^2\, dz = 0$.

(2) 積分路が $C_1 = \{\, z \mid z(t) = (2 + i)t,\ 0 \leqq t \leqq 1 \,\}$ のとき

$$\int_{C_1} z^2\, dz = \frac{2 + 11i}{3}$$

【解答】 (1) 円 C_0 上の点のパラメータ表示を, $z(t) = 3e^{it} + 2\ (0 \leqq t \leqq 2\pi)$ とする ($z(t) = 3(\cos t + i \sin x) + 2$ としてもよい).

$$\int_{C_0} z^2\, dz = \int_0^{2\pi} (3e^{it} + 2)^2\, d(3e^{it}) = \int_0^{2\pi} (9e^{2it} + 12e^{it} + 4) \cdot 3ie^{it}\, dt$$

$$= 3i \int_0^{2\pi} (9e^{3it} + 12e^{2it} + 4e^{it})\, dt = 3\left[3e^{3it} + 6e^{2it} + 4e^{it}\right]_0^{2\pi} = 0$$

(2) 積分路上の点のパラメータ表示を, $z(t) = (2 + i)t\ (0 \leqq t \leqq 1)$ とする.

$$\int_{C_1} z^2\, dz = \int_0^1 (2 + i)^2 t^2 \cdot (2 + i)\, dt = (2 + i)^3 \int_0^1 t^2\, dt$$

$$= (2 + i)^3 \left[\frac{1}{3}t^3\right]_0^1 = \frac{1}{3}(2 + i)^3 = \frac{2 + 11i}{3}$$

■ **例題3.8** ■

次の複素積分を求めよ.

(1) 例題 3.7(1) のループ積分路 C_0 に対して, $\displaystyle\int_{C_0} z\overline{z}\, dz$.

(2) 例題 3.7(2) の積分路 C_1 に対して, $\displaystyle\int_{C_1} z\overline{z}\, dz$.

【解答】 (1) $\displaystyle\int_{C_0} z\overline{z}\, dz = \int_0^{2\pi} (3e^{it} + 2)\, \overline{(3e^{it} + 2)}\, d(3e^{it} + 2)$

$$= \int_0^{2\pi} (3e^{it} + 2)\, (3e^{-it} + 2)\, 3ie^{it}\, dt = 3i \int_0^{2\pi} (6e^{2it} + 13e^{it} + 6)\, dt$$

$$= 3i \left[3e^{2it} + 13e^{it} + 6t\right]_0^{2\pi} = 36\pi i$$

(2) $\displaystyle\int_{C_1} z\overline{z}\, dz = \int_0^1 (2 + i)t \cdot \overline{(2 + i)t} \cdot (2 + i)\, dt$

$$= (2 + i)^2 (2 - i) \int_0^1 t^2\, dt = \frac{5}{3}(2 + i)$$

◼ コーシーの積分定理

複素積分において最も重要なコーシーの積分定理を述べる．p.69 の表の 4 種類の積分の内の左上の積分（微分可能な関数 $f(z)$ のループ積分路上の積分）についての定理である．

> ● **BOX 3.7　コーシーの積分定理** ●
>
> 複素微分可能な関数 $f(z)$ が定義される単連結領域 D において，その内部にある任意のループ積分路 C_0 に対して
>
> $$\int_{C_0} f(z)\,dz = 0 \qquad (3.41)$$
>
> となる．
>
>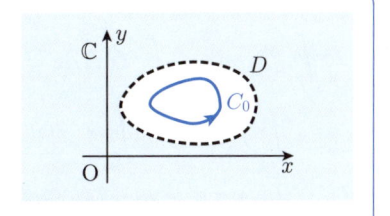
>
> 図3.8
> 単連結領域内のループ積分路

注意 3.4　平面上の閉曲線で，自分自身交わることがなく連続変形によって円になるものを**単純閉曲線**という．**ジョルダン曲線**ともいわれる．領域 D の中に任意の単純閉曲線を連続変形して，1 点にまで収縮できるとき，D を**単連結領域**という．

◼ コーシーの積分定理の証明

複素積分の (3.40) の右辺の形を証明のスタートの式とする．

$$\int_{C_0} f(z)\,dz = \int_{C_0} (u\,dx - v\,dy) + i \int_{C_0} (v\,dx + u\,dy) \qquad (3.42)$$

この実部と虚部の 2 つのループ積分には，そのループが囲む領域 D の面積分によって表されるという**グリーンの定理**が適用できる（6 章章末 BOX 6. 付録 1, 2）．実際，

$$\int_{C_0} (u\,dx - v\,dy) = \iint_D \left(\frac{\partial(-v)}{\partial x} - \frac{\partial u}{\partial y} \right) dxdy = - \iint_D (v_x + u_y)\,dxdy \qquad (3.43)$$

$$\int_{C_0} (v\,dx + u\,dy) = \iint_D \left(\frac{\partial u}{\partial x} - \frac{\partial v}{\partial y} \right) dxdy = \iint_D (u_x - v_y)\,dxdy \qquad (3.44)$$

$f(z)$ は D_0 内で複素微分が可能でコーシー–リーマン方程式 (3.10) が成り立ち，上記 2 式は共に 0 となる．よってコーシーの積分定理が示された．

◼ コーシーの積分定理の応用：線積分は経路に依存しない

コーシーの積分定理の説明で使った**図3.8**のループ積分路 C_0 上に任意に 2 点 P と Q をとったものを**図3.9**に示す．さらに，C_0 に沿って P から Q に至る 2 本の

経路を，それぞれ ℓ_1 と ℓ_2 とする．ここで，ℓ_1 は C_0 と同じく反時計まわりとし，ℓ_2 は C_0 とは逆まわりの時計まわりする．すなわち，$C_0 = \ell_1 - \ell_2$ である．そうするとコーシーの積分定理 (3.41) は次のようになり，経路には依存しないことが示される．

$$
\int_{C_0} f(z)\,dz = \int_{\ell_1 - \ell_2} f(z)\,dz
$$
$$
= \int_{\ell_1} f(z)\,dz - \int_{\ell_2} f(z)\,dz = 0
$$
$$
\rightarrow \quad \int_{\ell_1} f(z)\,dz = \int_{\ell_2} f(z)\,dz \quad (3.45)
$$

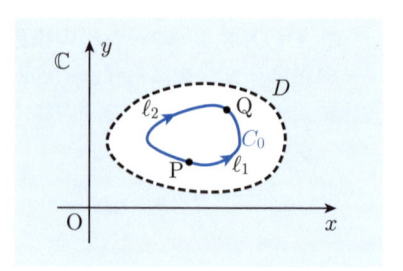

図3.9 $C_0 = \ell_1 - \ell_2$

図3.10（左）は積分が経路に依存しないことを強調したものであり，同図（右）は変形の自由度を示したものである．

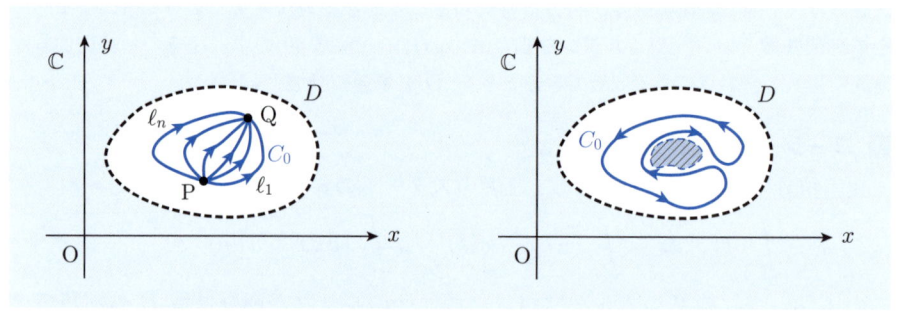

図3.10 （左）複素積分の値が経路に依存せず 2 端点のみに依存することを示した図．（右）単連結領域内のループは C_0 はどのように変形されてもよいことを示した図．

◼ 重要な積分公式

コーシーの積分定理は，ループ積分路の内部に関数の特異点が存在しない場合を前提としている．さて，ループ積分路の内部に関数の特異点が存在する場合に，最も基本となる積分公式がある．複素数 a と任意の整数 n に対して，関数 $(z-a)^n$ を考える．

$$
(z-a)^n = \begin{cases} (z-a)^n & (n = 0, 1, 2, \cdots) \\ \dfrac{1}{(z-a)^{|n|}} & (n = -1, -2, -3, \cdots) \end{cases} \quad (3.46)
$$

この関数は $n \geqq 0$ のときは複素平面全体で正則である．しかし，$n < 0$ のときは分数関数になり，点 $z = a$ では定義されない．点 a は，分数関数の $|n|$ 位の**特異点**（または**極**）と呼ばれる．分数関数は点以外の領域では正則である．点 a を一周する任意のループ積分路 $\mathscr{C}$ に沿っての複素積分を考える．

$$\int_{\mathscr{C}} (z-a)^n \, dz \qquad (3.47)$$

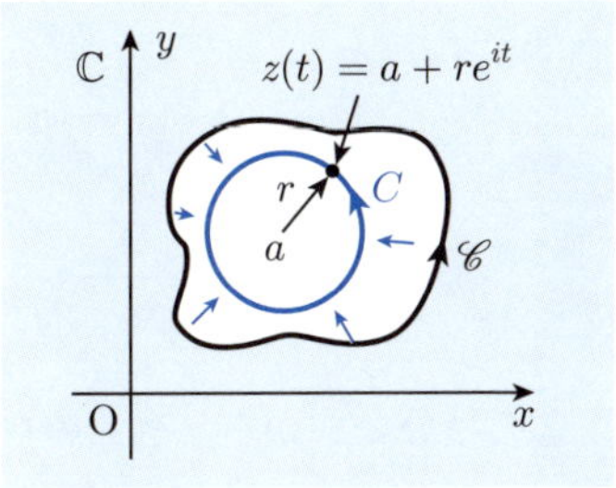

点 a 以外の領域ではすべての n に対して関数は正則なので，ループ積分路を $\mathscr{C}$ から次の円の積分路 C（中心 a，半径 r）に変形することができる（図3.11）．

$$\mathscr{C} \quad \to \quad C : |z-a| = r \qquad (3.48)$$

積分は次のように計算される．

図3.11

積分路 $\mathscr{C}$ から C（円）へ

$$\int_{\mathscr{C}} (z-a)^n \, dz = \int_C (z-a)^n \, dz = \begin{cases} 2\pi i & (n = -1) \\ 0 & (n \neq -1) \end{cases} \qquad (3.49)$$

これは次のようにして確かめることができる．まず積分路 C の方程式は

$$z(t) = a + re^{it} \quad (0 \leqq t < 2\pi) \quad \to \quad dz(t) = ri\,e^{it}dt \qquad (3.50)$$

よって，

$$\int_C (z-a)^n \, dz = \int_0^{2\pi} \left(re^{it}\right)^n ri\,e^{it} \, dt = r^{n+1} i \int_0^{2\pi} e^{i(n+1)t} \, dt$$

$$= \begin{cases} 2\pi i & (n = -1) \\ 0 & (n \neq -1) \end{cases}$$

すなわち，$n = -1$ のとき（1 位の特異点を持つとき）だけ，積分値が $2\pi i$ である．その他のすべての n に対して積分値は 0 となる．この結果は半径 r に依存せず，積分路が円であるかどうかにも関係しないことを示している．

注意3.5 $n \geqq 0$ のときは，関数 $(z-a)^n$ は複素平面全体で正則なので，コーシーの積分定理によっても積分値が 0 となることが分かる．したがって，重要な点は，n が負となり，関数が分数関数

$$(z-a)^n = \frac{1}{(z-a)^{|n|}} \qquad (n = -1, -2, -3, \cdots) \qquad (3.51)$$

となる場合である．この公式の主張は，無限個の積分の中で，たった 1 つの 1 位の特異点を持つ分数関数の積分だけが 0 ではなく値が $2\pi i$ になることである．この積分値 $2\pi i$ は，a の値にも依存しない．

極めて重要なので $n = -1$ の前後のいくつかを具体的に表しておこう．実際，$n = -3 \sim 2$ の 6 つの積分を書き下す．

$$\cdots, \quad \int_C (z-a)^2 \, dz = 0, \quad \int_C (z-a) \, dz = 0, \quad \int_C dz = 0,$$

$$\int_C \frac{1}{z-a} \, dz = 2\pi i, \tag{3.52}$$

$$\int_C \frac{1}{(z-a)^2} \, dz = 0, \quad \int_C \frac{1}{(z-a)^3} \, dz = 0, \quad \cdots$$

この積分公式から，次節のローラン展開へとつながっていく．

3.8　ローラン展開

特異点 a を持つ関数 $f(z)$ の a を囲んで一周するループ積分路 $\mathscr{C}$ に沿っての複素積分を考える．

$$\int_{\mathscr{C}} f(z) \, dz \tag{3.53}$$

ただし，ループ積分路 $\mathscr{C}$ は，円 C への変形が可能である（図3.11 と同様）．ここで，積分公式 (3.49) あるいは (3.52) を直接適用できるように，関数 $f(z)$ を特異点 a に関して次のように展開する．これが**ローラン展開**である．

$$f(z) = \sum_{n=0}^{\infty} c_n (z-a)^n + \frac{b_1}{z-a} + \sum_{n=2}^{\infty} \frac{b_n}{(z-a)^n}$$

$$= \cdots + c_3(z-a)^3 + c_2(z-a)^2 + c_1(z-a) + c_0 + \frac{b_1}{z-a}$$

$$+ \frac{b_2}{(z-a)^2} + \frac{b_3}{(z-a)^3} + \frac{b_4}{(z-a)^4} + \cdots \tag{3.54}$$

関数によっては有限級数となることもある．

◤ ローラン展開による複素積分

複素積分 (3.53) を，ローラン展開された関数 (3.54) に対して計算すると，積分公式 (3.49) あるいは (3.52) によって直ちに積分値が得られる．

$$\int_{\mathscr{C}} f(z) \, dz = \int_{\mathscr{C}} \left\{ \sum_{n=0}^{\infty} c_n (z-a)^n + \frac{b_1}{z-a} + \sum_{n=2}^{\infty} \frac{b_n}{(z-a)^n} \right\} dz$$

$$= 0 + b_1 \cdot 2\pi i + 0 = 2\pi i b_1 \tag{3.55}$$

したがって，複素積分 (3.53) は $\dfrac{1}{z-a}$ の係数 b_1 のみで与えられる．係数 b_1 を，$f(z)$ の a における**留数**といい $\mathrm{Res}(a)$ と表す．

$$\int_{\mathscr{C}} f(z)\,dz = 2\pi i b_1 = 2\pi i\,\mathrm{Res}(a) \tag{3.56}$$

積分値は，1 位の特異点の係数 b_1（留数）に $2\pi i$ を掛けた値となる．

3.9 留数の求め方

複素積分 (3.53) の値を知るためには，1 位の特異点の留数が分かればよい．そのためには $f(z)$ のローラン展開を書き下して，$\dfrac{1}{z-a}$ の係数 b_1 を読み取ればよいのだが，ローラン展開を書き下すこと無しに，$f(z)$ から留数を計算によって求める方法がある．

◆ 留数の計算方法

ある関数 $f(z)$ が m 位までの特異点を持つならば，次のように展開される．

$$
\begin{aligned}
f(z) &= \sum_{n=0}^{\infty} c_n(z-a)^n + \frac{b_1}{z-a} + \sum_{n=2}^{m} \frac{b_n}{(z-a)^n} \\
&= \cdots + c_3(z-a)^3 + c_2(z-a)^2 + c_1(z-a) + c_0 \\
&\quad + \frac{b_1}{z-a} + \frac{b_2}{(z-a)^2} + \frac{b_3}{(z-a)^3} + \cdots + \frac{b_m}{(z-a)^m}
\end{aligned}
$$

このとき，留数 $\mathrm{Res}(a) = b_1$ は次の公式で与えられる．

$$\mathrm{Res}(a) = \frac{1}{(m-1)!} \lim_{z \to a} \left[\frac{d^{m-1}}{dz^{m-1}} \big\{ (z-a)^m\, f(z) \big\} \right] \tag{3.57}$$

この公式は，b_1 を求めるために，その他の定数係数 b_2, b_3, $\cdots$, b_m および c_1, c_2, $\cdots$ を順次消去していくプロセスをまとめたものである．からくりは単純である．具体的に $m = 3$ の場合を Step に分けて説明する．関数 $f(z)$ は 3 位までの特異点を持つとする．

$$f(z) = \cdots + c_2(z-a)^2 + c_1(z-a) + c_0 + \frac{b_1}{z-a} + \frac{b_2}{(z-a)^2} + \frac{b_3}{(z-a)^3} \tag{3.58}$$

Step 1 : b_3 を定数項にする

関数 (3.58) の両辺に $(z-a)^3$ を掛けて，b_3 を定数項とする．

$$(z-a)^3 f(z) = \cdots + c_2(z-a)^5 + c_1(z-a)^4 + c_0(z-a)^3$$
$$+ b_1(z-a)^2 + b_2(z-a) + b_3$$

Step 2 : 2 階微分をして b_2 と b_3 を消す

1 階微分　$\dfrac{d}{dz}\left\{(z-a)^3 f(z)\right\}$

$$= \cdots + 5c_2(z-a)^4 + 4c_1(z-a)^3 + 3c_0(z-a)^2$$
$$+ 2b_1(z-a) + b_2 \quad (b_3 \text{ が消えた})$$

2 階微分　$\dfrac{d^2}{dz^2}\left\{(z-a)^3 f(z)\right\}$

$$= \cdots + 5 \cdot 4c_2(z-a)^3 + 4 \cdot 3c_1(z-a)^2 + 3 \cdot 2c_0(z-a)$$
$$+ 2b_1 \quad (b_2 \text{ も消えて } b_1 \text{ が定数項として残った})$$

Step 3 : $z \to a$ として c_n $(n \geqq 0)$ を消す

$$\lim_{z \to a} \frac{d^2}{dz^2}\left\{(z-a)^3 f(z)\right\}$$
$$= \lim_{z \to a}\left\{\cdots + 5 \cdot 4c_2(z-a)^3 + 4 \cdot 3c_1(z-a)^2 + 3 \cdot 2c_0(z-a) + 2b_1\right\} = 2b_1$$

Step 4（最終）: 留数 b_1 が求まる

$$b_1 = \frac{1}{2}\lim_{z \to a}\frac{d^2}{dz^2}\left\{(z-a)^3 f(z)\right\} = \frac{1}{(3-1)!}\lim_{z \to a}\left[\frac{d^{3-1}}{dz^{3-1}}\left\{(z-a)^3 f(z)\right\}\right]$$

このようにして，3 位までの特異点を持つ関数の留数が求まった．留数の公式 (3.57)
が，まさにこのプロセスにしたがっていることが納得できるであろう．

■ **例題3.9** ■

　$f(z) = \dfrac{\sin z}{z^2}$ のローラン展開と $z = 0$ の留数 $\mathrm{Res}(0)$ を求めよ．

【解答】 $\sin z$ の級数 (3.30) を使って，ローラン展開が得られる．

$$\frac{\sin z}{z^2} = \frac{1}{z^2}\left(z - \frac{z^3}{3!} + \frac{z^5}{5!} - \frac{z^7}{7!} + \cdots\right) = \frac{1}{z} - \frac{z}{3!} + \frac{z^3}{5!} - \frac{z^5}{7!} + \cdots$$

1 位の特異点 $z = 0$ における留数は，$\mathrm{Res}(0) = 1$ である．

■ **例題3.10** ■

積分

$$\int_{|z|=3} \frac{z^4 + 2z^2 - z + 1}{z - 1 + 2i} dz$$

を求めよ. 特異点を示して積分路も図示すること.

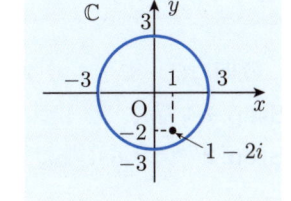

【解答】 積分路は, 原点 O が中心で半径が 3 の円で, 内部に 1 位の特異点 $1 - 2i$ がある. $z = 1 - 2i$ が 1 位の特異点なので, 公式 (3.57) で $m = 1$ として計算すると, 留数は

$$\mathrm{Res}(1 - 2i) = \lim_{z \to 1-2i} \left\{ (z - 1 + 2i) \cdot \frac{z^4 + 2z^2 - z + 1}{z - 1 + 2i} \right\}$$

$$= \lim_{z \to 1-2i} (z^4 + 2z^2 - z + 1) = -13 + 18i$$

となる. 積分は (3.56) より,

$$\int_{|z|=3} \frac{z^4 + 2z^2 - z + 1}{z - 1 + 2i} dz = 2\pi i \cdot \mathrm{Res}(1 - 2i)$$

$$= 2\pi i(-13 + 18i) = -2\pi(18 + 13i)$$

となる.

3.10 留数定理

関数が正則な領域で成り立つコーシーの積分定理 (3.41) と 1 位の特異点のまわりのループ積分は留数によって計算できる. この 2 つを組み合わせて, 複数個の特異点を含むループ積分が計算できるようになる. それが留数定理である (BOX 3.8).

✕ 留数定理

関数 $f(z)$ の有限個の特異点 a_j $(j = 1, 2, \cdots, N)$ を含む領域 D_1 がある. $f(z)$ は D_1 内で, それらの特異点以外で正則であるとする (図3.12).

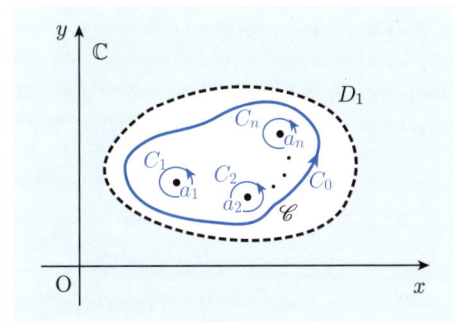

図3.12 複数個の特異点を含む領域 D_1

● **BOX 3.8　留数定理** ●

　領域 D_1 内で, 各特異点 a_j だけを含む反時計まわりのループ C_j $(j = 1, 2, \cdots, N)$ があり, それらを含む反時計まわりのループ C_0 がある. そのとき, $f(z)$ の C_0 に沿ってのループ積分は, 各特異点の留数の和に $2\pi i$ を乗じた値となる.

$$\int_{C_0} f(z)\,dz = 2\pi i \sum_{j=1}^{N} \mathrm{Res}(a_j) \tag{3.59}$$

　証明には, できるだけ図を使うことにする.

Step 1：特異点が1つだけあるようにする (**図3.13**).

Step 2：**図3.14**のように, 全経路は正則な領域内のループのまま, C_0 の1点から発して, $-C_1$ によって特異点 a を時計まわりに回る積分路とする. ループ積分路 $C_0 - C_1$ に対してコーシーの積分定理から,

$$\int_{C_0 - C_1} f(z)\,dz = 0 \quad \rightarrow \quad \int_{C_0} f(z)\,dz = \int_{C_1} f(z)\,dz \tag{3.60}$$

ただしループ積分路 C_1 は反時計まわりである.

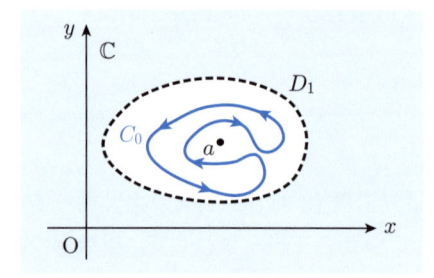

図3.13　D_1 に特異点 a が1つだけ

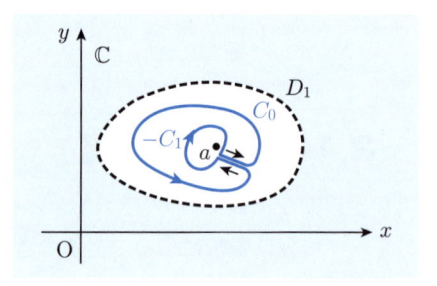

図3.14　ループ積分路 $C_0 - C_1$

Step 3：特異点が2つ a_1, a_2 の場合は, **図3.15**のようにそれぞれの特異点を囲む時計まわりのループ積分路を $-C_1$ および $-C_2$ とすれば, ループ積分路 $C_0 - C_1 - C_2$ に対して, コーシーの積分定理が成り立つ.

$$\int_{C_0 - C_1 - C_2} f(z)\,dz = 0$$
$$\rightarrow \int_{C_0} f(z)\,dz = \int_{C_1} f(z)\,dz + \int_{C_2} f(z)\,dz \tag{3.61}$$

このようにして, 領域 D_1 が複数個の特異点 a_j を含む場合にも拡張できる.

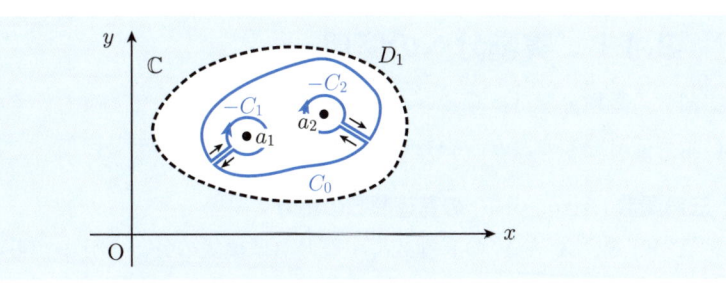

図3.15 領域 D_1 に特異点が 2 つ

Step 4：各特異点 a_j ごとのループ積分は留数によって，

$$\int_{C_j} f(z)dz = 2\pi i\,\mathrm{Res}(a_j)$$

となるので，C_0 に対してのループ積分は次のようになる．

$$\int_{C_0} f(z)\,dz = \int_{C_1} f(z)\,dz + \int_{C_2} f(z)\,dz + \cdots + \int_{C_N} f(z)\,dz$$

$$= 2\pi i\,\mathrm{Res}(a_1) + 2\pi i\,\mathrm{Res}(a_2) + \cdots + 2\pi i\,\mathrm{Res}(a_N) = 2\pi i\sum_{j=1}^{N}\mathrm{Res}(a_j) \quad (3.62)$$

よって，留数定理 (3.59) が示された．

■ **例題3.11** ■

積分 $\displaystyle\int_{|z-i|=3} \frac{z+3}{z^2-2z}\,dz$ を求めよ．

【解答】 積分路 $C : |z-i| = 3$ は，中心が i で半径が 3 の円である．この中に特異点が 2 つ $z_1 = 0$，$z_2 = 2$ ある．これらの留数を計算する．

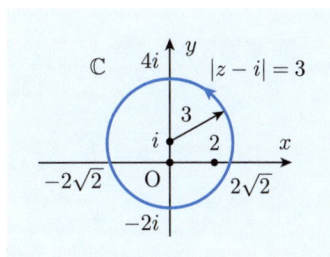

$$\mathrm{Res}(0) = \lim_{z\to 0}\left(z\cdot\frac{z+3}{z^2-2z}\right) = \lim_{z\to 0}\frac{z+3}{z-2} = -\frac{3}{2},$$

$$\mathrm{Res}(2) = \lim_{z\to 2}\left\{(z-2)\cdot\frac{z+3}{z^2-2z}\right\} = \lim_{z\to 2}\frac{z+3}{z} = \frac{5}{2}$$

留数が分かったので，留数定理 (3.59) から直ちに次の積分値を得る．

$$\int_{|z-i|=3}\frac{z+1}{z^2-2z}\,dz = 2\pi i\,(\mathrm{Res}\,(0) + \mathrm{Res}\,(2)) = 2\pi i\left(-\frac{3}{2}+\frac{5}{2}\right) = 2\pi i \qquad ■$$

3.11 実積分への応用

実関数の微積分では計算できなかったり，できたとしても難しいものが，複素積分によって計算できたり，容易に得られたりするものがある.

✖ 三角関数 $(\cos\theta, \sin\theta)$ の有理関数の積分

$F(X, Y)$ を，X と Y の有理式，すなわち多項式の分母と分子からなる分数式とする．次の定積分は複素積分として扱うことができる.

$$\int_0^{2\pi} F(\cos\theta, \sin\theta)\, d\theta \tag{3.63}$$

積分路を単位円 $C : z(t) = e^{i\theta}\ (0 \leqq \theta \leqq 2\pi)$ とする．すなわちオイラーの公式による次の対応を考える.

$$\cos\theta = \frac{1}{2}\left(z + \frac{1}{z}\right), \quad \sin\theta = \frac{1}{2i}\left(z - \frac{1}{z}\right) \tag{3.64}$$

すると，

$$F(\cos\theta, \sin\theta) = F\left(\frac{1}{2}\left(z + \frac{1}{z}\right), \frac{1}{2i}\left(z - \frac{1}{z}\right)\right), \quad d\theta = \frac{1}{iz}dz \tag{3.65}$$

となる．ここで，

$$\mathscr{F}(z) = \frac{1}{iz}F\left(\frac{1}{2}\left(z + \frac{1}{z}\right), \frac{1}{2i}\left(z - \frac{1}{z}\right)\right) \tag{3.66}$$

とおくと，実積分 (3.63) は次のように複素積分として表される.

$$\int_0^{2\pi} F(\cos\theta, \sin\theta)\, d\theta = \int_{|z|=1} \mathscr{F}(z)\, dz \tag{3.67}$$

■ 例題3.12 ■

有理関数 $F(X, Y) = \dfrac{Y^2}{3X - 10}$ に対応する $F(\cos\theta, \sin\theta)$ の積分

$$I = \int_0^{2\pi} F(\cos\theta, \sin\theta)\, d\theta = \int_0^{2\pi} \frac{\sin^2\theta}{3\cos\theta - 10}\, d\theta$$

を複素積分によって求めよ.

【解答】　$\mathscr{F}(z)$ は次のようになる.

$$\mathscr{F}(z) = \frac{1}{iz}\frac{\left\{\frac{1}{2i}\left(z - \frac{1}{z}\right)\right\}^2}{\frac{3}{2}\left(z + \frac{1}{z}\right) - 10}$$

$$= -\frac{1}{2i}\frac{z^4 - 2z^2 + 1}{z^2(3z - 1)(z - 3)}$$

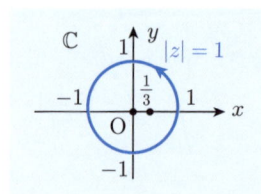

よって，積分 I は複素積分として次のようになる．

$$I = \int_{|z|=1} \mathscr{F}(z)\,dz = -\frac{1}{2i} \int_{|z|=1} \frac{z^4 - 2z^2 + 1}{z^2(3z-1)(z-3)}\,dz$$

関数 $\mathscr{F}(z)$ の特異点は，$0, \frac{1}{3}, 3$ である．積分路内には 2 位の 0 と 1 位の $\frac{1}{3}$ がある．それらの留数は次のように計算される．

$$\mathrm{Res}(0) = \lim_{z \to 0} \frac{d}{dz} \left\{ z^2 \left(-\frac{1}{2i} \frac{z^4 - 2z^2 + 1}{z^2(3z-1)(z-3)} \right) \right\}$$

$$= -\frac{1}{2i} \lim_{z \to 0} \frac{d}{dz} \frac{z^4 - 2z^2 + 1}{(3z-1)(z-3)}$$

$$= -\frac{1}{i} \lim_{z \to 0} \frac{3z^5 - 15z4 + 6z^3 + 10z^2 - 9z + 5}{(3z-1)^2(z-3)^2} = -\frac{5}{9i},$$

$$\mathrm{Res}\left(\frac{1}{3}\right) = \lim_{z \to \frac{1}{3}} \left\{ \left(z - \frac{1}{3} \right) \left(-\frac{1}{2i} \frac{z^4 - 2z^2 + 1}{z^2(3z-1)(z-3)} \right) \right\}$$

$$= -\frac{1}{6i} \lim_{z \to \frac{1}{3}} \frac{z^4 - 2z^2 + 1}{z^2(z-3)} = \frac{4}{9i}$$

したがって，積分 I は留数定理によって次のように得られる．

$$I = 2\pi i \left\{ \mathrm{Res}(0) + \mathrm{Res}\left(\frac{1}{3}\right) \right\} = 2\pi i \left(-\frac{5}{9i} + \frac{4}{9i} \right) = -\frac{2\pi}{9}$$

■ **例題 3.13** ■

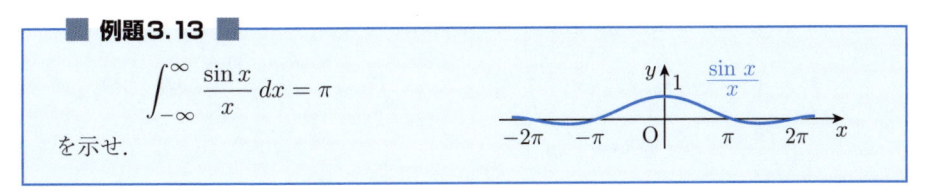

$$\int_{-\infty}^{\infty} \frac{\sin x}{x}\,dx = \pi$$

を示せ．

【解答】 複素関数

$$f(z) = \begin{cases} \dfrac{e^{iz} - 1}{z} & (z \neq 0) \\ i & (z = 0) \end{cases} = \begin{cases} \dfrac{1}{z}(\cos z - 1 + i \sin z) & (z \neq 0) \\ i & (z = 0) \end{cases}$$

は，全複素平面で特異点のない関数である．ここで，$\frac{e^{iz}-1}{z}$ は原点 O に特異点があるが，展開すると

$$\frac{1}{z}\left\{ (iz) + \frac{1}{2!}(iz)^2 + \frac{1}{3!}(iz)^3 + \frac{1}{4!}(iz)^4 + \cdots \right\} - \frac{1}{z} = i - \frac{1}{2!}z + \frac{i}{3!}z^2 - \frac{i}{4!}z^3 + \cdots$$

となって特異点は現れない. それで, $x = 0$ で $f(0) = i$ と定義すると, $f(z)$ は特異点のない関数となる.

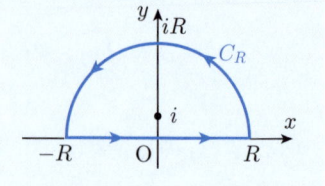

$f(z)$ を, 図の積分路 $C = [-R, R] + C_R$ （C_R : 半径 R の上半円）で積分すると 0 となる. よって,

$$0 = \int_C f(z)\,dz = \int_{-R}^{R} f(x)\,dx + \int_{C_R} f(z)\,dz$$

$$= \int_{-R}^{R} \frac{1}{x}(\cos x - 1 + i\sin x)\,dx + \int_{C_R} \frac{1}{z}(\cos z - 1 + i\sin z)\,dz$$

$$= \int_{-R}^{R} \frac{\cos x - 1}{x}\,dx + i\int_{-R}^{R} \frac{\sin x}{x}\,dx + \int_{C_R} \frac{1}{z}(\cos z + i\sin z)\,dz - \int_{C_R} \frac{1}{z}\,dz \quad (*)$$

これら 4 つの積分を具体的に計算する. まず第 1 の積分は, 被積分関数 $\frac{\cos x - 1}{x}$ が奇関数なので 0 となる.

$$\int_{-R}^{R} \frac{\cos x - 1}{x}\,dx = 0$$

第 2 の積分が, 極限 $R \to \infty$ をとると求めるべき積分となる.

$$\lim_{R \to \infty} i\int_{-R}^{R} \frac{\sin x}{x}\,dx = i\int_{-\infty}^{\infty} \frac{\sin x}{x}\,dx$$

第 3 の積分を求めるために積分路 C_R 上の点を

$$z = Re^{i\theta} = R(\cos\theta + i\sin\theta) \quad (0 \leqq \theta \leqq \pi)$$

とする. すると, $dz = iRe^{i\theta}\,d\theta$ となるので, 第 3 の積分は,

$$\int_{C_R} \frac{1}{z}(\cos z + i\sin z)\,dz = \int_{C_R} \frac{e^{iz}}{z}\,dz = \int_0^{\pi} \frac{e^{iR(\cos\theta + i\sin\theta)}}{Re^{i\theta}}\,iRe^{i\theta}\,d\theta$$

$$= i\int_0^{\pi} e^{-R\sin\theta + iR\cos\theta}\,d\theta$$

となる. この絶対値をとると, $|e^{iR\cos\theta}| = 1$ に注意して,

$$\left| i\int_0^{\pi} e^{-R\sin\theta + iR\cos\theta}\,d\theta \right| \leqq \int_0^{\pi} e^{-R\sin\theta}|e^{iR\cos\theta}|\,d\theta = \int_0^{\pi} e^{-R\sin\theta}\,d\theta$$

となる. ここで, 極限 $R \to \infty$ をとると, 第 3 の積分は 0 となる.

第 4 の積分は, $z = Re^{i\theta}$ とおくと, R の値に関係なく次のようになる.

$$\int_{C_R} \frac{1}{z}\,dz = \int_0^{\pi} \frac{1}{Re^{i\theta}}\,iRe^{i\theta}\,d\theta = i\int_0^{\pi} d\theta = i\pi$$

極限 $R \to \infty$ をとった結果の 4 つの積分をまとめると, 次のように与式を得る.

$$(*) \to \quad 0 = 0 + i\int_{-\infty}^{\infty} \frac{\sin x}{x}\,dx + 0 - i\pi \quad \to \quad \int_{-\infty}^{\infty} \frac{\sin x}{x}\,dx = \pi$$

注意 3.6　積分 $\displaystyle\int_{-\infty}^{\infty}\frac{\sin x}{x}\,dx = \pi$ は，フーリエ解析でも示される（(5.41) 参照）.

▮▮▮　3章の演習問題　▮▮▮

□**3.1**　次の複素数値関数を実変数で表せ.

$$f(z) = \frac{z}{z-2}$$

□**3.2**　次の実関数を複素数値関数で表せ.

$$f(x,y) = \left(\frac{x}{x^2+y^2} - 2x + 1, -\frac{y}{x^2+y^2} - 2y\right)$$

□**3.3**　次の不等式を示せ.

$$|\cos z|^2 + |\sin z|^2 = 1 + 2\sinh^2 y \geqq 1$$

□**3.4**　次の値を求めよ.

(1)　$\sin\left(\dfrac{\pi}{6} + 2i\right)$　　(2)　$\cosh\left(3 + \dfrac{\pi}{4}i\right)$

□**3.5**　$f(z) = \sinh z$ の変数 $z = x + iy$ の虚部が $y = \frac{\pi}{6}$ のとき，複素平面上で $f(z) = \sinh z$ は x をパラメータとする曲線を描く. 複素平面の座標を (X, Y) として，その曲線を X と Y の式で表し，グラフを描き，曲線の名前も書け.

□**3.6**　$f(z) = \dfrac{e^{3z} - 1}{z^3}$ のローラン展開と $z = 0$ における留数 $\mathrm{Res}(0)$ を求めよ.

□**3.7**　$f(z) = \dfrac{(z^2-1)^2}{z^2(z-2)}$ の $z = 0$ と $z = 2$ における留数 $\mathrm{Res}(0)$ を求めよ.

□**3.8**　有理関数 $F(X, Y) = \dfrac{1}{X+2}$ に対応する $F(\cos\theta, \sin\theta)$ の積分

$$I = \int_0^{2\pi} F(\cos\theta, \sin\theta)\,d\theta = \int_0^{2\pi}\frac{1}{\cos\theta + 2}\,d\theta$$

を複素積分によって求めよ.

□**3.9**　虚部が $v = 2y(1-x)$ の複素微分可能な関数 $f = u + iv$ を求めよ. それを実変数および複素変数で表せ.

第4章

ベクトル解析

　高校の数学でベクトルを学んできたが，定ベクトルだけを対象としていた．大学では，空間の各点において変化する**ベクトル場**と呼ばれるベクトル値関数を学ぶ．ベクトル場の微積分をベクトル解析という．微分は，関数とベクトルの間の橋渡しの機能を持つ．微分という機能の他に，「橋渡し」の機能を知ることがベクトル解析の攻略の要となる．天気図における風力図や，流体の流れ，電場や磁場などがベクトル場の例である．

4.1　関数とベクトル場の微積分

◢ 関数からベクトルそしてベクトルから関数をつなぐ微分

　ベクトル解析では，関数をベクトルに対して，**スカラー**（またはスカラー関数）と呼ぶことがある．それにしたがうと，本章においてだけ関数をスカラーと呼ぶことになるが，関数のままとする．

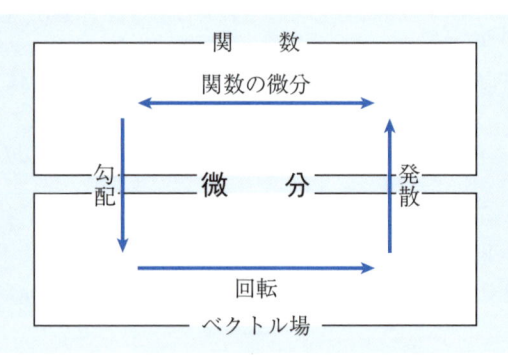

図4.1　関数を微分してベクトルになる勾配，ベクトルを微分してベクトルになる回転，それにベクトルを微分して関数となる発散．関数空間とベクトル空間との橋渡しの機能も備えた微分が登場する．

◆ 用語，記号，記法の約束

まず，記号や記法のルールから見ていくことにしよう．

3次元ベクトルの表し方　3次元ベクトルを太字で
表す（**図4.2**）．成分は，座標表示と基底表示の2
通りの表し方がある．

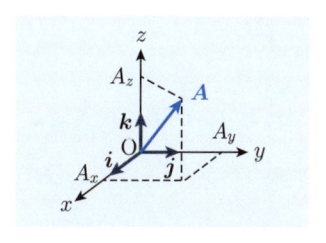

$$（座標）\boldsymbol{A} = (A_x, A_y, A_z)$$
$$（基底）\boldsymbol{A} = A_x\,\boldsymbol{i} + A_y\,\boldsymbol{j} + A_z\,\boldsymbol{k} \tag{4.1}$$

図4.2　空間ベクトル **A**

ベクトル成分を持つ偏微分作用素 ― ナブラ

3次元空間における関数に作用する微分作用素は，偏微分作用素 $\frac{\partial}{\partial x}, \frac{\partial}{\partial y}, \frac{\partial}{\partial z}$ で
ある．これらがベクトル解析における「橋渡し」の機能を持つためには，微分作用
素でありながらベクトルとなる必要がある．そのようなベクトル成分を持つ微分作
用素を ∇ と表し，ナブラと呼ぶ．上記 (4.1) のように，2通りの記法がある．

$$（座標表示）\qquad\qquad（基底表示）$$
$$\nabla = \left(\frac{\partial}{\partial x}, \frac{\partial}{\partial y}, \frac{\partial}{\partial z}\right), \qquad \nabla = \boldsymbol{i}\,\frac{\partial}{\partial x} + \boldsymbol{j}\,\frac{\partial}{\partial y} + \boldsymbol{k}\,\frac{\partial}{\partial z} \tag{4.2}$$

ベクトルの内積「・」　2つのベクトルの内積をとるという演算を記号で表すとき「・」
を使うが，普通の積と同じように省略することも多い．本書では省略することに
する．

$$「・」を使う表示\qquad 使わない表示（本書）$$
$$\boldsymbol{A}\cdot\boldsymbol{B} \qquad\longrightarrow\qquad \boldsymbol{A}\boldsymbol{B} \tag{4.3}$$

高校の数学では，内積は次のように定義される．2つの空間ベクトル $\boldsymbol{A} = (A_x, A_y, A_z)$ と $\boldsymbol{B} = (B_x, B_y, B_z)$ のなす角を θ とすると，内積は記号として
(4.3) のように表され，次のように定義される．

$$\boldsymbol{A}\,\boldsymbol{B} = |\boldsymbol{A}|\,|\boldsymbol{B}|\cos\theta \tag{4.4}$$
$$（ここで\quad |\boldsymbol{A}| = \sqrt{A_x^2 + A_y^2 + A_z^2},$$
$$|\boldsymbol{B}| = \sqrt{B_x^2 + B_y^2 + B_z^2}\,）$$

<u>余弦定理</u>　図**4.3**の三角形について，余弦定理
は次式で与えられる．

$$|B - A|^2 = |A|^2 + |B|^2 - 2|A|\,|B|\cos\theta \tag{4.5}$$

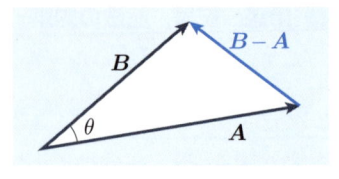

これより，内積は次式によっても与えられる．

図**4.3**　A と B のなす三角形

$$|A|\,|B|\cos\theta = \frac{1}{2}(|A|^2 + |B|^2 - |B - A|^2) \tag{4.6}$$

■ **例題4.1** ■

内積を A と B の成分で表せ．

【解答】　$B - A = (B_x - A_x, B_y - A_y, B_z - A_z)$ を (4.6) に使うと，次を得る．

$$|A|\,|B|\cos\theta = A_x B_x + A_y B_y + A_z B_z \tag{4.7}$$ ■

2 つのベクトル A と B が直交すること $\left(\theta = \frac{\pi}{2}\right)$ と，内積が 0 $(AB = 0)$ になることは同値である．

<u>ベクトルの外積「×」</u>　2 つのベクトル A と B の外積 $A \times B$ は A と B のなす面に垂直で，大きさが 2 つのベクトルのなす平行四辺形の面積に等しい長さを持つベクトル（図**4.4**）で，かつ $A \to B$ が反時計まわりで $A \times B$ が上向きとする（図**4.5**（右手系））．高校の数学では，「外積」という言葉はでてこないが，平行四辺形の面積は，次の式として学んでいる．

$$|A|\,|B|\sin\theta = \sqrt{|A|^2\,|B|^2 - (AB)^2} = |A \times B| \tag{4.8}$$

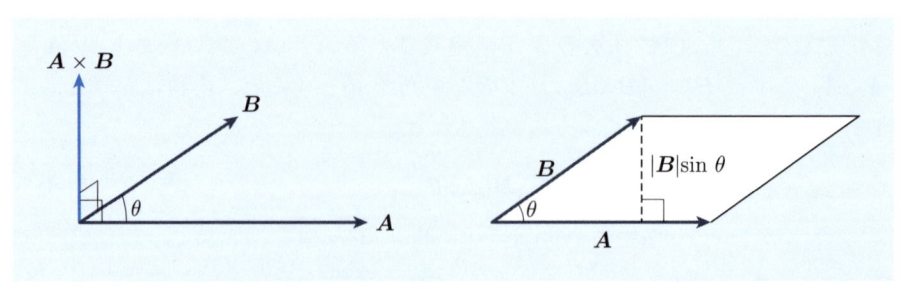

図4.4　A と B の外積 $A \times B$ は，（左）A と B のなす面に垂直．かつ（右）A と B のなす平行四辺形の面積に等しい．

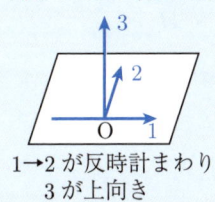 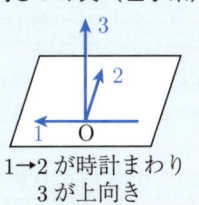

向きづけ正（右手系）　　　向きづけ負（左手系）

1→2 が反時計まわり
3 が上向き

1→2 が時計まわり
3 が上向き

図4.5 空間ベクトルや空間座標の向きの決め方には 2 通りある．しばしば，右手系および左手系といわれる．前者は「1 → 2 が反時計まわりおよび 3 が上向き」，後者は「1 → 2 が時計まわりおよび 3 が上向き」である．

● **BOX 4.1　右手系と右ねじの法則** ●

　数学では，右手系または左手系という．物理でも，3 次元空間における向き付けを指定するとき使われる表現として「右ねじの法則」がある．特に，「ねじを回す向きに磁場を生じさせるためには，右ねじが進む方向に電流を流す」ことになぞらえている．

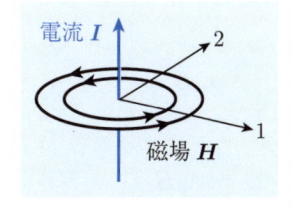

図4.6　右ねじの法則

■ **例題4.2** ■

平行四辺形の面積 (4.8) を，A と B の成分で表せ．

【解答】（答のみ）

$$|A||B|\sin\theta$$
$$= \sqrt{(A_y B_z - A_z B_y)^2 + (A_z B_x - A_x B_z)^2 + (A_x B_y - A_y B_x)^2} \qquad (4.9) \ ■$$

注意 4.1　内積は (4.4) で定義され，外積の大きさ（平行四辺形の面積）は (4.8) で与えられる．$\cos\theta$ と $\sin\theta$ の違いだけであることに注意する．

<u>外積の成分表示</u>　外積 $A \times B$ は，成分によって次のように表される．

$$A \times B = (A_x, A_y, A_z) \times (B_x, B_y, B_z)$$
$$= (A_y B_z - A_z B_y, \ A_z B_x - A_x B_z, \ A_x B_y - A_y B_x) \qquad (4.10)$$

外積は順序を変えると符号が変わる.

$$B \times A = -A \times B \tag{4.11}$$

これより, 2 つのベクトルが平行ならば, すなわち $B = kA$ $(k \neq 0)$ ならば, 外積は 0 となることが分かる.

<u>基底ベクトルについての外積の計算</u>　次のように与えられる.

$$
\begin{aligned}
(1,0,0) \times (0,1,0) &= (0,0,1) \ \leftrightarrow \ i \times j = k, \\
(0,1,0) \times (0,0,1) &= (1,0,0) \ \leftrightarrow \ j \times k = i, \\
(0,0,1) \times (1,0,0) &= (0,1,0) \ \leftrightarrow \ k \times i = j
\end{aligned} \tag{4.12}
$$

<u>外積の行列式による計算法</u>

$$
A \times B = \begin{vmatrix} i & j & k \\ A_x & A_y & A_z \\ B_x & B_y & B_z \end{vmatrix}
$$
$$
= (A_y B_z - A_z B_y)\,i + (A_z B_x - A_x B_k)\,j + (A_x B_y - A_y B_x)\,k \tag{4.13}
$$

■ **例題4.3** ■
$A = (1,2,6)$ と $B = (3,-1,1)$ の外積を求めよ.

【解答1】　$A \times B = (1,2,6) \times (3,-1,1)$
$$= (2 \cdot 1 - 6 \cdot (-1), 6 \cdot 3 - 1 \cdot 1, 1 \cdot (-1) - 2 \cdot 3) = (8,17,-7)$$

【解答2】　(行列式 (4.13) を使う)：$A \times B = \begin{vmatrix} i & j & k \\ 1 & 2 & 6 \\ 3 & -1 & 1 \end{vmatrix} = (8,17,-7)$　■

4.2　微分演算子ナブラと内積と外積

▶「微分」と「橋渡し」— 2 つの機能：ナブラ ▽ (4.2) の役割

　内積は 2 つのベクトルから関数を作り, 外積は 2 つのベクトルからベクトルを作る (図4.7). 関数やベクトルが, 空間の座標 (x,y,z) に依存すると, 関数となりベクトル場となる.

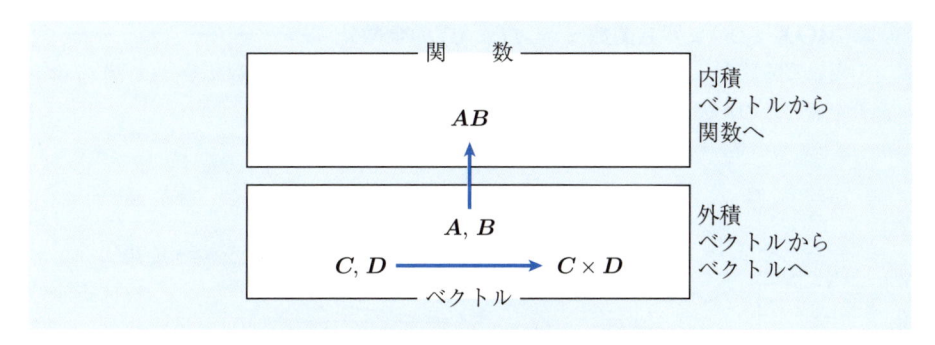

図4.7　関数とベクトルの間の橋渡し.

　ベクトル成分を持つ微分演算子ナブラが，内積および外積と組み合わさることによって，関数とベクトル場の間の「微分を伴う橋渡し」ができる.

❌ 勾配：微分を伴い関数からベクトル場へ（∇f（図4.8））

　まず3変数関数 $f = f(x, y, z)$ の全微分を考えよう.

$$df = \frac{\partial f}{\partial x}\,dx + \frac{\partial f}{\partial y}\,dy + \frac{\partial f}{\partial z}\,dz \tag{4.14}$$

全微分は，関数 $f(x, y, z)$ の x, y および z の全方向の無限小増分を表す. 3成分の偏微分係数は，ベクトル場の成分と見なすことができる. 関数の増加の大きさと方向を共に表すベクトル場で**勾配**という. それがベクトル成分を持つ微分演算子ナブラを関数に作用させることでベクトル場になる.

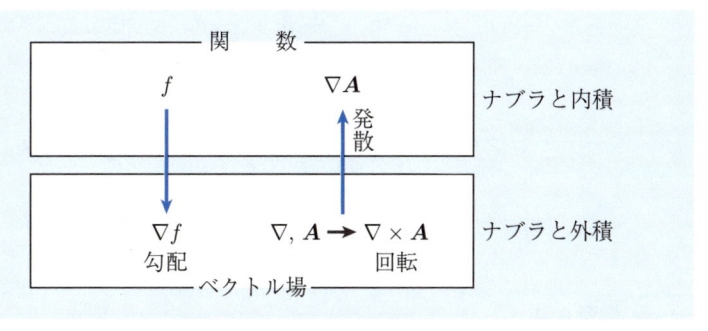

図4.8　ナブラは微分を伴って，関数からベクトル場へ，外積と共にベクトル場からベクトル場へ，そして内積と共にベクトル場から関数へと橋渡しをする.

● **BOX 4.2　2 変数関数 $z = f(x, y)$ の全微分** ●

　3 変数の関数をグラフに表すことができないので，2 変数の関数 $z = f(x, y)$ の全微分を表したのが図4.9である．

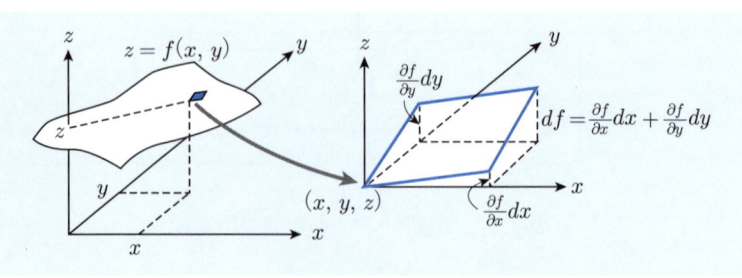

図4.9　**2 変数関数 $z = f(x, y)$ は曲面を表す（左）．曲面上の任意の点 (x, y) において x 方向と y 方向の関数の増分の和が全微分である（右）．**

関数の全微分から勾配へ

$$\text{関数 } f(x, y, z) \;\rightarrow\; \text{全微分 } df = \frac{\partial f}{\partial x}\,dx + \frac{\partial f}{\partial y}\,dy + \frac{\partial f}{\partial z}\,dz \tag{4.15}$$

$$\rightarrow\; \text{勾配 } \nabla f = \left(\frac{\partial f}{\partial x}, \frac{\partial f}{\partial y}, \frac{\partial f}{\partial z}\right) \tag{4.16}$$

勾配を**グラジェント**（gradient）ともいう．本書では，主としてベクトルを座標表示しているが，ここで基底表示と共に並記しておく．

$$f \;\longrightarrow\; df = \frac{\partial f}{\partial x}dx + \frac{\partial f}{\partial y}dy + \frac{\partial f}{\partial z}dz \;\;（全微分）$$

$$\rightarrow\;（勾配またはグラジェント）$$

$$\nabla f = \left(\frac{\partial f}{\partial x}, \frac{\partial f}{\partial y}, \frac{\partial f}{\partial z}\right) = \frac{\partial f}{\partial x}\boldsymbol{i} + \frac{\partial f}{\partial y}\boldsymbol{j} + \frac{\partial f}{\partial z}\boldsymbol{k}, \tag{4.17}$$

$$\operatorname{grad} f = \left(\frac{\partial f}{\partial x}, \frac{\partial f}{\partial y}, \frac{\partial f}{\partial z}\right) = \frac{\partial f}{\partial x}\boldsymbol{i} + \frac{\partial f}{\partial y}\boldsymbol{j} + \frac{\partial f}{\partial z}\boldsymbol{k} \tag{4.18}$$

■ **例題4.4** ■

　関数 $f = f(x, y, z) = x^3 + y^2 - x^2 z$ の全微分と勾配を計算せよ．

【解答】　（全微分）　$df = (3x^2 - 2xz)dx + 2ydy - x^2 dz$

（勾配）　$\nabla f = (3x^2 - 2xz, 2y, -x^2) = (3x^2 - 2xz)\,\boldsymbol{i} + 2y\,\boldsymbol{j} - x^2\,\boldsymbol{k}$

$\operatorname{grad} f = (3x^2 - 2xz, 2y, -x^2) = (3x^2 - 2xz)\,\boldsymbol{i} + 2y\,\boldsymbol{j} - x^2\,\boldsymbol{k}$

2変数関数の勾配の例　2変数関数 $f = f(x, y)$ の勾配は,

$$\nabla f = \left(\frac{\partial f}{\partial x}, \frac{\partial f}{\partial y} \right)$$

で定義される. 双曲放物面 $f = f(x, y) = -x^2 + y^2$ を例として勾配を計算すると $\nabla f = (-2x, 2y)$ となる (図4.10は双曲放物面と勾配ベクトル場のグラフ). 原点から離れると, x 方向は下がり y 方向は登り, かつ勾配が大きくなっていくが, 常に等高線に垂直である. 原点では 0 である.

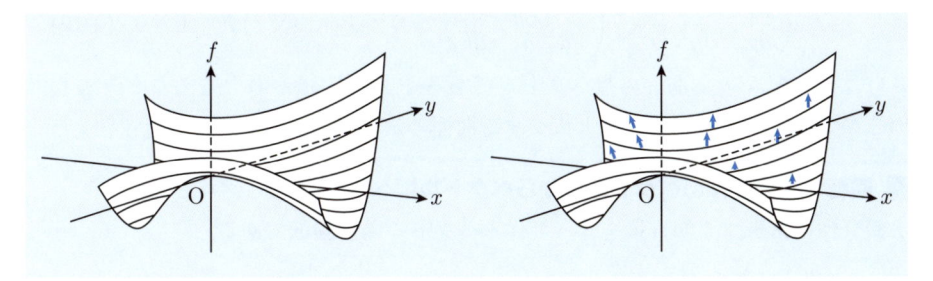

図4.10　(左) 2変数双曲放物面. (右) その勾配ベクトル場は双曲面に沿って登りの方向 (等高線に垂直) を表し, 大きさは傾きの大きさを表す.

◤ 勾配のイメージ — 曲面の法ベクトル

3次元空間の中の曲面は, 3変数関数によって

$$f(x, y, z) = [\text{定数}]$$

のように表される. 様々な値の定数によって曲面の族が形成される. 定数の値を1つ固定して c とすると曲面が1つ決まる: $f(x, y, z) = c$ (図4.11).

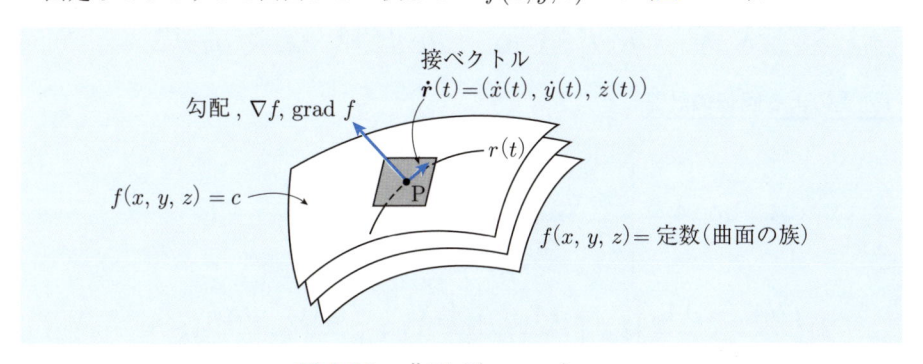

図4.11　曲面 $f(x, y, z) = c$

曲面の中の任意の点をベクトル $\boldsymbol{r} = (x, y, z)$ で表す. 特に, 点 P を通る任意の曲線をパラメータ曲線 $\boldsymbol{r}(t) = (x(t), y(t), z(t))$ で表す. すると, t による微分 $\dot{\boldsymbol{r}}(t) = (\dot{x}(t), \dot{y}(t), \dot{z}(t))$ (速度ベクトル) は, 曲線の接ベクトルであり, すなわち曲面の**接ベクトル**である.

さて, 点 P において, $f(x, y, z) = c$ を t で微分する.

$$\frac{d}{dt}f((x(t), y(t), z(t)) = 0 \quad \to \quad \frac{\partial f}{\partial x}\frac{dx}{dt} + \frac{\partial f}{\partial y}\frac{dy}{dt} + \frac{\partial f}{\partial z}\frac{dz}{dt} = 0$$

$$\to \quad \left(\frac{\partial f}{\partial x}, \frac{\partial f}{\partial y}, \frac{\partial f}{\partial z}\right)\left(\frac{dx}{dt}, \frac{dy}{dt}, \frac{dz}{dt}\right) = 0 \quad \to \quad (\nabla f)\dot{\boldsymbol{r}} = 0 \quad (4.19)$$

これは, 勾配 ∇f と曲面の接ベクトルである $\dot{\boldsymbol{r}}$ との内積が 0 となることを示しているので, 勾配 ∇f は接平面と直交する曲面の**法ベクトル**である.

◥ 回転：微分を伴いベクトル場からベクトル場へ（$\nabla \times \boldsymbol{A}$（図4.8））

微分作用素ナブラが外積を伴って作るベクトル場が**回転**である.

ベクトル場　$\boldsymbol{A}(x, y, z)$
↓
回転

$$\nabla \times \boldsymbol{A} = \left(\frac{\partial}{\partial x}, \frac{\partial}{\partial y}, \frac{\partial}{\partial z}\right) \times (A_x, A_y, A_z)$$

$$= \left(\frac{\partial A_z}{\partial y} - \frac{\partial A_y}{\partial z}, \frac{\partial A_x}{\partial z} - \frac{\partial A_z}{\partial x}, \frac{\partial A_y}{\partial x} - \frac{\partial A_x}{\partial y}\right) \quad (4.20)$$

回転は**ローテーション**（rotation）と呼び rot $\boldsymbol{A}$ と書くこともあり, また**カール**（curl）と呼び cur $\boldsymbol{A}$ と書くこともある. 基底表示と共に並記しておこう.

$$\nabla \times \boldsymbol{A} = \left(\frac{\partial A_z}{\partial y} - \frac{\partial A_y}{\partial z}\right)\boldsymbol{i} + \left(\frac{\partial A_x}{\partial z} - \frac{\partial A_z}{\partial x}\right)\boldsymbol{j} + \left(\frac{\partial A_y}{\partial x} - \frac{\partial A_x}{\partial y}\right)\boldsymbol{k} \quad (4.21)$$

行列式による回転の計算

$$\nabla \times \boldsymbol{A} = \operatorname{rot} \boldsymbol{A} = \begin{vmatrix} \boldsymbol{i} & \boldsymbol{j} & \boldsymbol{k} \\ \dfrac{\partial}{\partial x} & \dfrac{\partial}{\partial y} & \dfrac{\partial}{\partial z} \\ A_x & A_y & A_z \end{vmatrix}$$

$$= \left(\frac{\partial A_z}{\partial y} - \frac{\partial A_y}{\partial z}\right)\boldsymbol{i} + \left(\frac{\partial A_x}{\partial z} - \frac{\partial A_z}{\partial x}\right)\boldsymbol{j} + \left(\frac{\partial A_y}{\partial x} - \frac{\partial A_x}{\partial y}\right)\boldsymbol{k} \quad (4.22)$$

● BOX 4.3(1) ベクトル場の回転 (4.20) ── 図解 ●

3 次元ベクトル場 $\boldsymbol{A} = (A_x, A_y, A_z)$ が
ある。これを流体の速度ベクトルとみなす。
任意の $z = [$一定$]$ の xy 面における，$\boldsymbol{A}$
の 2 成分 (A_x, A_y) に注目する。任意の点
(x, y) を含む微小長方形を，正の方向（反
時計まわり）に回転させるベクトルの成分
を考える。

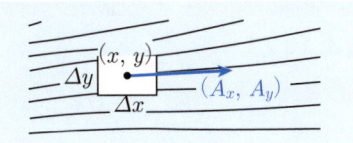

図4.12 任意の $z = [$一定$]$ の
$\boldsymbol{xy}$ 平面上の微小長方形を考える。

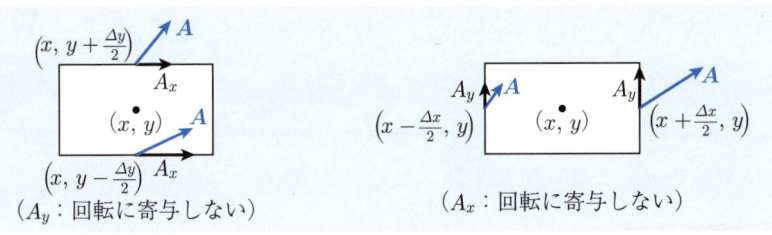

図4.13 長方形の横の辺では $\boldsymbol{A_y}$ は回転に寄与せず，縦の辺では $\boldsymbol{A_x}$ が回転に寄
与しない。

● BOX 4.3(2) ベクトル場の回転 (4.20) ── 計算 ●

前の BOX 4.3(1) の図4.13を見ながら，長方形を正の方向に回転させる流れの成
分の総和を計算する。

$$
\begin{aligned}
総和 =& \left\{ A_y\left(x + \frac{\Delta x}{2}, y\right) - A_y\left(x - \frac{\Delta x}{2}, y\right) \right\} \Delta y \quad (A_y \text{の寄与（図4.13（右）)}) \\
&+ \left\{ A_x\left(x, y - \frac{\Delta y}{2}\right) - A_x\left(x, y + \frac{\Delta y}{2}\right) \right\} \Delta x \quad (A_x \text{の寄与（図4.13（左）)}) \\
\cong& \left\{ A_y(x, y) + \frac{\partial A_y}{\partial x}\frac{\Delta x}{2} - A_y(x, y) + \frac{\partial A_y}{\partial x}\frac{\Delta x}{2} \right\} \Delta y \\
&+ \left\{ A_x(x, y) - \frac{\partial A_x}{\partial y}\frac{\Delta y}{2} - A_x(x, y) - \frac{\partial A_x}{\partial y}\frac{\Delta y}{2} \right\} \Delta x \\
=& \left(\frac{\partial A_y}{\partial x} - \frac{\partial A_x}{\partial y} \right) \Delta x \Delta y
\end{aligned}
$$

これが，長方形を正の方向に回転させる流れの総和である。よって，xy 平面での単
位面積当たりの回転成分は，

$$
\frac{\partial A_y}{\partial x} - \frac{\partial A_x}{\partial y}
$$

となり，回転 $\nabla \times \boldsymbol{A}$ の z 成分とする。同様に，yz 平面の回転成分を x 成分，zx 平
面の回転成分を y 成分とするベクトル場としての回転 (4.20) となる。

<u>**ベクトル場 $\nabla \times \boldsymbol{A}$ が回転を表す簡単な例**</u>　空間の任意の点 (x,y,z) において，z 成分を持たず，x と y 成分だけの空間ベクトル場がある．次がその例である（図**4.14**）．

$$(x,y,z) \quad \to \quad \boldsymbol{A}(x,y,z) = (A_x, A_y, A_z) = (-y, x, 0) \tag{4.23}$$

$\boldsymbol{A}$ の回転は，次のように z 成分として xy 平面上の回転の強さが表される．

$$\nabla \times \boldsymbol{A} = \operatorname{rot} \boldsymbol{A}$$
$$= \left(-\frac{\partial x}{\partial z}, \frac{\partial(-y)}{\partial z}, \frac{\partial x}{\partial x} - \frac{\partial(-y)}{\partial y} \right)$$
$$= (0, 0, 2) \tag{4.24}$$

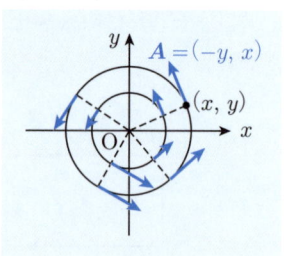

ベクトル場 $\boldsymbol{A}$ の回転 $\nabla \times \boldsymbol{A}$ は xy 平面内の回転なので，z 成分のみとなる（図**4.14**）．

図**4.14**　回転の例

■ **例題4.5** ■

ベクトル場
$$\boldsymbol{A} = (x^2 y + y^2 z,\ xyz^2 + y,\ z^2 + xy)$$

の回転が，
$$\nabla \times \boldsymbol{A} = (x - 2xyz,\ y^2 - y,\ yz^2 - x^2 - 2yz)$$

となることを示せ．さらに，$\nabla \times \boldsymbol{A}$ は，3 点 $(0,0,0)$, $(0,1,0)$, $(0,1,2)$ において 0 となることを示せ．

【解答】　回転の定義 (4.20) にしたがって計算する．
$$\nabla \times \boldsymbol{A} = \left(\frac{\partial(z^2 + xy)}{\partial y} - \frac{\partial(xyz^2 + y)}{\partial z},\ \frac{\partial(x^2 y + y^2 z)}{\partial z} - \frac{\partial(z^2 + xy)}{\partial x}, \right.$$
$$\left. \frac{\partial(xyz^2 + y)}{\partial x} - \frac{\partial(x^2 y + y^2 z)}{\partial y} \right)$$
$$= (x - 2xyz,\ y^2 - y,\ yz^2 - x^2 - 2yz)$$

回転が 0 となる点は，成分がすべて 0 なので次の 4 点となる．

$$\nabla \times \boldsymbol{A} = 0$$
$$\leftrightarrow \quad (x - 2xyz,\ y^2 - y,\ yz^2 - x^2 - 2yz) = (0,\ 0,\ 0)$$
$$\to \quad x - 2xyz = 0,\ \ y^2 - y = 0,\ \ yz^2 - x^2 - 2yz = 0$$
$$\to \quad (x,y,z) = (0,0,0),\ \ (0,1,0),\ \ (0,1,2)$$

■ **例題4.6** ■

例題 4.4 における勾配

$$\nabla f = (3x^2 - 2xz, 2y, -x^2)$$

の回転が 0 になること，すなわち $\nabla \times (\nabla f) = 0$ を示せ.

【解答】　$\nabla \times (\nabla f) = \nabla \times (3x^2 - 2xz, 2y, -x^2)$

$$= \left(\frac{\partial(-x^2)}{\partial y} - \frac{\partial(2y)}{\partial z}, \frac{\partial(3x^2 - 2xz)}{\partial z} - \frac{\partial(-x^2)}{\partial x}, \frac{\partial(2y)}{\partial x} - \frac{\partial(3x^2 - 2xz)}{\partial y} \right)$$

$$= (0,0,0)$$

注意4.2　任意の関数 f の勾配 ∇f をとる．そして，回転をとると必ず 0 となる．すなわち，

$$f \;\rightarrow\; \nabla f \;\rightarrow\; \nabla \times (\nabla f) = 0$$

となる．関数の勾配は，関数の増加の方向を示すので，放射的で回転成分は含まれない．

<u>回転の応用例（流体力学）</u>　回転は，任意のベクトル場から回転成分だけのベクトル場を抽出する機能を持つ．流体力学における応用として，u を流体の速度ベクトル場とすると

$$回転 \begin{cases} \nabla \times u = \mathrm{rot}\, u = 0 & 渦なし \\ \nabla \times u = \mathrm{rot}\, u \neq 0 & 渦あり \end{cases} \tag{4.25}$$

のように区別できる（4.4 節の図4.20）．

◤ **発散：微分を伴いベクトル場から関数へ**（∇A（図4.8））

微分作用素ナブラは内積と共に，ベクトル場に作用して関数となり，それを**発散**と呼ぶ．発散は，**ダイバージェンス**（divergence）と呼び div A と書くこともある．発散は次式で定義される（意味は BOX 4.4 を参照のこと）．

ベクトル場　$A(x,y,z) \;\rightarrow\;$ 発散またはダイバージェンス

$$\nabla A = \mathrm{div}\, A$$
$$= \left(\frac{\partial}{\partial x}, \frac{\partial}{\partial y}, \frac{\partial}{\partial z} \right) (A_x, A_y, A_z)$$
$$= \frac{\partial A_x}{\partial x} + \frac{\partial A_y}{\partial y} + \frac{\partial A_z}{\partial z} \tag{4.26}$$

発散のイメージ — 簡単な例　x と y 成分だけの空間ベクトル場がある（図4.15）.

$$(x, y, z) \ \to \ \boldsymbol{A}(x, y, z) = (A_x, A_y, A_z) = (x, y, 0) \tag{4.27}$$

これは，xy 平面内で原点から流体が湧き出るイメージである．この発散は，

$$\nabla \boldsymbol{A}(x, y, z) = \frac{\partial x}{\partial x} + \frac{\partial y}{\partial y} + 0$$

$$= 1 + 1 + 0 = 2 \tag{4.28}$$

となり，強さ 2 の「湧出し」を表す.

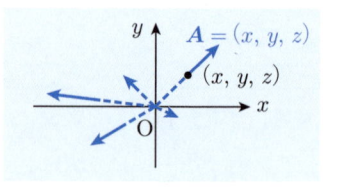

図4.15　発散の例

● **BOX 4.4　発散 (4.26) の意味** ●

　流体の速度ベクトル場を例として発散 (4.26) の意味を考える．ベクトル場 $\boldsymbol{A} = (A_x, A_y, A_z)$ の x 成分に注目する（図4.16）．x 軸に垂直な微小面積 S_x における x 成分 $A_x(x, y, z)$ が $x + dx$ において $A_x(x + dx, y, z)$ になったとすると，流量の増加量は

$$A_x(x + dx, y, z)S - A_x(x, y, z)S = \frac{\partial A_x}{\partial x} dx\, S$$

となる．すると単位面積当たり，かつ微小距離の間に発生した増加量は，$\frac{\partial A_x}{\partial x} dx$ となる．よって，点 (x, y, z) において流量は $\frac{\partial A_x}{\partial x}$ だけ発生したことになる．同様に，y 成分の発生は $\frac{\partial A_y}{\partial y}$，および z 成分の発生が $\frac{\partial A_z}{\partial z}$ となるので，その総和として，発散が (4.26) のように

$$\frac{\partial A_x}{\partial x} + \frac{\partial A_y}{\partial y} + \frac{\partial A_z}{\partial z}$$

で表される.

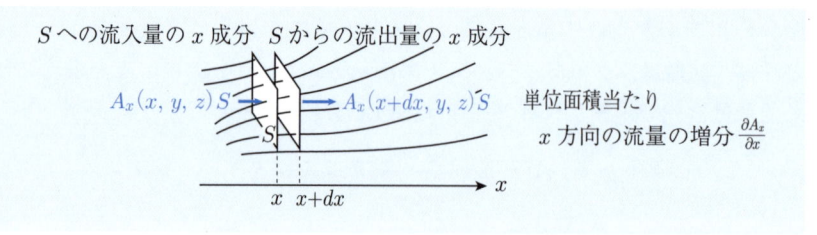

図4.16　発散の $\boldsymbol{x}$ 成分に注目した説明図

■ **例題4.7** ■

ベクトル場の発散について，次の問いに答えよ．

(1) ベクトル場 $\boldsymbol{V} = (x(z^3 - y^3),\, y(x^3 - z^3),\, (z(y^3 - x^3))$ の発散は 0 である ことを示せ．

(2) ベクトル場 $\boldsymbol{U} = (x(z^2 - y),\, y(x^2 - z),\, z(y^2 - x))$ の発散は，8 個の点にお いて 0 になることを示せ．

【解答】 (1) $\nabla \boldsymbol{V} = \dfrac{\partial x(z^3 - y^3)}{\partial x} + \dfrac{\partial y(x^3 - z^3)}{\partial y} + \dfrac{\partial z(y^3 - x^3)}{\partial z}$

$$= (z^3 - y^3) + (x^3 - z^3) + (y^3 - x^3) = 0$$

(2) $\nabla \boldsymbol{U} = \dfrac{\partial x(z^2 - y)}{\partial x} + \dfrac{\partial y(x^2 - z)}{\partial y} + \dfrac{\partial z(y^2 - x)}{\partial z}$

$$= (z^2 - y) + (x^2 - z) + (y^2 - x) = x(x - 1) + y(y - 1) + z(z - 1) = 0$$

次の 8 点で 0 になる．

$$(x, y, x) = (0, 0, 0), \quad (0, 0, 1), \quad (0, 1, 0), \quad (1, 0, 0),$$
$$(0, 1, 1), \quad (1, 0, 1), \quad (1, 1, 0), \quad (1, 1, 1)$$

4.3 勾配・回転・発散の2回連続作用

関数とベクトル場の間を勾配，回転，発散という 3 種類の微分が作用することを 見てきた．ここで，これらの微分演算を 2 回連続して作用させたとき極めて重要な 性質が現れる．次の 3 種類の連続作用がある（2 種類の記法を並記する）．

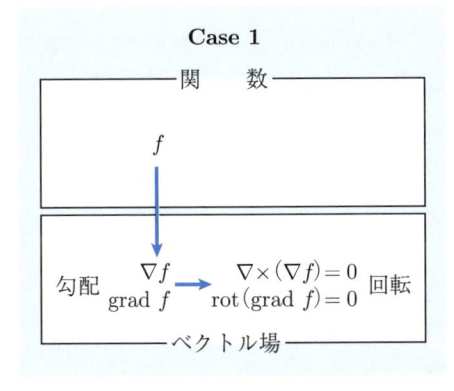

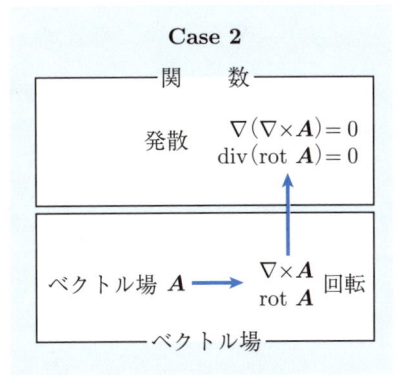

図4.17 勾配の回転は 0.

図4.18 回転の発散は 0.

Case 1：関数 → 勾配（ベクトル）→ 回転（ベクトル）（図4.17）

$$f \;\to\; \nabla f \quad \to \quad \nabla \times (\nabla f) = (0,0,0) = \mathbf{0}$$
$$f \;\to\; \operatorname{grad} f \;\to\; \operatorname{rot}(\operatorname{grad} f) = (0,0,0) = \mathbf{0} \tag{4.29}$$

この 2 回の作用，勾配の回転は 0 になる（勾配には回転成分は存在しない）．

Case 2：ベクトル → 回転（ベクトル）→ 発散（関数）（図4.18）

$$\mathbf{A} \;\to\; \nabla \times \mathbf{A} \;\to\; \nabla(\nabla \times \mathbf{A}) = 0$$
$$\mathbf{A} \;\to\; \operatorname{rot} \mathbf{A} \;\to\; \operatorname{div}(\operatorname{rot} \mathbf{A}) = 0 \tag{4.30}$$

この 2 回の作用，回転の発散は 0 になる（回転には発散成分は存在しない）．

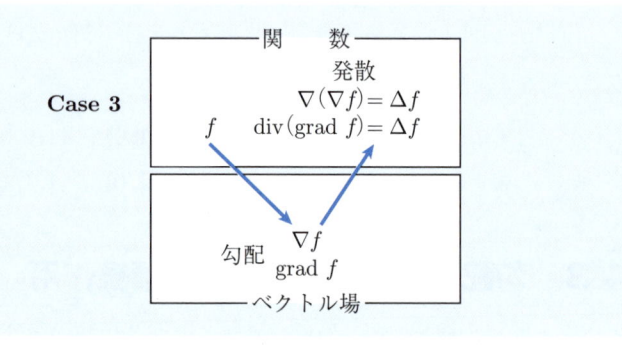

図4.19　勾配の発散はラプラシアンが作用．

Case 3：関数 → 勾配（ベクトル）→ 発散（関数）（図4.19）

$$f \;\to\; \nabla f \quad \to \quad \nabla(\nabla f) = \nabla^2 f = \Delta f$$
$$f \;\to\; \operatorname{grad} f \;\to\; \operatorname{div}(\operatorname{grad} f) = \Delta f \tag{4.31}$$

$$\left(\text{ここで } \Delta = \frac{\partial^2 f}{\partial x^2} + \frac{\partial^2 f}{\partial y^2} + \frac{\partial^2 f}{\partial z^2} \quad (\text{ラプラシアン}) \right) \tag{4.32}$$

この 2 回の作用，勾配の発散は f に 2 階の**ラプラシアン**という偏微分作用素が作用したものである．

注意 4.3　次の式を**ラプラス方程式**という．

$$\Delta f = \frac{\partial^2 f}{\partial x^2} + \frac{\partial^2 f}{\partial y^2} + \frac{\partial^2 f}{\partial z^2} = 0 \tag{4.33}$$

ラプラス方程式の解を**調和関数**という（複素関数論で，コーシー–リーマン方程式を満たす 2 つの 2 変数関数 u, v は 2 次元調和関数である（(3.20)，(3.21) を参照）．

■ **例題4.8** ■

次の問いに答えよ.

(1) 関数 f の勾配 $\nabla f = \mathrm{grad}\, f$ の回転 $\nabla \times (\nabla f) = \mathrm{rot}(\mathrm{grad}\, f)$ が 0 になることを示せ（Case1）.

(2) ベクトル $\boldsymbol{A}$ の回転 $\nabla \times \boldsymbol{A} = \mathrm{rot}\, \boldsymbol{A}$ の発散 $\nabla(\nabla \times \boldsymbol{A}) = \mathrm{div}(\mathrm{rot}\, \boldsymbol{A})$ が 0 になることを示せ（Case2）.

(3) 関数 f の勾配 $\nabla f = \mathrm{grad}\, f$ の発散 $\nabla(\nabla f) = \mathrm{div}(\mathrm{grad}\, f)$ が Δf となることを示せ（Case3）.

【解答】 (1) $\nabla \times \nabla f = \mathrm{rot}(\mathrm{grad}\, f)$ を直接計算する.

$$
\begin{aligned}
\nabla \times \nabla f &= \mathrm{rot}(\mathrm{grad} f) \\
&= \left(\frac{\partial}{\partial x}, \frac{\partial}{\partial y}, \frac{\partial}{\partial z} \right) \times \left(\frac{\partial f}{\partial x}, \frac{\partial f}{\partial y}, \frac{\partial f}{\partial z} \right) \\
&= \left(\frac{\partial}{\partial y}\frac{\partial f}{\partial z} - \frac{\partial}{\partial z}\frac{\partial f}{\partial y}, \frac{\partial}{\partial z}\frac{\partial f}{\partial x} - \frac{\partial}{\partial x}\frac{\partial f}{\partial z}, \frac{\partial}{\partial x}\frac{\partial f}{\partial y} - \frac{\partial}{\partial y}\frac{\partial f}{\partial x} \right) \\
&= \left(\frac{\partial^2 f}{\partial y \partial z} - \frac{\partial^2 f}{\partial z \partial y}, \frac{\partial^2 f}{\partial z \partial x} - \frac{\partial^2 f}{\partial x \partial z}, \frac{\partial^2 f}{\partial x \partial y} - \frac{\partial^2 f}{\partial y \partial x} \right) \\
&= (0, 0, 0) = \boldsymbol{0}
\end{aligned}
$$

(2) $\nabla(\nabla \times \boldsymbol{A}) = \mathrm{div}(\mathrm{rot}\, \boldsymbol{A})$ を直接計算する.

$$
\begin{aligned}
\nabla(\nabla \times \boldsymbol{A}) &= \mathrm{div}(\mathrm{rot}\boldsymbol{A}) \\
&= \left(\frac{\partial}{\partial x}, \frac{\partial}{\partial y}, \frac{\partial}{\partial z} \right)\left(\frac{\partial}{\partial y}A_z - \frac{\partial}{\partial z}A_y, \frac{\partial}{\partial z}A_x - \frac{\partial}{\partial x}A_z, \frac{\partial}{\partial x}A_y - \frac{\partial}{\partial y}A_x \right) \\
&= \frac{\partial}{\partial x}\left(\frac{\partial}{\partial y}A_z - \frac{\partial}{\partial z}A_y \right) + \frac{\partial}{\partial y}\left(\frac{\partial}{\partial z}A_x - \frac{\partial}{\partial x}A_z \right) \\
&\quad + \frac{\partial}{\partial z}\left(\frac{\partial}{\partial x}A_y - \frac{\partial}{\partial y}A_x \right) = \left(\frac{\partial^2}{\partial x \partial y}A_z - \frac{\partial^2}{\partial x \partial z}A_y \right) \\
&\quad + \left(\frac{\partial^2}{\partial y \partial z}A_x - \frac{\partial^2}{\partial y \partial x}A_z \right) + \left(\frac{\partial^2}{\partial z \partial x}A_y - \frac{\partial^2}{\partial z \partial y}A_x \right) = 0
\end{aligned}
$$

(3) $\nabla(\nabla f) = \mathrm{div}(\mathrm{grad}\, f)$ を直接計算する.

$$
\begin{aligned}
\nabla(\nabla f) &= \mathrm{div}(\mathrm{grad} f) \\
&= \left(\frac{\partial}{\partial x}, \frac{\partial}{\partial y}, \frac{\partial}{\partial z} \right)\left(\frac{\partial f}{\partial x}, \frac{\partial f}{\partial y}, \frac{\partial f}{\partial z} \right) = \frac{\partial^2 f}{\partial x^2} + \frac{\partial^2 f}{\partial y^2} + \frac{\partial^2 f}{\partial z^2} = \Delta f
\end{aligned}
$$

4.4　応用例 — 流体力学の速度ベクトル場

　流体力学において，3 次元流体の**速度ベクトル場**を $\boldsymbol{u} = \boldsymbol{u}(x, y, z)$ とする（ここでは，$\boldsymbol{u}$ の時間変化は考えない）．$\boldsymbol{u}$ の回転および発散が，0 か，または 0 でないかによって次のように分類される（図4.20）．

$$
\text{回転}\quad \nabla \times \boldsymbol{u} = \operatorname{rot} \boldsymbol{u}
\begin{cases}
= 0 & \text{渦なし} \\
\neq 0 & \text{渦あり}
\end{cases}
\tag{4.34}
$$

$$
\text{発散}\quad \nabla \boldsymbol{u} = \operatorname{div} \boldsymbol{u}
\begin{cases}
= 0 & \text{非圧縮性} \\
\neq 0 & \text{圧縮性}
\end{cases}
\tag{4.35}
$$

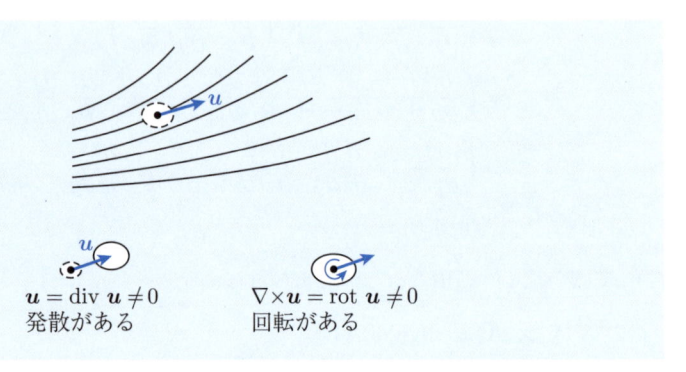

$\boldsymbol{u} = \operatorname{div} \boldsymbol{u} \neq 0$
発散がある

$\nabla \times \boldsymbol{u} = \operatorname{rot} \boldsymbol{u} \neq 0$
回転がある

図4.20　発散があると圧縮性，回転があると渦ありという．

<u>渦のない流れ</u>（$\nabla \times \boldsymbol{u} = \operatorname{rot} \boldsymbol{u} = \boldsymbol{0}$）　速度ベクトル $\boldsymbol{u}$ はある関数 $\phi = \phi(x, y, z)$ の勾配として表すことができる．

$$
\phi \;\to\; \boldsymbol{u} = \nabla\phi = \operatorname{grad}\phi = \left(\frac{\partial \phi}{\partial x}, \frac{\partial \phi}{\partial y}, \frac{\partial \phi}{\partial z} \right)
\tag{4.36}
$$

$$
\to\; \nabla \times \boldsymbol{u} = \nabla \times (\nabla\phi) = \operatorname{rot}(\operatorname{grad}\phi) = \boldsymbol{0} \quad (\text{(4.29) による})
$$

このような関数 ϕ を**速度ポテンシャル**という．

<u>非圧縮性の流れ</u>（$\nabla \boldsymbol{u} = \operatorname{div} \boldsymbol{u} = 0$, $\boldsymbol{u} = (u_x, u_y, u_z)$）　非圧縮性なので発散が 0である．

$$
\nabla \boldsymbol{u} = \operatorname{div} \boldsymbol{u} = \frac{\partial u_x}{\partial x} + \frac{\partial u_y}{\partial y} + \frac{\partial u_z}{\partial z} = 0
\tag{4.37}
$$

これら両方の性質を持つ場合を見てみよう．

渦のない非圧縮性の流れ（$\nabla \times \boldsymbol{u} = \text{rot}\,\boldsymbol{u} = \boldsymbol{0}$, $\nabla \boldsymbol{u} = \text{div}\,\boldsymbol{u} = 0$） 速度ベクトル $\boldsymbol{u}$ は，渦がないので速度ポテンシャル ϕ によって，(4.36) で表される．さらに，非圧縮性なので発散が 0 なので

$$\nabla \boldsymbol{u} = \nabla(\nabla\phi) = \text{div}(\text{grad}\,\phi) = \frac{\partial^2 \phi}{\partial x^2} + \frac{\partial^2 \phi}{\partial y^2} + \frac{\partial^2 \phi}{\partial z^2} = 0 \tag{4.38}$$

となる．よって，ϕ はラプラス方程式 $\Delta\phi = 0$ を満たし，ϕ は調和関数である．逆に，任意の調和関数は，勾配によってポテンシャルとして流体の速度ベクトル場を与え，その流体は渦のない非圧縮性流体を表す．

4.5 複素関数論の2次元流体力学への応用

　流体の速度ベクトルは，z 座標に依存せずかつ z 成分を持たないとき，**2次元速度ベクトル**といい，流体は **2次元流体**として解析することができる．

$$\boldsymbol{u} = \boldsymbol{u}(x, y) = (u_x, u_y) = (u_x(x, y), u_y(x, y)) \tag{4.39}$$

2次元の渦のない流れ　回転が 0 なので，

$$\nabla \times \boldsymbol{u} = \text{rot}\,\boldsymbol{u} = \left(0, 0, \frac{\partial u_y}{\partial x} - \frac{\partial u_x}{\partial y}\right) = \boldsymbol{0}$$

である．すると，(4.36) で示したように，関数としての速度ポテンシャル $\phi = \phi(x, y)$ が存在して，2次元速度ベクトルを ϕ の勾配で表すことができる．

$$\boldsymbol{u} = (u_x, u_y, 0) = \nabla\phi = \text{grad}\,\phi = \left(\frac{\partial \phi}{\partial x}, \frac{\partial \phi}{\partial y}, 0\right) \tag{4.40}$$

すなわち，渦がないことがポテンシャル ϕ の存在によって確認できる．

$$\frac{\partial u_y}{\partial x} - \frac{\partial u_x}{\partial y} = \frac{\partial}{\partial x}\frac{\partial \phi}{\partial y} - \frac{\partial}{\partial y}\frac{\partial \phi}{\partial x} = \frac{\partial^2 \phi}{\partial x \partial y} - \frac{\partial^2 \phi}{\partial y \partial x} = 0 \tag{4.41}$$

2次元の非圧縮性の流れ（$\nabla \boldsymbol{u} = \text{div}\,\boldsymbol{u} = 0$）　発散がないので，

$$\nabla \boldsymbol{u} = \text{div}\,\boldsymbol{u} = \frac{\partial u_x}{\partial x} + \frac{\partial u_y}{\partial y} = 0$$

となる．すると，ある関数 $\psi = \psi(x, y)$ により 2次元速度ベクトルを表すことができる．

$$\boldsymbol{u} = (u_x, u_y, 0) = \left(\frac{\partial \psi}{\partial y}, -\frac{\partial \psi}{\partial x}, 0\right) \tag{4.42}$$

実際，(4.41) と同様に，非圧縮性であることが ψ の存在により確認できる．

$$\frac{\partial u_y}{\partial x} + \frac{\partial u_x}{\partial y} = \frac{\partial}{\partial x}\frac{\partial \psi}{\partial y} + \frac{\partial}{\partial y}\left(-\frac{\partial \psi}{\partial x}\right) = \frac{\partial^2 \psi}{\partial x \partial y} - \frac{\partial^2 \psi}{\partial y \partial x} = 0 \tag{4.43}$$

◆ 2 次元の渦のない非圧縮性の流れ

　渦なし（回転が 0）と非圧縮性の条件（発散が 0）が同時に成り立つ．そして，2 つの式 (4.40), (4.42) を比較すると，ϕ と ψ がコーシー–リーマン方程式 (3.10) を満たすことが分かる．

$$\boldsymbol{u} = (u_x, u_y, 0) = \left(\frac{\partial \phi}{\partial x}, \frac{\partial \phi}{\partial y}, 0\right) = \left(\frac{\partial \psi}{\partial y}, -\frac{\partial \psi}{\partial x}, 0\right)$$

$$\rightarrow \quad \frac{\partial \phi}{\partial x} = \frac{\partial \psi}{\partial y}, \quad \frac{\partial \psi}{\partial x} = -\frac{\partial \phi}{\partial y} \tag{4.44}$$

複素速度ポテンシャル　2 次元座標 (x, y) を複素座標 $z = x + iy$ とみなす．さらに，速度ポテンシャル ϕ と関数 ψ をそれぞれ実部と虚部とする複素関数を，**複素速度ポテンシャル**といい Φ で表し，次式で定義する．

$$\Phi = \Phi(z) = \phi(z) + i\psi(z) \quad (\Phi(x, y) = \phi(x, y) + i\psi(x, y)) \tag{4.45}$$

複素速度ポテンシャルから導かれる速度ベクトル　複素速度ポテンシャル Φ の導関数は次のように得られる．

$$\frac{d}{dz}\Phi(z) = \frac{\partial}{\partial x}\phi(x, y) + i\frac{\partial}{\partial x}\psi(x, y) \quad (3 \text{ 章の } (3.17) \text{ より})$$

$$= u_x(x, y) - iu_y(x, y) \quad\quad ((4.40), (4.42) \text{ より}) \tag{4.46}$$

したがって，2 次元の渦のない非圧縮性の流れの速度ベクトル $\boldsymbol{u}$ は，複素速度ポテンシャル Φ によって，次のように得ることができる．

$$\boldsymbol{u} = (u_x, u_y)$$

$$= \left(\mathrm{Re}\frac{d}{dz}\Phi(z), -\mathrm{Im}\frac{d}{dz}\Phi(z)\right) = \left(\frac{\partial}{\partial x}\phi(x, y), -\frac{\partial}{\partial x}\psi(x, y)\right) \tag{4.47}$$

この式によって，複素速度ポテンシャル $\Phi(z)$ に基づき，様々な 2 次元の渦のない非圧縮性の流れの解析が複素関数論によって可能となる．

複素速度ポテンシャル $\Phi(z) = az^2$ の 2 次元の流れ　$\Phi(z) = az^2 = a(x^2 - y^2) + 2ixy = u_x - iu_y$ なので，速度ベクトルは

$$\boldsymbol{u} = \left(\mathrm{Re}\frac{d(az^2)}{dz}, -\mathrm{Im}\frac{d(az^2)}{dz}\right)$$

$$= (2a\,\mathrm{Re}\,z, -2a\,\mathrm{Im}\,z) = 2a\,(x, -y) \tag{4.48}$$

となる．

速度ベクトルの成分の比が，流線の傾きと一致するので，

$$\frac{dy}{dx} = \frac{u_y}{u_x} = \frac{-2y}{2x} \quad \rightarrow \quad \frac{dy}{dx} = -\frac{y}{x} \qquad (4.49)$$

となり，流線の満たす微分方程式となる．

これは変数分離形 (6.5) という 1 階微分方程式で解は，次の手順で積分を経て双曲線となる．

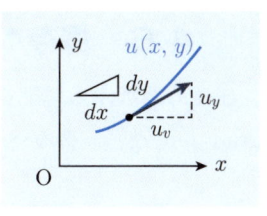

図4.21 流線の傾き

$$\frac{dx}{x} + \frac{dy}{y} = 0$$

$$\rightarrow \quad \int \frac{dx}{dx} + \int \frac{dy}{y} = c_1$$

$$\rightarrow \quad \log xy = c_1$$

$$\rightarrow \quad xy = C \quad (C = e^{c_1} : 積分定数) \qquad (4.50)$$

よって，流線は双曲線の族（定数 C はいろいろな値をとることから得られる一連の双曲線を族という）を表す．2 方向からある 1 点（原点）に向かう流れが，その点の近くで 90 度方向を変えて流れていく（図4.22）．もし，$y < 0$ の領域で流れがないとすると，流れが壁に当たって，1 点を境に分かれて壁沿いに流れていく様子を表す（図4.23）．

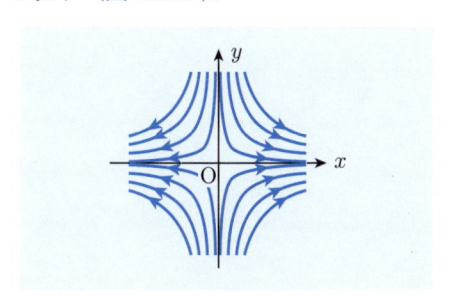

図4.22 複素速度ポテンシャル $\Phi(z)$ $= az^2$ の渦のない非圧縮性の流れの流線は双曲線の族で表される．

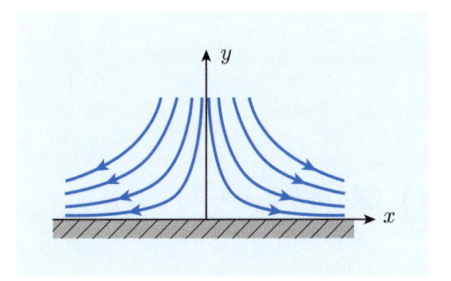

図4.23 図4.22の例で，$y \geqq 0$ に制限すると，$y = 0$ の壁に垂直に当たっていく流体の流線を表す．

4.6　保存ベクトル場とポテンシャル

任意の関数から勾配を決めることができる（図4.19の上から下の $f \to \nabla f =$ grad f）．逆に，あるベクトル場 X が，何らかの関数 f の勾配で表され，

$$X = -\nabla f = -\text{grad } f \tag{4.51}$$

となるとき，X を保存ベクトル場といい，f をポテンシャルという．これは，物理学や工学（特に，力学や電磁気学など）において重要な関係式である．数学では，マイナス「$-$」を付けるか否かは意味を持たない．力学ではポテンシャルが減少する方向に力が働くとするためにマイナス「$-$」を付けて，保存ベクトル場とポテンシャルの定義とする．それが極めて重要なので，多くの数学の本でもマイナス「$-$」を付けて定義されている．

1 つのベクトル場 X に注目する．それが，保存ベクトル場かどうかという問いは，ベクトル場側から関数の方をみて，関数の中でその勾配をとったときに，そのベクトル場 X となるものが存在するかということである．

◆ 回転が 0 のベクトル場は保存ベクトル場

回転が

$$\nabla \times X = \text{rot } X = 0$$

ならば，関数 f の勾配

$$\nabla f = \text{grad } f = X$$

となるものがある．回転が 0 でなければ，X は保存ベクトル場ではない．

例 1（重力ポテンシャル）　地表近くで z を鉛直方向，(x, y) を水平面上の座標として，一定重力場による力のベクトル場は，

$$F = (0, 0, -mg) = 0 \cdot i + 0 \cdot j - mg\,k$$

である．この力の場に対して

$$F = -\nabla U = -\text{grad } U \;\leftrightarrow\; (0, 0, -mg) = -\left(\frac{\partial U}{\partial x}, \frac{\partial U}{\partial y}, \frac{\partial U}{\partial z} \right) \tag{4.52}$$

となる関数 U がポテンシャルとして存在するかという問題である．その条件を，各座標成分ごとに書き下せば，次の微分方程式となる．

$$\frac{\partial U}{\partial x} = 0, \quad \frac{\partial U}{\partial y} = 0, \quad \frac{\partial U}{\partial z} = mg \tag{4.53}$$

これはすぐに解けて,

$$U = U(x, y, z) = mgz + c \tag{4.54}$$

となる. 実際, マイナス「$-$」を付けた勾配は,

$$-\nabla U = (0, 0, -mg) = \boldsymbol{F}$$

のように, 鉛直下方への一定重力となる. $\boldsymbol{F}$ は定ベクトル場なので, 回転は

$$\nabla \times \boldsymbol{F} = 0$$

である. よって保存ベクトル場である.

例 2（ポテンシャルとみなされる圧力（流体力学）） 流体力学において, 関数としての圧力 $p = p(x, y, z)$ の増減が内力としての力のベクトル場

$$\boldsymbol{F} = -\nabla p \tag{4.55}$$

を発生させる. すなわち, 圧力はポテンシャルと見なすことができる. マイナス「$-$」は, 圧力が高い方から低い方に力が働くことを示す.

例 3（静電場と電位ポテンシャル） 位置ベクトルを $\boldsymbol{r} = (x, y, z)$ として, その長さを $|\boldsymbol{r}| = \sqrt{x^2 + y^2 + z^2}$ とする. 原点にある点電荷 Q の作る電位は関数として, $\phi = \frac{Q}{r}$ のように表される. 静電場は,

$$\boldsymbol{E} = zQ\frac{\boldsymbol{r}}{r^3}$$

である. 電位 ϕ の勾配にマイナス「$-$」を付けると, 次のように電場を与える.

$$-\nabla\phi = -\nabla\frac{Q}{r} = Q\frac{\boldsymbol{r}}{r^3} = \boldsymbol{E} \tag{4.56}$$

よって, 電位ポテンシャル ϕ に対して, 静電場 $\boldsymbol{E}$ は保存ベクトル場である（演習 4.8 を参照）. 電位は**調和関数**である（(4.33) と演習 4.9 を参照）.

4章の演習問題

4.1　関数

$$f = f(x, y, z) = x^2 y \cos z$$

がある. f の勾配 $\nabla f = \mathrm{grad}\, f$ を求めて, 勾配の回転 $\nabla \times (\nabla f) = \mathrm{rot}(\mathrm{grad}\, f)$ が 0 となることを確認せよ.

4.2　速度ベクトル場

$$\boldsymbol{u} = (xy^2, \sin z, xz)$$

の回転 $\nabla \times \boldsymbol{u} = \mathrm{rot}\, \boldsymbol{u}$ を求め, 回転が 0 になる点は存在しないことを示せ.

4.3　前間の速度ベクトル場

$$\boldsymbol{u} = (xy^2, \sin z, xz)$$

の回転 $\nabla \times \boldsymbol{u}$ の発散 $\nabla(\nabla \times \boldsymbol{u})$ は 0 になることを示せ.

4.4　速度ベクトル場

$$\boldsymbol{v} = (3xz - y^2, xy + 2yz, yz + 2x)$$

の回転 $\nabla \times \boldsymbol{v}$ を求め, さらに回転が 0 になる点を求めよ.

4.5　速度ベクトル場 $\boldsymbol{w} = (x^2(z - y), y^2(x - z), z^2(y - x))$ がある.

(1)　$\boldsymbol{w}$ の発散 $\nabla \boldsymbol{w}$ は 0 であることを示せ.

(2)　$\boldsymbol{w}$ の回転 $\nabla \times \boldsymbol{w}$ は原点においてのみ 0 になることを示せ.

4.6　距離関数 $r = r(x, y, z) = \sqrt{x^2 + y^2 + z^2}$ の勾配は,

$$\nabla r = \mathrm{grad}\, r = \frac{\boldsymbol{r}}{r}$$

となることを示せ.

4.7　位置ベクトル $\boldsymbol{r} = (x, y, z)$ の発散は定数であることを示せ. 実際, $\nabla \boldsymbol{r} = \mathrm{div}\, \boldsymbol{r} = 3$ となることを示せ.

4.8　距離の逆数の勾配は,

$$\nabla \frac{1}{r} = \mathrm{grad}\, \frac{1}{r} = -\frac{\boldsymbol{r}}{r^3}$$

となることを示せ.

4.9　3 次元の距離 r の逆数 $\frac{1}{r}$ は調和関数であることを示せ. すなわち, ラプラス方程式 (4.33) $\Delta \frac{1}{r} = 0$ を満たすことを示せ.

4.10　2 次元の距離関数 $r = \sqrt{x^2 + y^2}$ の逆数 $\frac{1}{r}$ は調和関数ではないことを示せ. すなわち, ラプラス方程式 (4.33) $\Delta \frac{1}{r} = 0$ を満たさないことを示せ.

第5章

フーリエ解析とラプラス変換

　1800 年頃にフーリエは，関数を様々な波長の正弦関数と余弦関数の級数によって表すことによって，熱伝導方程式という微分方程式を解いた．それがフーリエ解析の始まりである．フーリエ解析は 2 年次の科目としている大学が多い．基本的な考え方は，弦の振動を基本振動の重ね合わせで表すことと同じである．周期性のある関数はフーリエ級数で表され，周期性のない関数はフーリエ積分によって表される．フーリエ積分における制約条件を，定義の段階から取り込んだラプラス変換は，格段に応用範囲が広がり，機械工学においても必須の数学である．本章では，フーリエ解析への初めの一歩からフーリエ変換の重要性を説き，そしてラプラス変換へとつながっていく道筋を示す．

5.1　周期関数のフーリエ級数とは

　フーリエは，図 5.1 で示しているように弦の振動と同じく，関数も様々な波長の正弦関数と余弦関数の重ね合わせで表されると考えた．それは，1 章 1.2 節で紹介したように，関数を級数で表す方法の 1 つでフーリエ級数である（(1.27), (1.28) など）．

5.1.1　周期関数のフーリエ級数 — 定義および概観

周期が 2π の周期関数 $f(x)$ のフーリエ級数は，次式で定義される．

$$
\begin{aligned}
f(x) \sim\ & \frac{a_0}{2} + \sum_{n=1}^{\infty} (a_n \cos nx + b_n \sin nx) \\
=\ & \frac{a_0}{2} + (a_1 \cos x + a_2 \cos 2x + a_3 \cos 3x + \cdots) \\
& + (b_1 \sin x + b_2 \sin 2x + b_3 \sin 3x + \cdots)
\end{aligned} \tag{5.1}
$$

（記号 ～ ：不連続点がある場合 ＝ に代わって使われる）

ここで，a_n と b_n はフーリエ係数と呼ばれ，次で与えられる．

$$a_n = \frac{1}{\pi} \int_{-\pi}^{\pi} f(x) \cos nx \, dx \quad (n = 0, 1, 2, \cdots), \tag{5.2}$$

$$b_n = \frac{1}{\pi} \int_{-\pi}^{\pi} f(x) \sin nx \, dx \quad (n = 1, 2, \cdots) \tag{5.3}$$

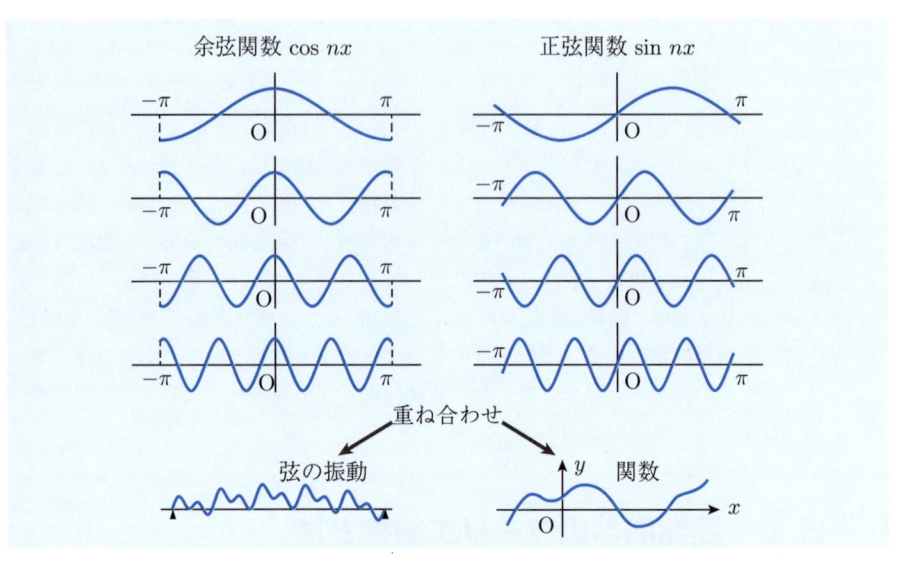

図5.1　弦の振動が $\cos nx$, $\sin nx$ の基本振動の重ね合わせで表されるのと同じように，関数も表すことができると考えた．

■ 周期

周期 T の周期関数 $f(x)$ とは，任意の x に対し次式が成り立つものをいう．

$$f(x + T) = f(x) \tag{5.4}$$

すなわち，T だけ平行移動すると自分自身に重なる．あるいは，T の間隔ごとに同じグラフが繰り返される（**図5.2**）．

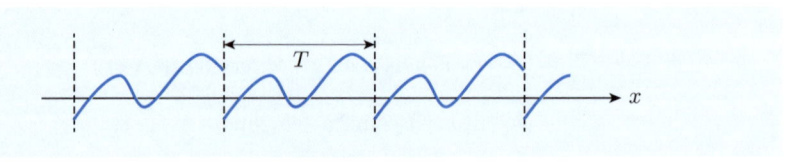

図5.2　周期関数のイメージ

◆ 三角関数の周期

三角関数 $\sin x$ と $\cos x$ の周期は 2π である．x が α 倍になると周期（τ とする）は $\tau = \frac{2\pi}{\alpha}$ となる．実際，

$$\sin \alpha(x + \tau) = \sin(\alpha x + \alpha \tau) = \sin \alpha x \;\rightarrow\; \alpha \tau = 2\pi \;\rightarrow\; \tau = \frac{2\pi}{\alpha} \tag{5.5}$$

x の係数 α が大きくなると，$\sin \alpha x$ と $\cos \alpha x$ の周期 τ は小さくなる（図5.3は $\alpha = 8$ の例）．フーリエ級数 (5.1) で高次の項を加えることは，細かい周期振動を加えて無限級数として $f(x)$ を表そうとしている．

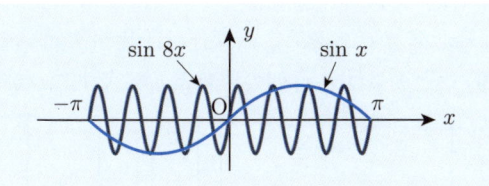

図5.3　$\sin x$ と $\sin 8x$ の比較

◆ 周期の縮尺

周期 2π の周期関数 $f(x)$ のフーリエ級数は (5.1) であるが，一般の周期 T の周期関数も考える必要がある．周期を 2π から任意の T に縮尺（変換）する方法がある．$g(x) = f\left(\frac{2\pi}{T}x\right)$ とおくと，次のように周期 T の関数となる．

$$g(x + T) = f\left(\frac{2\pi}{T}(x + T)\right) = f\left(\frac{2\pi}{T}x + 2\pi\right) = f\left(\frac{2\pi}{T}x\right) = g(x) \tag{5.6}$$

◆ 優れもののフーリエ級数

<u>優れもの 1</u>　フーリエ級数で表された関数の微分もフーリエ級数の形をしている．微分は，同じフーリエ係数という形態で記述された中での単純な演算となる．

$$f'(x) \sim \sum_{n=1}^{\infty} (-na_n \sin nx + nb_n \cos nx)$$

$$= (-a_1 \sin x - 2a_2 \sin 2x - 3a_3 \sin 3x + \cdots)$$

$$+ (b_1 \cos x + 2b_2 \cos 2x + 3b_3 \cos 3x + \cdots) \tag{5.7}$$

<u>優れもの 2</u>　関数 $f(x)$ のことを誰かに伝えたいと思ったら，正弦関数と余弦関数は伝える必要は無く，単に，係数を順番に伝えればよい．

$$f(x) \sim \{a_0 \;;\; a_1, a_2, a_3, \cdots ; b_1, b_2, b_3, \cdots\} \tag{5.8}$$

さらに，導関数 $f'(x)$ の場合は，次の導関数の係数のセットを伝えればよい．

$$f'(x) \sim \{0 \,;\, b_1, 2b_2, 3b_3, \cdots ;\, -a_1, -2a_2, -a_3, \cdots\} \tag{5.9}$$

例えば，(1.28) の $f(x) = x^2$ の周期関数の係数のセットは

$$x^2 \sim \left\{ \frac{\pi^2}{3} \,;\, -\frac{4}{1^2}, \frac{4}{2^2}, -\frac{4}{3^2}, \frac{4}{4^2}, \cdots ;\, 0, 0, 0, \cdots \right\} \tag{5.10}$$

となって，導関数の係数のセットは，次のようになる．

$$2x \sim \left\{ 0 \,;\, 0, 0, 0, \cdots ;\, \frac{4}{1^2}, -2\left(\frac{4}{2^2}\right), 3\left(\frac{4}{3^2}\right), -4\left(\frac{4}{4^2}\right), \cdots \right\} \tag{5.11}$$

優れもの 3　微分は線形演算である．この操作は，無限次元ベクトル (5.8) から無限次元ベクトル (5.9) へと変換する行列の演算として表すことができる．

$$
\begin{bmatrix} a_0 \\ a_1 \\ a_2 \\ a_3 \\ \vdots \\ b_1 \\ b_2 \\ b_3 \\ \vdots \end{bmatrix}
\mapsto
\begin{bmatrix}
 & & & & & & & & \\
 & & & 1 & & & & & \\
 & & & & 2 & & & & \\
 & & & & & 3 & & & \\
 & & & & & & \ddots & & \\
 & -1 & & & & & & & \\
 & & -2 & & & & & & \\
 & & & -3 & & & & & \\
 & & & & \ddots & & & &
\end{bmatrix}
\begin{bmatrix} a_0 \\ a_1 \\ a_2 \\ a_3 \\ \vdots \\ b_1 \\ b_2 \\ b_3 \\ \vdots \end{bmatrix}
=
\begin{bmatrix} 0 \\ b_1 \\ 2b_2 \\ 3b_3 \\ \vdots \\ -a_1 \\ -2a_2 \\ -3a_3 \\ \vdots \end{bmatrix}
\tag{5.12}
$$

<small>f(x)　　　　微分作用素の行列　　　f(x)　f'(x)</small>

優れもの 4　フーリエ級数は不連続点のある周期関数も対象にすることができる．

◤ フーリエ級数は基本振動の重ね合わせ — スペクトルへ

　関数も，様々な波長の基本振動の重ね合わせで表すことができると考える（図5.1）．すると，関数の振動数ごとの強さのスペクトル分布が分かる（図5.4）．

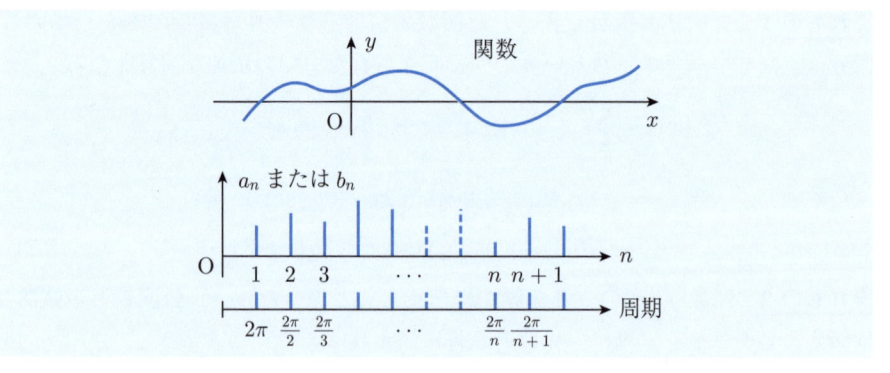

図5.4　関数が含む基本振動の強度分布，すなわちスペクトルを表す．

5.1.2 フーリエ級数の収束条件 ― 区分的なめらか

周期関数ならばどれでもがフーリエ級数に表すことができるわけではない．たとえ，形式的にフーリエ級数の形に記述できても，無限級数であるフーリエ級数が収束するとは限らない．まずフーリエ係数が計算できるための条件（区分的連続），およびフーリエ級数が収束するための条件（区分的なめらか）を見ることにしよう．

◼ 区分的連続

まず関数 $f(x)$ の片側極限値を，$\varepsilon > 0$ に対して，次のように表す．

$$右側極限値：\quad f(x+0) = \lim_{\varepsilon \to 0} f(x+\varepsilon), \tag{5.13}$$

$$左側極限値：\quad f(x-0) = \lim_{\varepsilon \to 0} f(x-\varepsilon) \tag{5.14}$$

$f(x)$ がある区間において**区分的連続**であるとは，

> (i) その区間（$[a,b]$ とする）が有限のとき，内部に不連続点があってもよいが高々有限個であって，不連続点（$x = c$）では片側極限値 $f(c+0)$, $f(c-0)$ が存在しかつ区間の両端では $f(a+0)$, $f(b-0)$ が存在して，区間内のその他の点 x では連続，すなわち，$f(x-0) = f(x+0)$ が成り立ち有限となることである．
>
> (ii) 区間が無限のときには，その中の任意の有限区間 $[a,b]$ に対して (i) が成り立つことである（図5.5）．

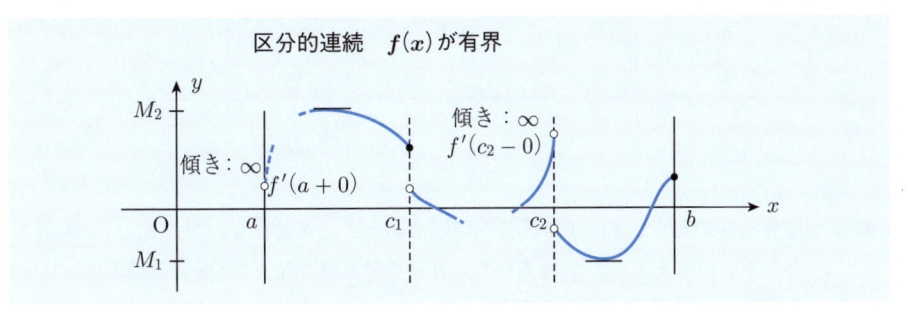

図5.5 区分的連続．不連点は有限個存在してもよい．関数の値は，いたるところで有界である．よって，区間 $[a,b]$ における積分が可能である（発散しない）．

区分的連続は $f(x)$ に対する条件であり，導関数 $f'(x)$ については何らの条件も課さない．区分的連続を前提として，$f'(x)$ に対する条件が，次に説明する区分的なめらかである．区分的連続ならば，関数の値が有限なので，任意の有限な区間

$[a,b]$ において積分可能である．それはフーリエ係数が計算できる条件となる．

$$\left| \int_\alpha^\beta f(x)\,dx \right| < \infty \quad \to \quad a_n,\ b_n \text{ が確定する条件} \tag{5.15}$$

実際，(5.2) の a_n および (5.3) の b_n において，$|\cos nx| \leqq 1$ および $|\sin nx| \leqq 1$ に注意すれば，上記の条件 (5.15) が，積分で定義されたフーリエ係数が発散しない条件となる．

◩ 区分的なめらか

　関数 $f(x)$ が区間 $[a,b]$ において**区分的なめらか**とは，区分的連続な関数に対して，その区間において $f'(x)$ がさらに区分的連続となることである．すなわち，(5.13), (5.14) の片側極限値の他に，区間のいたるところで片側微分係数（$\varepsilon > 0$ に対して），

$$\text{右微係数：}\quad f'(x+0) = \lim_{\varepsilon \to 0} \frac{f(x+\varepsilon) - f(x+0)}{\varepsilon}, \tag{5.16}$$

$$\text{左微係数：}\quad f'(x-0) = \lim_{\varepsilon \to 0} \frac{f(x-\varepsilon) - f(x-0)}{(-\varepsilon)} \tag{5.17}$$

が共に存在することである（**図5.6**）．

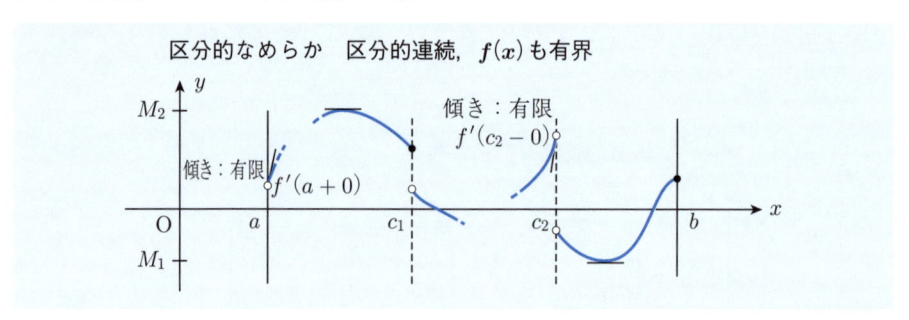

図5.6　区分的なめらか．$f(x)$ は区分的連続であることが前提なので，$f(x)$ が有界であることに加えて，$f'(x)$ もいたるところで有界となる（区分的連続では $f'(x)$ が発散する点があっても許された）．

　区分的連続はフーリエ係数が計算できる条件で，それによってフーリエ級数を形式的に書き下すことが可能となる．その書き下されたフーリエ級数が発散せずに収束するための条件が，区分的なめらかである．

5.1.3 フーリエ級数を計算する

区分的なめらかな周期関数のフーリエ級数を求める計算を示す.

◤ フーリエ級数を求めるプロセス

(1) 周期関数 $f(x)$ がある（周期 2π とする）.

(2) 原点を中点とする 1 周期の区間 $[-\pi, \pi]$ の関数 $f(x)$ に注目する.

(3) 公式 (5.2) と (5.3) にしたがってフーリエ係数 a_n と b_n を計算する.

(4) その結果を使ってフーリエ級数を書き下す.

第 1 章 p.11 における区間 $[-\pi, \pi)$ で $f(x) = x$ となる周期 2π の関数（**図 1.9**）を例として，フーリエ係数 a_n と b_n を計算する.

$$a_n = \frac{1}{\pi} \int_{-\pi}^{\pi} x \cos nx \, dx = 0, \qquad \text{（奇関数の積分）} \tag{5.18}$$

$$b_n = \frac{1}{\pi} \int_{-\pi}^{\pi} x \sin nx \, dx = \frac{2}{\pi} \int_{0}^{\pi} x \sin nx \, dx \qquad \text{（偶関数の積分）}$$

$$= \frac{2}{\pi} \left[-\frac{1}{n} x \cos nx \right]_{0}^{\pi} + \frac{2}{\pi n} \int_{0}^{\pi} \cos nx \, dx = (-1)^{n-1} \frac{2}{n} \tag{5.19}$$

これよりフーリエ級数が次のように得られる.

$$x \sim 2 \left(\frac{\sin x}{1} - \frac{\sin 2x}{2} + \frac{\sin 3x}{3} - \cdots \right) \qquad \text{（再掲 (1.27)）}$$

◤ なぜフーリエ係数が計算できたのか？（公式の確認）

(1) x のフーリエ級数を書く（区間 $[-\pi, \pi]$ だけを考えるので「$\sim$」ではなく「$=$」とする）.

$$x = \frac{a_0}{2} + (a_1 \cos x + a_2 \cos 2x + a_3 \cos 3x + \cdots)$$

$$+ (b_1 \sin x + b_2 \sin 2x + b_3 \sin 3x + \cdots)$$

(2) 例えば，b_3 に注目し前に出して，両辺に $\sin 3x$ を掛ける.

$$x \sin 3x = b_3 \sin^2 3x$$

$$+ \frac{a_0}{2} \sin 3x + \sum_{n=1}^{\infty} a_n \cos nx \sin 3x + \sum_{n \neq 3}^{\infty} b_n \sin nx \sin 3x$$

(3)　区間 $[-\pi, \pi]$ で積分をする：

$$
\begin{aligned}
\int_{-\pi}^{\pi} x \sin 3x \, dx = {} & b_3 \int_{-\pi}^{\pi} \sin^2 3x \, dx \\
& + \frac{a_0}{2} \int_{-\pi}^{\pi} \sin 3x \, dx \\
& + \sum_{n=1}^{\infty} \int_{-\pi}^{\pi} a_n \cos nx \sin 3x \, dx \\
& + \sum_{n \neq 3}^{\infty} \int_{-\pi}^{\pi} b_n \sin nx \sin 3x \, dx
\end{aligned}
$$

(4)　よく知られた三角関数の積分公式がある：

$$
\int_{-\pi}^{\pi} \sin mx \sin nx \, dx = \int_{-\pi}^{\pi} \cos mx \cos nx \, dx = \begin{cases} \pi & (m = n) \\ 0 & (m \neq n) \end{cases},
$$

$$
\int_{-\pi}^{\pi} \sin mx \cos nx \, dx = 0
$$

(5)　(3) の積分の右辺の第 2, 3 行目の項はすべて 0 になる.

(6)　よって (3) の積分は，

$$
\int_{-\pi}^{\pi} x \sin 3x \, dx = b_3 \int_{-\pi}^{\pi} \sin^2 3x \, dx = \pi b_3
$$

(7)　これより b_3 が確定する.

$$
b_3 = \frac{1}{\pi} \int_{-\pi}^{\pi} x \sin 3x \, dx = \frac{2}{3}
$$

それ以外の b_n も同様に得られる. a_n も同様に得られるが，この例では関数が奇関数なので，$a_n = 0$ となる.

◼ フーリエ級数の計算例

◼ 例題5.1 ◼

区間 $[-\pi, \pi]$ で $f(x) = |x|$ となる周期 2π の関数のフーリエ級数は，次式で与えられる．

$$|x| = \frac{\pi}{2} - \sum_{n=1}^{\infty} \frac{4}{\pi} \left(\frac{\cos(2n-1)x}{(2n-1)^2} \right)$$

$$= \frac{\pi}{2} - \frac{4}{\pi} \left(\frac{\cos x}{1^2} + \frac{\cos 3x}{3^2} + \frac{\cos 5x}{5^2} + \cdots \right) \tag{5.20}$$

(5.20) を使って，次の式を示せ．

(1) $\dfrac{1}{1^2} + \dfrac{1}{3^2} + \dfrac{1}{5^2} + \dfrac{1}{7^2} + \cdots = \dfrac{\pi^2}{8}$

(2) $\dfrac{1}{1^2} - \dfrac{1}{3^2} - \dfrac{1}{5^2} + \dfrac{1}{7^2} + \dfrac{1}{9^2} - \dfrac{1}{11^2} - \dfrac{1}{13^2} + \cdots = \dfrac{\sqrt{2}}{16}\pi^2$

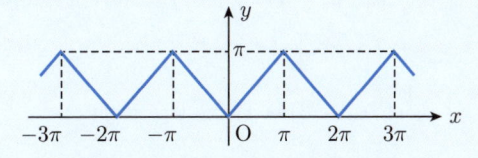

周期 2π の $f(x) = |x|$ のグラフ

【解答】 (1) (5.20) で $x = 0$ とおくと，

$$0 = \frac{\pi}{2} - \frac{4}{\pi} \left(\frac{1}{1^2} + \frac{1}{3^2} + \frac{1}{5^2} + \cdots \right) \ \rightarrow \ \frac{1}{1^2} + \frac{1}{3^2} + \frac{1}{5^2} + \cdots = \frac{\pi^2}{8}$$

(2) (5.20) で $x = \frac{\pi}{4}$ とおくと

$$\left| \frac{\pi}{4} \right| = \frac{\pi}{2} - \frac{4}{\pi} \left(\frac{\cos x}{1^2} + \frac{\cos 3x}{3^2} + \frac{\cos 5x}{5^2} + \frac{\cos 7x}{7^2} + \frac{\cos 9x}{9^2} + \cdots \right) \Bigg|_{x=\frac{\pi}{4}}$$

$$= \frac{\pi}{2} - \frac{4}{\pi} \left(\frac{1}{1^2\sqrt{2}} + \frac{-1}{3^2\sqrt{2}} + \frac{-1}{5^2\sqrt{2}} + \frac{1}{7^2\sqrt{2}} + \frac{1}{9^2\sqrt{2}} + \cdots \right)$$

$$\rightarrow \ \frac{1}{1^2} - \frac{1}{3^2} - \frac{1}{5^2} + \frac{1}{7^2} + \frac{1}{9^2} - \frac{1}{11^2} - \frac{1}{13^2} + \cdots = \frac{\sqrt{2}}{16}\pi^2$$

5.1.4 フーリエ級数の値への注意

区分的なめらかな周期関数のフーリエ級数のとる値は，連続点では与えられた関数と一致するが，不連続点ではその点の両側極限値の平均値となる．

◼ 収束するフーリエ級数の値について

区分的なめらかな周期関数 $f(x)$ は，有限個の不連続点を持っていてもよい．その 1 つを x_0 とする．フーリエ級数 (5.1) は，連続点 x において $f(x)$ と一致し，不連続点 x_0 においてはその両側極限値の平均値と一致する．

$$f(x) \sim \frac{a_0}{2} + \sum_{n=1}^{\infty} (a_n \cos nx + b_n \sin nx)$$

$$= \begin{cases} f(x) & (x : \text{連続点}) \\ \dfrac{1}{2}\{f(x_0 - 0) + f(x_0 + 0)\} & (x_0 : \text{不連続点}) \end{cases} \quad (5.21)$$

ところで，$f(x)$ が点 x において連続ならば，

$$\frac{1}{2}\{f(x - 0) + f(x + 0)\} = f(x)$$

と書くこともできる．よって収束定理は，連続点と不連続点を区別することなく，次のように表すことができる．

$$f(x) \sim \frac{a_0}{2} + \sum_{n=1}^{\infty} (a_n \cos nx + b_n \sin nx) = \frac{1}{2}\{f(x - 0) + f(x + 0)\} \quad (5.22)$$

図 5.7 は不連続点のある周期 2π の $f(x) = x$ とそのフーリエ級数（図 1.9）のグラフの比較．フーリエ級数の不連続点での値は 0 である．

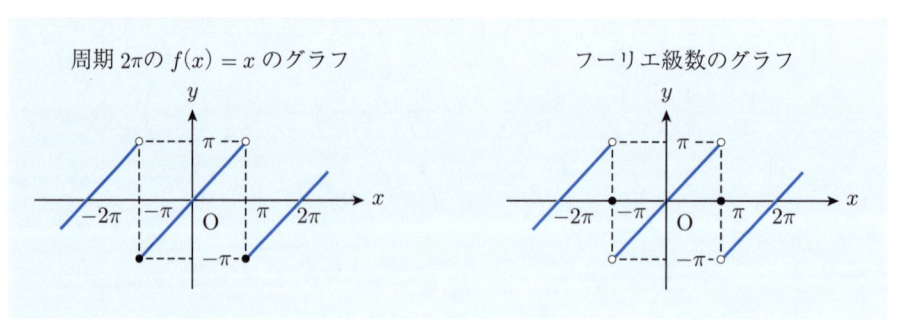

図5.7 （左）不連続点のある周期 2π の $f(x) = x$ のグラフ．（右）フーリエ級数 (1.27) のグラフ．不連続点の値は，両側極限値の平均値 $\frac{1}{2}(\pi + (-\pi)) = 0$ である．

◣ ギブスの現象

図5.8(左，中)は，周期 2π の $f(x) = x$ のフーリエ級数 (1.27) の有限和のグラフの 2 例である．項数の増加と共に連続点では関数の値に限りなく近づくが，不連続点の近くの山と谷が突起として残る．突起までの大きさは，不連続点の値の差 $f(\pi - 0) - f(\pi + 0)$ の $1.789\cdots$ 倍である．一般に不連続点を持つ関数で起きることで，**ギブスの現象**という（図5.8(右)）．

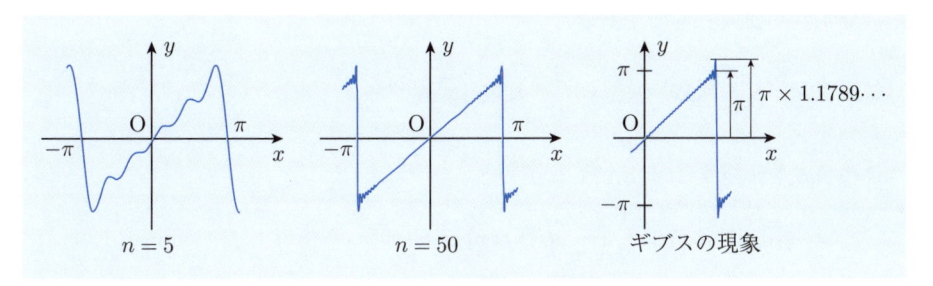

図5.8 周期 2π の $f(x) = x$ のフーリエ級数の 5 項まで（左）と 50 項まで（中）のグラフ，およびギブスの現象（右）.

5.2 複素フーリエ級数

オイラーの公式 (3.25) によって

$$\cos nx = \frac{e^{inx} + e^{-inx}}{2}, \quad \sin nx = \frac{e^{inx} - e^{-inx}}{2i} \tag{5.23}$$

のように，$n \geqq 1$ に対して $\cos nx$ と $\sin nx$ は複素指数関数 $e^{\pm inx}$ によって表すことができる．

◣ 複素フーリエ級数（周期 2π の場合）

周期 2π の周期関数 $f(x)$ を複素指数関数で級数展開した次の式を**複素フーリエ級数**という．n は整数であることに注意する．

$$f(x) \sim \sum_{n=-\infty}^{\infty} c_n \, e^{inx} \qquad (n：整数) \tag{5.24}$$

これは，n を自然数として，次のように書き直すことができる．

$$f(x) \sim c_0 + \sum_{n=1}^{\infty} c_{-n} \, e^{-inx} + \sum_{n=1}^{\infty} c_n \, e^{inx} \qquad (n：自然数) \tag{5.25}$$

さらに，オイラーの公式 (5.23) によって

$$f(x) = c_0 + \sum_{n=1}^{\infty} \left\{ (c_n + c_{-n}) \cos nx + i(c_n - c_{-n}) \sin nx \right\} \tag{5.26}$$

となる．したがって，(5.2) と (5.3) のフーリエ係数との間に

$$a_0 = 2c_0, \qquad a_n = c_n + c_{-n}, \qquad b_n = i(c_n - c_{-n}) \tag{5.27}$$

という関係があり，フーリエ級数 (5.1) と複素フーリエ級数 (5.24) は，記法の違いだけで本質的に同じものである．

> **公式（フーリエ級数）**　$c_n = \dfrac{1}{2\pi} \displaystyle\int_{-\pi}^{\pi} f(x) e^{-inx}\, dx$

この公式を確認する．(5.27) より

$$c_n = \frac{1}{2}(a_n - ib_n) = \frac{1}{2} \left(\frac{1}{\pi} \int_{-\pi}^{\pi} f(x) \cos nx \, dx - i \frac{1}{\pi} \int_{-\pi}^{\pi} f(x) \sin nx \, dx \right)$$

$$= \frac{1}{2\pi} \int_{-\pi}^{\pi} f(x)(\cos nx - i \sin nx)\, dx = \frac{1}{2\pi} \int_{-\pi}^{\pi} f(x) e^{-inx}\, dx \tag{5.28}$$

よって示された．

重要　周期関数のフーリエ級数から非周期関数へ移行するときに，記法の簡潔さにより複素フーリエ級数 (5.24) を使うことにする．

◥ 複素フーリエ級数 （一般周期 T への移行）

(5.6) によって，周期の変更が可能である．例えば周期 2π の複素フーリエ級数から，一般の周期の複素フーリエ級数へ移行する．

周　　期	2π	$\rightarrow$	T
基本区間	$[-\pi, \pi]$	$\rightarrow$	$[-\frac{T}{2}, \frac{T}{2}]$
変　　数	x	$\rightarrow$	$\frac{2\pi}{T} x$

$$\tag{5.29}$$

ここで，$f(x)$ を一般周期 T の周期関数とする．(5.24) と (5.28) において，周期を 2π から T に縮尺することによって，この複素フーリエ級数と複素フーリエ係数は次式で与えられる．

$$f(x) \sim \sum_{n=-\infty}^{\infty} c_n\, e^{i\frac{2n\pi}{T} x}, \quad c_n = \frac{1}{T} \int_{-\frac{T}{2}}^{\frac{T}{2}} f(x)\, e^{-i\frac{2n\pi}{T} x}\, dx \tag{5.30}$$

5.3 周期関数から非周期関数へ

非周期関数は，連続的な周期の基本振動の重ね合わせで表される．周期関数の1周期分を無限に引き伸ばす（$T \to \infty$）ことによって非周期関数を表すことができる（図5.9）．したがって，「級数」から「積分」へ移行する．

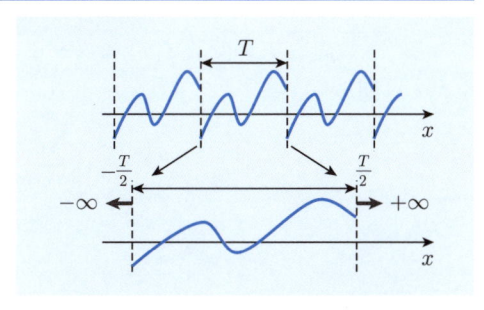

図5.9　1周期分から非周期関数へ

◆ 一般周期 T についての用語

周期 T に対して，$\frac{1}{T}$ を**周波数**，および $\frac{2\pi}{T}$ を**角周波数**という．周期関数 $f(x)$ のフーリエ級数は，次のように無限個の離散的周期，あるいは離散的角振動数の基本振動の重ね合わせで記述される．

周　　　期	$T,$	$\frac{T}{2},$	$\frac{T}{3},$	$\cdots,$	$\frac{T}{n},$	$\cdots$
振　動　数	$\frac{1}{T},$	$\frac{2}{T},$	$\frac{3}{T},$	$\cdots,$	$\frac{n}{T},$	$\cdots$
角振動数	$\frac{2\pi}{T},$	$\frac{4\pi}{T},$	$\frac{6\pi}{T},$	$\cdots,$	$\frac{2n\pi}{T},$	$\cdots$

ここで角振動数に注目し，離散的角振動数の記号 ω_n と増分 $\Delta\omega$ を導入する．

$$\omega_n = \frac{2n\pi}{T}, \quad \Delta\omega = \omega_{n+1} - \omega_n = \frac{2\pi}{T}, \quad \frac{1}{T} = \frac{\Delta\omega}{2\pi} \quad (n：整数) \quad (5.31)$$

◆ 複素フーリエ級数を離散的角振動数で書き直す

複素フーリエ級数 (5.30) を ω_n と $\Delta\omega$ によって書き直す．

$$f(x) \sim \sum_{n=-\infty}^{\infty} c_n\, e^{i\omega_n x}, \quad c_n = \frac{\Delta\omega}{2\pi} \int_{-\frac{T}{2}}^{\frac{T}{2}} f(x)\, e^{-i\omega_n x}\, dx \quad (5.32)$$

このフーリエ係数 c_n（後者）をフーリエ級数（前者）に代入する．

$$f(x) \sim \sum_{n=-\infty}^{\infty} \left(\frac{\Delta\omega}{2\pi} \int_{-\frac{T}{2}}^{\frac{T}{2}} f(y)\, e^{-i\omega_n y} dy \right) e^{i\omega_n x}$$

$$= \sum_{n=-\infty}^{\infty} \underbrace{\left(\frac{1}{2\pi} \int_{-\frac{T}{2}}^{\frac{T}{2}} f(y)\, e^{i\omega_n(x-y)} dy \right)}_{\omega_n \text{ の関数とみなす}} \Delta\omega \quad (5.33)$$

ここで，上式の $(\cdots)$ の部分を離散的角振動数 ω_n の関数 $\widehat{f}(\omega_n)$ とみなす．

$$\frac{1}{2\pi}\int_{-\frac{T}{2}}^{\frac{T}{2}} f(y)\,e^{i\omega_n(x-y)}\,dy = \widehat{f}(\omega_n) \tag{5.34}$$

すると，一般周期 T の関数 $f(x)$ のフーリエ級数 (5.33) は，$\widehat{f}(\omega_n)$ の離散的な面積を表す（**図5.10**）.

$$f(x) \sim \sum_{n=-\infty}^{\infty} \widehat{f}(\omega_n)\,\varDelta\omega \tag{5.35}$$

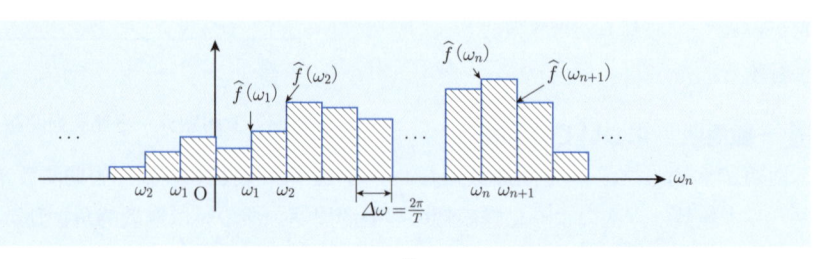

図5.10　フーリエ級数 (5.35) は，$\widehat{f}(\omega_n)$ の離散的な面積を表す.

● **BOX 5.1　$T \to \infty$ の極限をとって非周期関数へ** ●

周期 $T \to \infty$ の極限をとると，離散的な量が連続的な量へと移行する.

離散的	$\longrightarrow$	連続的
（周期性）　T	$\longrightarrow$	∞　（非周期性）
（有限積分区間）　$[-\frac{T}{2}, \frac{T}{2}]$	$\longrightarrow$	$(-\infty, \infty)$　（無限積分区間）
（離散角振動数）　ω_n	$\longrightarrow$	ω　（連続角振動数）
（角振動数間隔）　$\varDelta\omega$	$\longrightarrow$	$d\omega$　（無限小角振動数）
$\underbrace{\frac{1}{2\pi}\int_{-\frac{T}{2}}^{\frac{T}{2}} f(y)\,e^{i\omega_n(x-y)}\,dy}_{(5.34):\ \widehat{f}(\omega_n)}$	$\longrightarrow$	$\underbrace{\frac{1}{2\pi}\int_{-\infty}^{\infty} f(y)\,e^{i\omega(x-y)}\,dy}_{\widehat{f}(\omega)}$

◼ **$T \to \infty$ によって級数から積分へ**

$$\underbrace{f(x) \sim \sum_{n=-\infty}^{\infty} \widehat{f}(\omega_n)\,\varDelta\omega}_{\text{フーリエ級数 (5.35)}} \quad \longrightarrow \quad \underbrace{f(x) \sim \int_{-\infty}^{\infty} \widehat{f}(\omega)\,d\omega}_{\text{積分}} \tag{5.36}$$

離散的　　　　　$\longrightarrow$　　　　連続的

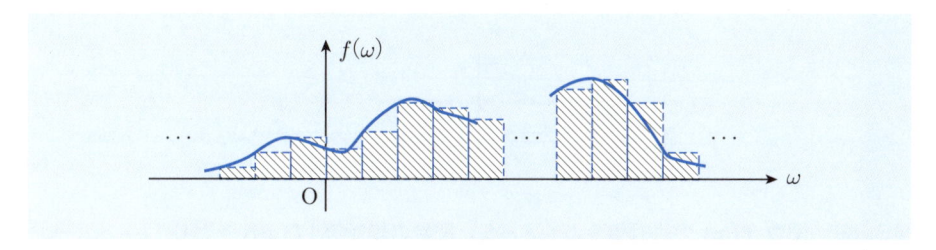

図5.11 非周期関数 $f(x)$ の積分 [(5.36) の後者] は，連続角振動数 ω の関数 $\hat{f}(\omega)$ の連続的な面積を表す．**図5.10** の離散的角振動数 ω_n から連続的角振動数 ω へ移行したグラフ．

このように，周期関数のフーリエ級数から，非周期関数を連続角振動数 ω の関数 $\hat{f}(\omega)$ の重ね合わせとして積分に移行する．

5.4 フーリエの積分定理

非周期関数を表す (5.36)（右の式）の積分に，BOX 5.1 の $\hat{f}(\omega)$ を代入すると，次のフーリエ積分公式となる．

$$f(x) \sim \frac{1}{2\pi} \int_{-\infty}^{\infty} \int_{-\infty}^{\infty} f(y)\, e^{i\omega(x-y)}\, dy\, d\omega \tag{5.37}$$

◣ フーリエ積分公式の発散の問題

フーリエ級数における周期 T を無限大にしたことによって（**図5.9**），積分区間が有限から無限になった．それによって，フーリエ積分公式 (5.37) がいつでも収束するとは限らなくなった．フーリエ級数では起きなかったことで，非周期関数では極めて重要な問題である．よくでてくる関数は，$-\infty < x < \infty$ で考えるが，そのフーリエ積分公式は発散してしまう．実際，$y = x$, $y = e^x$, $y = \sin x$, $\cdots$ などは発散してしまう．そのために，フーリエ積分公式が発散しないための条件が考えられた．

◣ 絶対積分可能

関数 $f(x)$ が絶対積分可能であることは，そのフーリエ積分公式が収束するための十分条件である．関数 $f(x)$ が絶対積分可能とは，

$$\int_{-\infty}^{\infty} |f(x)|\, dx < \infty \tag{5.38}$$

が成り立つことである．記号 $< \infty$ は，有限確定値を持つことを意味する．積分

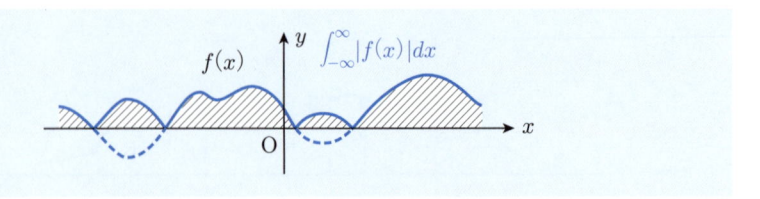

図5.12　関数 $f(x)$ の絶対積分のイメージ．関数の絶対値 $|f(x)|$ をとり，$(-\infty, \infty)$ で積分をする．その積分値，すなわち全面積が有限確定値を持つことが絶対積分可能である．

$\int_{-\infty}^{\infty} f(x)\,dx$ は，$f(x) < 0$ の部分を負の面積とするが，絶対積分 (5.38) は $f(x) < 0$ の部分を正の側に反転して正の面積として加算する．図5.12は絶対積分のイメージである．

絶対積分可能条件は極めて厳しい条件で，多くの関数が満たさない．図5.13は，例として $y = \sin x$ も $y = x^3$ も絶対積分可能ではないことを示している．

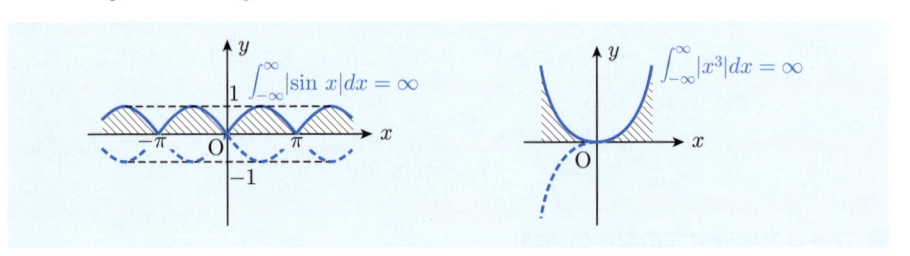

図5.13　極めて厳しい絶対積分可能条件．（左）$y = \sin x$ も（右）$y = x^3$ も絶対積分が発散することは明らかである．

◤ 絶対積分可能となるための必要条件

関数 $f(x)$ が絶対積分可能となるためには，x の無限遠（$x \to \pm\infty$）で，十分早く 0 に収束しなければならない（図5.14）．すなわち，

$$f(x) \to 0 \quad (x \to \pm\infty) \tag{5.39}$$

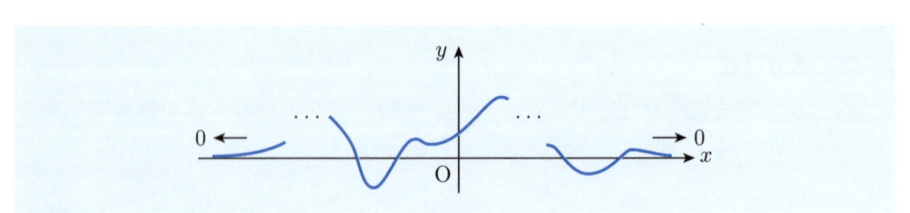

図5.14　絶対積分可能条件を満たすには，極限 $x \to \pm\infty$ において十分早く 0 に収束する必要がある．

となることが必要である（十分ではない）.

絶対積分可能条件を満たす例 絶対積分可能条件を満たす関数はあるが，無限遠（$x \to \pm\infty$）で 0 となるか，十分早く 0 に収束する．例を 3 つ見てみよう（**図5.15**）.

例1 $f(x) = \begin{cases} 1 & (|x| \leqq 1) \\ 0 & (|x| > 1) \end{cases} \Rightarrow \int_{-\infty}^{\infty} |f(x)|\, dx = \int_{-1}^{1} dx = 2$

この例は，有限な区間 $[-1, 1]$ 以外，関数は 0 で，絶対積分可能である.

例2 $f(x) = e^{-|x|} \Rightarrow \int_{-\infty}^{\infty} |f(x)|\, dx = \int_{-\infty}^{\infty} e^{-|x|}\, dx = 2$

この例は，無限遠（$x \to \pm\infty$）で，十分早く 0 に収束する．実際に積分を実行して，絶対積分可能性が確かめられる.

例3 $f(x) = \begin{cases} \sin x & (\alpha \leqq x \leqq \beta) \\ 0 & (x：その他) \end{cases} \Rightarrow \int_{-\infty}^{\infty} |f(x)| dx = \int_{\alpha}^{\beta} |\sin x| dx < \infty$

この例は，絶対積分可能となるように有限区間 $[\alpha, \beta]$ を関数の定義域とした.

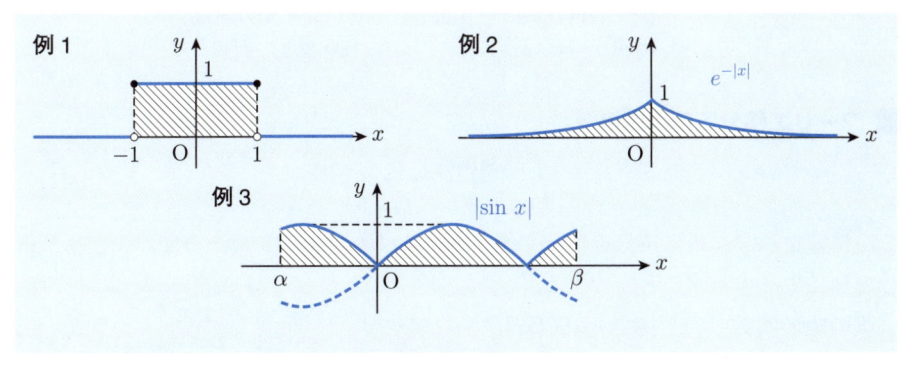

図5.15 絶対積分可能な例：1（左上），2（右上），3（下）.

◤ テスト関数は絶対積分可能性の必要条件を満たす

テスト関数（1.3.1 項）は，絶対積分可能性の必要条件を満たす．$f(x)$ のテスト関数とは，十分大きな区間 $[a, b]$（$a < 0 < b$）を考え，区間内では $f(x)$ と一致し，区間外では 0 となる関数のことである（**図5.16**）.

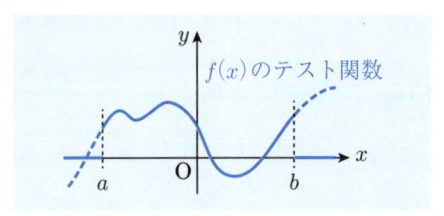

図5.16 テスト関数（図1.17の再掲）

◆ フーリエ積分定理

　$f(x)$ が区分的なめらかで絶対積分可能であるとき，フーリエ積分公式 (5.37) の右辺は，各点 x において両側極限値の平均値に収束する．

$$\frac{1}{2\pi}\int_{-\infty}^{\infty}\int_{-\infty}^{\infty} f(y)\,e^{i\omega(x-y)}\,dy\,d\omega = \frac{1}{2}\{f(x-0)+f(x+0)\} \qquad (5.40)$$

注意 5.1　周期関数のフーリエ級数の収束定理の結果 (5.22) を思い出そう．収束定理は，フーリエ級数の値が，x が連続点でも不連続点でも両側極限値の平均値となることを示している．この収束定理の式を基本として，(5.29) のように周期を一般周期 T にし，極限 $T \to \infty$ をとって，上式のフーリエ積分定理 (5.40) に至る．

$$\frac{a_0}{2}+\sum_{n=1}^{\infty}(a_n\cos nx + b_n\sin nx) = \frac{1}{2}\{f(x-0)+f(x+0)\}$$

$$\downarrow \qquad\qquad\qquad\qquad \downarrow$$

周期を一般周期　T　にして，極限　$T \to \infty$　をとる

$$\downarrow \qquad\qquad\qquad\qquad \downarrow$$

フーリエ積分定理　　　　　　フーリエ積分定理
(5.40) の左辺　　　　　　　　(5.40) の右辺

◆ フーリエ積分定理の応用例

$$\int_{-\infty}^{\infty}\frac{\sin x}{x}\,dx = \pi \qquad (5.41)$$

この積分を示す．複素積分を使って示した積分（例題 3.13）であるが，フーリエ積分定理によって示すこともできる．

　次の**矩形関数**（方形関数）（**図 5.17**）にフーリエ積分公式とフーリエ積分定理を適用する．

$$f(x) = \begin{cases} 1 & (|x| \leqq 1) \\ 0 & (|x| > 1) \end{cases} \qquad (5.42)$$

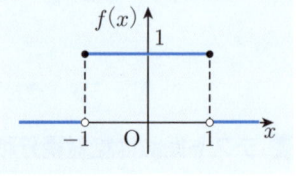

図 5.17　矩形関数

Step 1：矩形関数 (5.42) にフーリエ積分公式を適用する．

$$f(x) \sim \frac{1}{2\pi}\int_{-\infty}^{\infty}\left(\int_{-1}^{1} e^{i\omega(x-y)}\,dy\right)d\omega$$

$$= \frac{1}{2\pi}\int_{-\infty}^{\infty}\left[-\frac{1}{i\omega}e^{-i\omega y}\right]_{-1}^{1} e^{i\omega x}\,d\omega = \frac{1}{\pi}\int_{-\infty}^{\infty}\frac{\sin\omega}{\omega}e^{i\omega x}\,d\omega \qquad (5.43)$$

Step 2：これから，次のようにフーリエ積分定理
を適用する（**図5.18**）.

$$\frac{1}{\pi}\int_{-\infty}^{\infty}\frac{\sin\omega}{\omega}e^{i\omega x}\,d\omega$$

$$=\frac{1}{2}\{f(x-0)+f(x+0)\} \qquad (5.44)$$

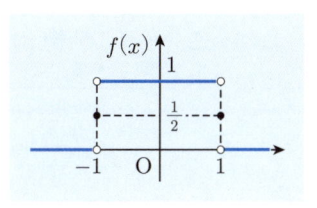

図5.18

両側極限値の中点のグラフ

Step 3：**(5.44)** で $x=0$ とおく

$x=0$ とおくと，(5.44) は次のようになる.

$$\frac{1}{\pi}\int_{-\infty}^{\infty}\frac{\sin\omega}{\omega}\,d\omega=\frac{1}{2}(1+1)=1 \quad \rightarrow \quad \int_{-\infty}^{\infty}\frac{\sin\omega}{\omega}\,d\omega=\pi \qquad (5.45)$$

ここで変数を x に書き直して，積分公式 (5.41) となる. よって示された.

5.5 フーリエ変換

　区分的なめらかで絶対積分可能な非周期関数 $f(x)$ に対し，角振動数 ω の関数と
してフーリエ変換を定義する. フーリエ変換は連続角振動数における振幅の分布,
すなわち連続スペクトルを表す. さて，フーリエ積分定理 (5.40) を書き直す.

$$\frac{1}{2\pi}\int_{-\infty}^{\infty}\int_{-\infty}^{\infty}f(y)\,e^{i\omega(x-y)}\,dy\,d\omega=\frac{1}{2}\{f(x-0)+f(x+0)\} \qquad (5.46)$$

$\Downarrow$ （ω の関数となる部分を選び出す）

$$\frac{1}{2\pi}\int_{-\infty}^{\infty}\underbrace{\left(\int_{-\infty}^{\infty}f(y)\,e^{-i\omega y}\,dy\right)}_{F(\omega)\ （フーリエ変換）}e^{i\omega x}\,d\omega=\frac{1}{2}\{f(x-0)+f(x+0)\} \quad (5.47)$$

定義（フーリエ変換） 　区分的なめらかで絶対積分可能な非周期関数 $f(x)$ の
フーリエ変換は，次の積分で表される角振動数 ω の関数である.

$$f(x)\ \overset{\mathscr{F}}{\longmapsto}\ F(\omega)=\int_{-\infty}^{\infty}f(x)\,e^{-i\omega x}\,dx \qquad (5.48)$$

定義（逆フーリエ変換） 　フーリエ変換 $F(\omega)$ が与えられているとき，(5.47)
によって $f(x)$ の両側極限値の平均値が得られる.

$$F(\omega)\ \overset{\mathscr{F}^{-1}}{\longmapsto}\ \frac{1}{2\pi}\int_{-\infty}^{\infty}F(\omega)\,e^{i\omega x}\,d\omega=\frac{1}{2}\{f(x-0)+f(x+0)\} \quad (5.49)$$

これを **逆フーリエ変換** という．右辺は両側極限値の平均値であるが，簡略化して次のように書くこともある．

$$F(\omega) \xrightarrow{\mathscr{F}^{-1}} f(x) = \frac{1}{2\pi} \int_{-\infty}^{\infty} F(\omega)\, e^{i\omega x}\, d\omega \qquad (5.50)$$

◆ 絶対積分可能ならばフーリエ変換は存在

関数 $f(x)$ が絶対積分可能であれば，フーリエ変換 $F(\omega)$ が存在することを確認しよう．積分 (5.48) で定義されているフーリエ変換の積分が発散しないことを示せばよい．したがって，$F(\omega)$ の絶対値を評価する．

$$|F(\omega)| = \left| \int_{-\infty}^{\infty} f(x)\, e^{-i\omega x}\, dx \right| \le \int_{-\infty}^{\infty} |f(x)|\, \left| e^{-i\omega x} \right|\, dx$$

$$= \int_{-\infty}^{\infty} |f(x)|\, dx < \infty \quad （絶対積分可能条件 (5.38)） \qquad (5.51)$$

よって絶対積分可能ならば，$F(\omega)$ が存在することが示された．

◆ フーリエ変換の計算例

いくつかの関数のフーリエ変換を計算してみよう．関数は，区分的なめらか (5.1.2 項) で，かつ絶対積分可能 (5.38) とする．

■ 例題5.2 ■

$$f(x) = \begin{cases} 1 & (|x| \le a) \\ 0 & (|x| > a) \end{cases} \text{ のフーリエ変換が } F(\omega) = 2\,\frac{\sin a\omega}{\omega} \text{ であることを示せ.}$$

【解答】
$$f(x) \xrightarrow{\mathscr{F}} F(\omega) = \int_{-a}^{a} e^{-i\omega x}\, dx = \left[-\frac{e^{-i\omega x}}{i\omega} \right]_{-a}^{a}$$

$$= \frac{2}{\omega}\,\frac{e^{ia\omega} - e^{-ia\omega}}{2i} = 2\,\frac{\sin a\omega}{\omega}$$

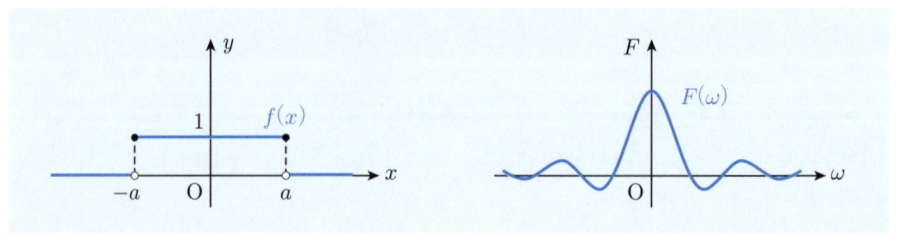

■ **例題5.3** ■

$f(x) = e^{-a|x|}$ $(a > 0)$ のフーリエ変換を求めよ.

【解答】

$$F(\omega) = \int_{-\infty}^{\infty} e^{-a|x|} e^{-i\omega x} \, dx$$

$$= \int_{-\infty}^{0} e^{(a-i\omega)x} \, dx + \int_{0}^{\infty} e^{-(a+i\omega)x} \, dx$$

$$= \frac{1}{(a-i\omega)} \left[e^{(a-i\omega)x} \right]_{-\infty}^{0} - \frac{1}{(a+i\omega)} \left[e^{-(a+i\omega)x} \right]_{0}^{\infty}$$

$$= \frac{1}{a-i\omega} + \frac{1}{a+i\omega} = \frac{2a}{a^2+\omega^2}$$

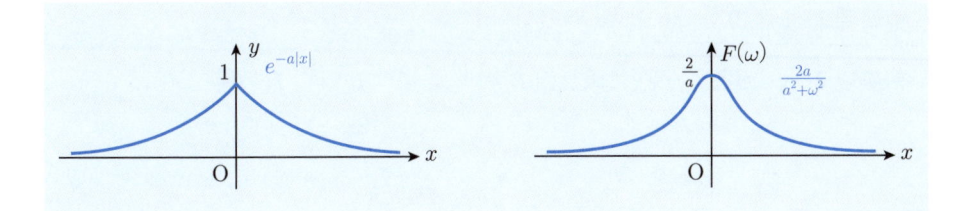

● **BOX 5.2　フーリエ変換と逆フーリエ変換の係数について** ●

フーリエ変換の係数の取り方には 2 つの定義（流儀）がある. (5.40) から, $\frac{1}{\sqrt{2\pi}}$ を含んでフーリエ変換 $F(\omega)$ を取り出すと次式となる.

$$\frac{1}{2\pi} \int_{-\infty}^{\infty} \int_{-\infty}^{\infty} f(y) \, e^{i\omega(x-y)} \, dy \, d\omega = \frac{1}{2} \{ f(x-0) + f(x+0) \}$$

$$(左辺) = \frac{1}{\sqrt{2\pi}} \int_{-\infty}^{\infty} \underbrace{\left(\frac{1}{\sqrt{2\pi}} \int_{-\infty}^{\infty} f(y) \, e^{-i\omega y} \, dy \right)}_{F(\omega)} e^{i\omega x} \, d\omega$$

この定義では, フーリエ変換と逆変換は同じく $\frac{1}{\sqrt{2\pi}}$ がつく.

$$f(x) \stackrel{\mathscr{F}}{\longmapsto} F(\omega) = \frac{1}{\sqrt{2\pi}} \int_{-\infty}^{\infty} f(x) \, e^{-i\omega x} \, dx, \tag{5.52}$$

$$F(\omega) \stackrel{\mathscr{F}^{-1}}{\longmapsto} \frac{1}{\sqrt{2\pi}} \int_{-\infty}^{\infty} F(\omega) \, e^{i\omega x} \, d\omega = \frac{1}{2} \{ f(x-0) + f(x+0) \} \tag{5.53}$$

5.6　フーリエ変換からラプラス変換へ

　周期関数のフーリエ級数から非周期関数のフーリエ変換へ移行するとき，周期 T を無限大にすることによって，フーリエ積分公式およびフーリエ変換を表す積分が発散する可能性が生じた（p.121）．その発散が生じないようにするには，関数は絶対積分可能 (5.38) でなければならない．この厳しい条件を回避して，フーリエ変換を可能とするような変換がラプラス変換である．

◆ 前処理をしてフーリエ変換 — すなわちラプラス変換へ

　関数 $f(x)$ を絶対積分可能とするため 2 つの前処理を行う（図5.19）．

前処理 1　$x < 0$：　$f(x) \rightarrow f(x) = 0$

前処理 2　$x \geqq 0$：　$f(x)$ に減衰因子 e^{-ax} を掛ける　$\rightarrow$　$f(x)e^{-ax}$ $(a > 0)$

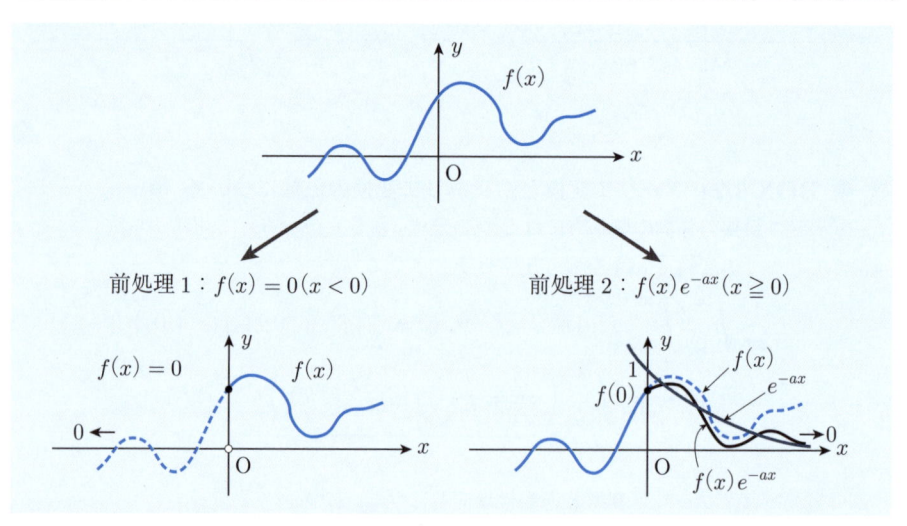

図5.19　（上）前処理をする前の一般の関数 $\boldsymbol{f(x)}$ のイメージ．（下左）$\boldsymbol{x < 0}$ において $\boldsymbol{f(x) = 0}$．（下右）$\boldsymbol{x \geqq 0}$ において $\boldsymbol{f(x)e^{-ax}}$ $\boldsymbol{(a > 0)}$（黒い実線）．

<u>2 つの前処理の結果</u>　ヘビサイド関数 $u(x)$ を使うと次式で表される．

$$f(x) \rightarrow f(x)u(x)e^{-ax} \quad (u(x)：ヘビサイド関数 (1.46)) \tag{5.54}$$

ここで，関数 $f(x)$ に対して a が大きければ，絶対積分可能となる（図5.20）．

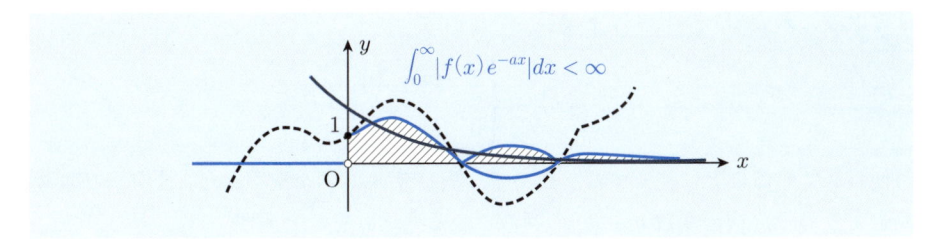

図5.20 前処理後の関数 $f(x)u(x)e^{-ax}$ が絶対積分可能.

◤ 前処理の例

図5.21 において 2 例を示す：

(1) $f(x) = \sin x \;\to\; e^{-ax}u(x)\sin x$

(2) $f(x) = \sqrt{x} \;\to\; e^{-ax}\sqrt{x}$

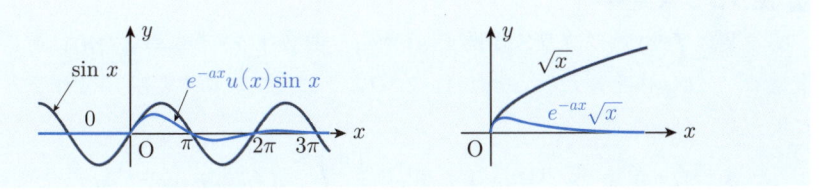

図5.21 （左）$\sin x$ の前処理後 $e^{-ax}u(x)\sin x$ $(a = \frac{1}{3})$．（右）$\sqrt{x}$ の前処理後 $e^{-ax}\sqrt{x}$ $(a = 3)$．

> **定義（ラプラス変換）** $f(x)$ のラプラス変換は，次の積分で定義される.
>
> $$f(x) \;\xrightarrow{\;\mathscr{L}\;}\; L(s) = \int_0^\infty f(x)\,e^{-sx}\,dx \;(s \in \mathbb{C}) \tag{5.55}$$

このように，ラプラス変換は複素変数 s の関数となる. ところで，ラプラス変換はこの積分が収束する関数に対して定義される.

> **フーリエ変換とラプラス変換の関係**
>
> $$\to \text{フ ー リ エ 変 換}$$
> $$f(x)e^{-ax} \xrightarrow{\;\mathscr{F}\;} F(\omega) = \int_{-\infty}^\infty f(x)e^{-(a+i\omega)x}\,dx$$
> $$\text{（前処理）}$$
> $$f(x)$$
> $$\parallel \tag{5.56}$$
> $$\xrightarrow{\;\mathscr{L}\;} L(s) = \int_0^\infty f(x)\,e^{-sx}\,dx$$
> $$\to \text{ラ プ ラ ス 変 換} \qquad (s = a + i\omega)$$

この上段において，ヘビサイド関数

$$u(x) = \begin{cases} 1 & (x \geqq 0) \\ 0 & (x < 0) \end{cases}$$

が使われていることに注意する．ここで，実パラメータ a を含んだままフーリエ変換をするので，複素変数 $a + i\omega$ の関数となる．それを s と表す．

$$s = a + i\omega \tag{5.57}$$

よって，この流れ図からも明らかなように，ラプラス変換は関数に前処理を行ってからフーリエ変換することである．ラプラス変換はその定義において絶対積分可能条件を内在している．

◼ 逆ラプラス変換

ある関数 $f(x)$ のラプラス変換 $L(s)$ から，関数 $f(x)$ を求めるために逆ラプラス変換 $\mathscr{F}^{-1}[L(s)]$ を考える．それは，次のように逆フーリエ変換 (5.49) を考えることである．

$$\mathscr{F}^{-1}[L(s)] = \mathscr{F}^{-1}[L(a+i\omega)] = \frac{1}{2\pi} \int_{-\infty}^{\infty} L(a+i\omega)\, e^{i\omega x}\, d\omega \tag{5.58}$$

(5.49) の右辺は，各点 x において両側極限値の平均値であるから，前処理後の関数 $f(x)u(x)e^{-ax}$ の両側極限値の平均値となる．よって，

$$\int_{-\infty}^{\infty} L(a+i\omega)\, e^{i\omega x}\, d\omega = \frac{1}{2} f(x) e^{-ax}\Big|_{x-0} + \frac{1}{2} f(x) e^{-ax}\Big|_{x+0}$$

$$= \frac{1}{2}\{f(x-0) + f(x+0)\} e^{-ax} \tag{5.59}$$

この両辺に e^{ax} を掛ける．

$$\frac{1}{2\pi} \int_{-\infty}^{\infty} L(a+i\omega)\, e^{(a+i\omega)x}\, d\omega = \frac{1}{2}\{f(x-0) + f(x+0)\} \tag{5.60}$$

ここで，$a+i\omega = s$ とおけば，a は積分に関与しないので，$d(a+i\omega) = i\, d\omega = ds$ となる．ラプラス変換 $L(s)$ から両側極限値の平均値として関数が求まる．

$$\frac{1}{2\pi i} \int_{a-i\infty}^{a+i\infty} L(s)\, e^{sx}\, ds = \frac{1}{2}\{f(x-0) + f(x+0)\} \tag{5.61}$$

これが逆ラプラス変換である．この積分は**ブロムウィッチ積分**と呼ばれる．

◆ ラプラス変換の存在条件

関数 $f(x)$ は，次の不等式を満たせばラプラス変換が存在する．

$$\left| f(x) \right| < M e^{\gamma x} \quad (M, \gamma : 正の定数) \tag{5.62}$$

実際，$f(x)$ のラプラス変換の絶対値をとってみる．

$$
\begin{aligned}
\left| L(s) \right| &= \left| \int_0^\infty f(x)\, e^{-sx}\, dx \right| = \left| \int_0^\infty f(x) e^{-ax}\, e^{-i\omega x}\, dx \right| \\
&\leqq \int_0^\infty \left| f(x) e^{-ax} \right| \left| e^{-i\omega x} \right| dx \\
&= \int_0^\infty \left| f(x) e^{-ax} \right| dx \quad \left(\left| e^{-i\omega x} \right| = 1 \right) \\
&\leqq \int_0^\infty M e^{\gamma x} e^{-ax}\, dx = \int_0^\infty M e^{-(a-\gamma)x}\, dx
\end{aligned}
\tag{5.63}
$$

ここで，γ に対して a が大きければ，積分は収束する．実際，

$$\left| L(s) \right| \leqq \frac{M}{a - \gamma} \tag{5.64}$$

となるので積分で定義されたラプラス変換 $L(s)$ が存在する．

◆ ラプラス変換における約束

$x < 0$ で 0 でない関数は，ヘビサイド関数 $u(x)$ (1.46) を掛けて 0 とする．

$$f(x) \quad \rightarrow \quad f(x)u(x) \tag{5.65}$$

これを $f(x)$ のままで $f(x)u(x)$ であることを了解したことにする．定数関数 $f(x) = 1$ は，ヘビサイド関数 $u(x)$ のことである．

$$1 \quad \rightarrow \quad u(x) \tag{5.66}$$

また $f(x) = \cos x \rightarrow \cos x\, u(x)$ は図 5.22 で示されている．

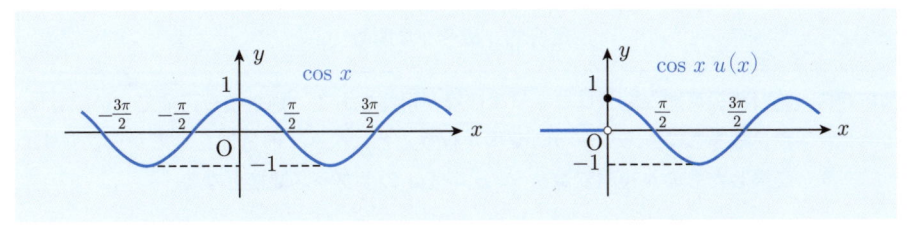

図 5.22 ラプラス変換では $\cos x$ は $\cos x u(x)$ のこととする．

5.7　あらためて関数を見直す

フーリエ変換やラプラス変換は，共に積分変換

$$f(x) \quad \rightarrow \quad F(\xi) = \int_a^b f(x)\, K(\xi, x)\, dx \qquad (5.67)$$

の1つである．ここで $K(\xi, x)$ は積分核といわれる．

(1)　$K(\omega, x) = e^{-i\omega x}$　（ω：実数，$a = -\infty,\ b = \infty$）のときフーリエ変換

(2)　$K(s, x) = e^{-sx}$　（s：複素数，$a = 0,\ b = \infty$）のときラプラス変換

　フーリエ変換とラプラス変換は，積分で定義されているので，積分可能な関数が対象となる（図1.16）．その中で，絶対積分可能な関数はフーリエ変換が可能である．デルタ関数 (1.38) やテスト関数（p.16）も絶対積分可能であるから，フーリエ変換をすることができる．そうでない関数は，パラメータ a の付いた前処理をしてからフーリエ変換を行う．前処理をしてからフーリエ変換したものがラプラス変換である（図5.23）．

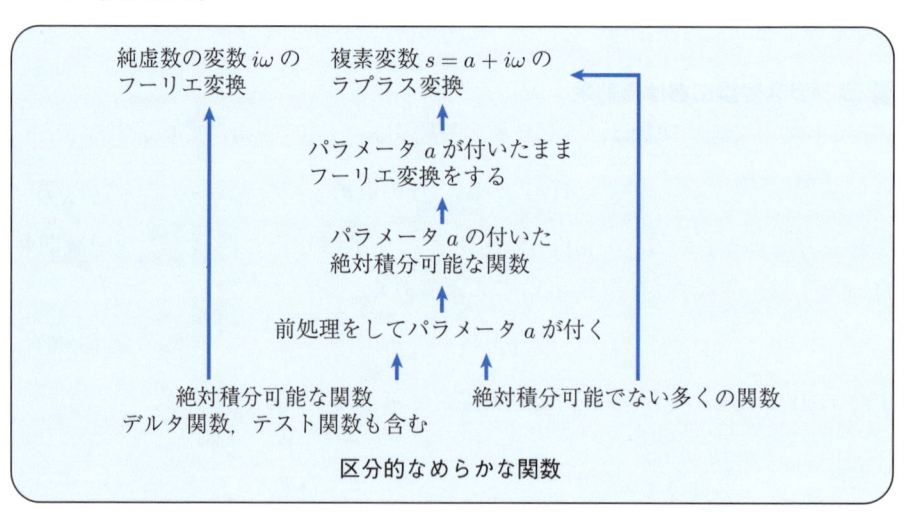

図5.23　絶対積分可能な関数はフーリエ変換が可能である．絶対積分可能でない関数は，前処理をしてからフーリエ変換を行うことになる．前処理をしてからフーリエ変換したものが複素変数 $s = a + i\omega$ のラプラス変換となる．

5.8 フーリエ変換の性質

フーリエ変換の性質を列記する．フーリエ変換の定義 (5.48) とデルタ関数の定義 (1.38) からすべて導かれる．$f(x)$ のフーリエ変換を $F(\omega)$, $g(x)$ のフーリエ変換を $G(\omega)$ とする．a, b, c は定数（$c \neq 0$）．

(F1)	線形性	$af(x) + bg(x) \;\rightarrow\; aF(\omega) + bG(\omega)$
(F2)	相似性	$f(cx) \;\rightarrow\; \dfrac{1}{\|c\|} F\left(\dfrac{\omega}{c}\right)$
(F3)	対称性	$F(x) \rightarrow 2\pi f(-\omega)$
(F4)	周波数シフト	$f(x)e^{i\alpha x} \;\rightarrow\; F(\omega - \alpha)$
(F5)	変数シフト	$f(x - x_0) \;\rightarrow\; e^{-i\omega x_0} F(\omega)$
(F6)	微分	$f'(x) \;\rightarrow\; i\omega F(\omega)$
(F7)	高階微分	$f^{(n)}(x) \;\rightarrow\; (i\omega)^n F(\omega) \quad (n = 1, 2, \cdots)$
(F8)	デルタ関数	$\delta(x) \;\rightarrow\; 1$
(F9)	デルタ関数の微分	$\delta'(x) \;\rightarrow\; i\omega$
(F10)	デルタ関数の高階微分	$\delta^{(n)}(x) \;\rightarrow\; (i\omega)^n$
(F11)	ヘビサイド関数	$u(x) \;\rightarrow\; \pi\delta(\omega) + \dfrac{1}{i\omega}$
(F12)	定数 1	$1 \;\rightarrow\; 2\pi\delta(\omega)$
(F13)	関数 x	$x \;\rightarrow\; 2\pi i \delta'(\omega)$
(F14)	関数 x^n	$x^n \;\rightarrow\; 2\pi i^n \delta^{(n)}(\omega)$
(F15)	関数 $e^{i\alpha x}$	$e^{i\alpha x} \;\rightarrow\; 2\pi\delta(\omega - \alpha)$
(F16)	余弦関数	$\cos \alpha x \;\rightarrow\; \pi\big(\delta(\omega - \alpha) + \delta(\omega + \alpha)\big)$
(F17)	正弦関数	$\sin \alpha x \;\rightarrow\; i\pi\big(\delta(\omega + \alpha) - \delta(\omega - \alpha)\big)$

──■ **例題5.4** ■────

(1) 性質 (F3) 対称性を示せ.

(2) 性質 (F6) 微分のフーリエ変換を示せ.

(3) 性質 (F8) $\delta(x)$ のフーリエ変換を示せ.

(4) 性質 (F9) $\delta'(x)$ のフーリエ変換を示せ.

(5) 性質 (F12) 1 のフーリエ変換を示せ.

(6) 性質 (F13) x のフーリエ変換を示せ.

【解答】　(1)　逆フーリエ変換

$$F(\omega) \to f(x) = \frac{1}{2\pi} \int_{-\infty}^{\infty} F(\omega) e^{i\omega x}\, d\omega$$

において, 変数を $x \to -\omega$, および $\omega \to x$ のように変換すると, フーリエ変換 $F(x) \to \int_{-\infty}^{\infty} F(x)\, e^{-i\omega x} dx = 2\pi f(-\omega)$ を得る.

(2)　$f'(x) \to \displaystyle\int_{-\infty}^{\infty} f'(x) e^{-i\omega x} dx = \left[f(x) e^{-i\omega x} \right]_{-\infty}^{\infty} + i\omega \int_{-\infty}^{\infty} f(x) e^{-i\omega x} = iwF(\omega)$
($f(x) \to 0 \ (x \to \pm\infty)$ に注意.)

(3)

$$\delta(x) \to \int_{-\infty}^{\infty} \delta(x) e^{-i\omega x}\, dx = e^{-i\omega x}\Big|_{x=0} = e^0 = 1$$

となる (デルタ関数は, あらゆる振動数成分を一様に含んでいる).

(4)　$\delta(x)$ のフーリエ変換 $\delta(x) \to 1$ に, 性質 (F6) 微分を適用すると, 直ちに $\delta'(x) \to i\omega \cdot 1 = i\omega$ を得る.

(5)　デルタ関数のフーリエ変換 $\delta(x) \to 1$ に, 性質 (F3) 対称性を適用すると,

$$1 \to 2\pi\delta(-\omega) = 2\pi\delta(\omega)$$

となる. デルタ関数は偶関数 (1.41) なので最後の等号が成り立つ.

(6)　性質 (F9) $\delta'(x)$ のフーリエ変換の両辺に $-i$ を掛けて, $-i\delta'(x) \to \omega$ とする. これに性質 (F3) 対称性を適用すると,

$$x \to -2\pi i\delta'(-\omega)$$

となる. デルタ関数は偶関数なので, その導関数は奇関数である. よって, $x \to -2\pi i\delta'(-\omega) = 2\pi i\delta'(\omega)$ となる (性質 (F14) も同様に示すことができる).　　■

注意 5.2　絶対積分可能条件を満たす関数は極めて限られる. それでデルタ関数 (1.38) を取り込み, 関数をテスト関数 (p.16) として取り入れることによって, 定数関数, x, $x^2, \cdots, \cos\alpha x, \sin\alpha x, \cdots$ のような基本的な関数のフーリエ変換ができるようになった. 特に, $x^n \ (n = 1, 2, \cdots)$ のフーリエ変換を計算するために, デルタ関数の導関数 $\delta^{(n)}$ が必要である.

5.9 ラプラス変換の性質

ラプラス変換の性質を列記する．ラプラス変換の定義 (5.55) とデルタ関数の定義 (1.38) からすべて導かれる．$f(x)$ のラプラス変換を $L(s)$, $g(x)$ のラプラス変換を $L_G(s)$ とする．a, b, c は定数（$c > 0$）．

(L1)	線形性	$af(x) + bg(x) \ \rightarrow \ aL(s) + bL_G(s)$
(L2)	相似性	$f(cx) \ \rightarrow \ \dfrac{1}{c}L\left(\dfrac{s}{c}\right)$
(L3)	変数シフト **(1)**	$e^{\alpha x}f(x) \ \rightarrow \ L(s - \alpha)$
(L4)	変数シフト **(2)**	$f(x - \alpha)u(x - \alpha) \ \rightarrow \ L(s)e^{-\alpha s}$
(L5)	微分	$f'(x) \ \rightarrow \ sL(s) - f(0)$
(L6)	高階微分	$f^{(n)}(x) \ \rightarrow \ s^n L(s) - \sum_{k=1}^{n} s^{n-k} f^{(k-1)}(0)$
(L7)	指数関数	$e^{\alpha x} \ \rightarrow \ \dfrac{1}{s - \alpha}$
(L8)	デルタ関数	$\delta(x) \ \rightarrow \ 1$
(L9)	デルタ関数	$\delta(x - \alpha) \ \rightarrow \ e^{-\alpha s}$
(L10)	余弦関数	$\cos \alpha x \ \rightarrow \ \dfrac{s}{s^2 + \alpha^2}$
(L11)	正弦関数	$\sin \alpha x \ \rightarrow \ \dfrac{\alpha}{s^2 + \alpha^2}$
(L12)	定数 1（ヘビサイド関数）1	$\rightarrow \ \dfrac{1}{s}$
(L13)	ヘビサイド関数 $u(x - \alpha)$	$u(x - \alpha) \ \rightarrow \ \dfrac{e^{-\alpha s}}{s}$
(L14)	関数 x	$x \ \rightarrow \ \dfrac{1}{s^2}$
(L15)	関数 x^n	$x^n \ \rightarrow \ \dfrac{n!}{s^{n+1}}$
(L16)	積分	$\displaystyle\int_0^x f(\tau)\,d\tau \ \rightarrow \ \dfrac{1}{s}L(s)$

■ **例題5.5** ■

(1) 性質 (L5) 微分のラプラス変換を示せ.

(2) 性質 (L10) $\cos \alpha x$ のラプラス変換を示せ.

(3) 性質 (L11) $\sin \alpha x$ のラプラス変換を示せ.

(4) 性質 (L13) ヘビサイド関数 $u(x - \alpha)$ のラプラス変換を示せ.

【解答】

(1) $f'(x)$

$$\rightarrow \int_0^\infty f'(x)\, e^{-sx}\, dx = \left[f(x)\, e^{-sx} \right]_0^\infty + s \int_0^\infty f(x)\, e^{-sx}\, dx$$

$$= sL(s) - f(0)$$

(2) $\cos \alpha x$

$$\rightarrow \int_0^\infty \cos \alpha x\, e^{-sx}\, dx = \int_0^\infty \left(\frac{e^{i\alpha x} + e^{-i\alpha x}}{2} \right) e^{-sx}\, dx$$

$$= \frac{1}{2} \int_0^\infty \left(e^{-(s-i\alpha)x} + e^{-(s+i\alpha)x} \right) dx$$

$$= \frac{1}{2} \left[-\frac{e^{-(s-i\alpha)x}}{s - i\alpha} - \frac{e^{-(s+i\alpha)x}}{s + i\alpha} \right]_0^\infty$$

$$= \frac{1}{2} \left(\frac{1}{s - i\alpha} + \frac{1}{s + i\alpha} \right) = \frac{s}{s^2 + \alpha^2}$$

(3) $\sin \alpha x$

$$\rightarrow \int_0^\infty \sin \alpha x\, e^{-sx}\, dx = \int_0^\infty \left(\frac{e^{i\alpha x} - e^{-i\alpha x}}{2i} \right) e^{-sx}\, dx$$

$$= \frac{1}{2i} \int_0^\infty \left(e^{-(s-i\alpha)x} - e^{-(s+i\alpha)x} \right) dx$$

$$= \frac{1}{2i} \left[-\frac{e^{-(s-i\alpha)x}}{s - i\alpha} + \frac{e^{-(s+i\alpha)x}}{s + i\alpha} \right]_0^\infty$$

$$= \frac{1}{2i} \left(\frac{1}{s - i\alpha} - \frac{1}{s + i\alpha} \right) = \frac{\alpha}{s^2 + \alpha^2}$$

(4) $u(x - \alpha)$

$$\rightarrow \int_0^\infty u(x - \alpha) e^{-sx}\, dx = \int_\alpha^\infty e^{-sx}\, dx = \left[-\frac{1}{s} e^{-sx} \right]_\alpha^\infty = \frac{e^{-\alpha s}}{s}$$

5.10　線形微分方程式の解法 — 比較

フーリエ変換とラプラス変換の重要な応用に，線形微分方程式の解法がある．微分方程式は，次の6章のテーマであるが，本章の最後に，フーリエ変換とラプラス変換による同じ2階常微分方程式の解法例を比較しながら示す．例として，次の未知関数 $y = y(x)$ の2階線形常微分方程式の一般解を求める．

$$y'' + 5y' + 6y = \sin x \tag{5.68}$$

(本節の解法の比較のための注意：6章であらためて説明するが，右辺が0の方程式 $y'' + 5y' + 6y = 0$ を同次式という．解くべき上記の式は，それに対して非同次式という．求めたい一般解は，非同次式 (5.68) の特殊解と同次式の一般解の和として与えられる（6.6節参照））．

◆ フーリエ変換による解法

解法において 5.8 節の性質を用いる．

Step 1：未知関数 $y(x)$ のフーリエ変換を $\mathscr{F}[y(x)] = F(\omega)$ として，与式 (5.68) の両辺のフーリエ変換をとる．

$$\mathscr{F}\left[y'' + 5y' + 6y\right] = \mathscr{F}[\sin x]$$

$$\rightarrow \quad \mathscr{F}[y''] + 5\mathscr{F}[y'] + 6\mathscr{F}[x] = \mathscr{F}[\sin x]$$

$$\rightarrow \quad (i\omega)^2 \mathscr{F}[y] + 5i\omega\mathscr{F}[y] + 6\mathscr{F}[y] = \mathscr{F}[\sin x] \quad \text{(F6, F7)}$$

$$\rightarrow \quad (-\omega^2 + 5i\omega + 6)\mathscr{F}[y] = \mathscr{F}[\sin x]$$

$$\rightarrow \quad (-\omega^2 + 5i\omega + 6)F(\omega) = i\pi(\delta(\omega + 1) - \delta(\omega - 1)) \quad \text{(F17)}$$

$F(\omega)$ は「割り算」によって求まる．微分方程式はここで解けた！

$$F(\omega) = \frac{i\pi(\delta(\omega + 1) - \delta(\omega - 1))}{-\omega^2 + 5i\omega + 6} \tag{5.69}$$

Step 2：これを逆フーリエ変換をして $y(x)$ を求める．

$$y(x) = \mathscr{F}^{-1}[F(\omega)] = \frac{1}{2\pi}\int_{-\infty}^{\infty} F(\omega)\, e^{i\omega x}\, d\omega \quad \text{[(5.50) 参照]}$$

$$= \frac{1}{2\pi}\int_{-\infty}^{\infty} \frac{i\pi\big(\delta(\omega + 1) - \delta(\omega - 1)\big)}{-\omega^2 + 5i\omega + 6}\, e^{i\omega x}\, d\omega$$

$$= \frac{i}{2}\int_{-\infty}^{\infty} \frac{\delta(\omega + 1)\, e^{i\omega t}}{-\omega^2 + 5i\omega + 6}\, d\omega - \frac{i}{2}\int_{-\infty}^{\infty} \frac{\delta(\omega - 1)\, e^{i\omega t}}{-\omega^2 + 5i\omega + 6}\, d\omega \tag{5.70}$$

Step 3：デルタ関数の性質を踏まえて (5.70) の積分を実行して特殊解 $y_S(x)$ を求める. デルタ関数に注目して (5.70) を少し書き直す.

$$y_S(x) = \frac{i}{2} \int_{-\infty}^{\infty} \frac{e^{i\omega x}}{-\omega^2 + 5i\omega + 6} \delta(\omega + 1)\, d\omega$$
$$- \frac{i}{2} \int_{-\infty}^{\infty} \frac{e^{i\omega x}}{-\omega^2 + 5i\omega + 6} \delta(\omega - 1)\, d\omega$$

デルタ関数の性質 (1.39) を適用する.

$$
\begin{aligned}
y_S(x) &= \frac{i}{2} \frac{e^{i\omega x}}{-\omega^2 + 5i\omega + 6}\bigg|_{\omega=-1} - \frac{i}{2} \frac{e^{i\omega x}}{-\omega^2 + 5i\omega + 6}\bigg|_{\omega=1} \\
&= \frac{i}{2} \frac{e^{-ix}}{5 - 5i} - \frac{i}{2} \frac{e^{ix}}{5 + 5i} \\
&= \frac{i}{10} \frac{1+i}{2} e^{-ix} - \frac{i}{10} \frac{1-i}{2} e^{ix} \\
&= \frac{1}{10} \frac{e^{ix} - e^{-ix}}{2i} - \frac{1}{10} \frac{e^{ix} + e^{-ix}}{2} \\
&= \frac{1}{10} \sin x - \frac{1}{10} \cos x \quad [\text{(3.25) 参照}]
\end{aligned}
\tag{5.71}
$$

これが特殊解 $y_S(x)$ である. 同次式

$$y'' + 5y' + 6y = 0$$

の解を $y = e^{\lambda x}$ （λ は定数）と仮定すると，$\lambda = -2, -3$ となって e^{-2x} と e^{-3x} を得るが，2 つの任意定数 c_1, c_2 を使って同次式の一般解は，

$$y_0 = c_1 e^{-2x} + c_2 e^{-3x}$$

となる（6.6 節参照）. これと特殊解 (5.71) を加えて，(5.68) の一般解を得る.

$$y(x) = c_1 e^{-2x} + c_2 e^{-3x} + \frac{1}{10} \sin x - \frac{1}{10} \cos x \tag{5.72}$$

◆ ラプラス変換による解法

解法において 5.9 節の性質を用いる.

Step 1：未知関数 $y(x)$ のラプラス変換を $L(s)$ として，与式 (5.68) の両辺のラプラス変換をとる.

$$\mathscr{L}[y'' + 5y' + 6y] = \mathscr{L}[\sin x]$$

$$\rightarrow \quad \mathscr{L}[y''] + 5\mathscr{L}[y'] + 6\mathscr{L}[y] = \mathscr{L}[\sin t]$$

$$\rightarrow \quad (s^2 L(s) - y(0)s - y'(0)) + 5(sL(s) - y(0)) + 6L(s) = \frac{1}{s^2 + 1} \quad \text{(L5, L6)}$$

$$\rightarrow \quad (s^2 + 5s + 6)L(s) = \frac{1}{s^2 + 1} + y(0)s + 5y(0) + y'(0)$$

$L(s)$ は「割り算」によって求まる. 微分方程式はここで解けた！

$$L(s) = \frac{1}{s^2 + 5s + 6} \left(\frac{1}{s^2 + 1} + y(0)s + 5y(0) + y'(0) \right) \tag{5.73}$$

Step 2：$L(s)$ を逆ラプラス変換し易い形にする.

$$L(s) = c_1 \frac{1}{s + 2} + c_2 \frac{1}{s + 3} + \frac{1}{10} \frac{1}{s^2 + 1} - \frac{1}{10} \frac{s}{s^2 + 1} \tag{5.74}$$

$$(c_1 = \tfrac{1}{5} + 3y(0) + y'(0), \ \ c_2 = -\tfrac{1}{10} - 2y(0) - y'(0))$$

Step 3：$L(s)$ を逆ラプラス変換して解 $y(x)$ を求める.

$$y(x) = \mathscr{L}^{-1}[L(s)] \quad \text{(L7, L10, L11)}$$

$$= \mathscr{L}^{-1} \left[c_1 \frac{1}{s + 2} + c_2 \frac{1}{s + 3} + \frac{1}{10} \frac{1}{s^2 + 1} - \frac{1}{10} \frac{s}{s^2 + 1} \right]$$

$$= c_1 e^{-2x} + c_2 e^{-3x} + \frac{1}{10} \sin x - \frac{1}{10} \cos x \quad (x \geqq 0) \tag{5.75}$$

ここで，フーリエ変換による (5.72) と同じ一般解を得たが，ラプラス変換の定義によって，解の範囲は $x \geqq 0$ である.

5章の演習問題

□**5.1**　区間 $[-\pi, \pi)$ で

$$f(x) = \begin{cases} \sin x & (0 \le x < \pi) \\ 0 & (-\pi \le x < 0) \end{cases}$$

となる周期 2π の関数がある（半波整流波形）.

(1)　(5.2) と (5.3) から $f(x)$ のフーリエ係数 a_n, b_n を求めよ.

(2)　$f(x)$ のフーリエ級数が, 次式となることを示せ.

$$f(x) = \frac{1}{\pi} + \frac{\sin x}{2} - \sum_{n=1}^{\infty} \frac{2}{\pi(2n-1)(2n+1)} \cos 2nx$$

$$= \frac{1}{\pi} + \frac{\sin x}{2} - \frac{2}{\pi} \left(\frac{\cos 2x}{1 \cdot 3} + \frac{\cos 4x}{3 \cdot 5} + \frac{\cos 6x}{5 \cdot 7} + \cdots \right)$$

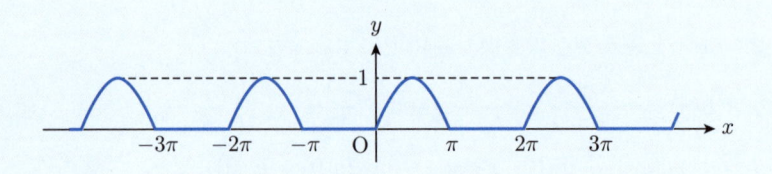

□**5.2**　前問のフーリエ級数を使って次の式を示せ.

(1)　$\dfrac{1}{1 \cdot 3} + \dfrac{1}{3 \cdot 5} + \dfrac{1}{5 \cdot 7} + \cdots = \dfrac{1}{2}$

(2)　$\dfrac{1}{1 \cdot 3} - \dfrac{1}{3 \cdot 5} + \dfrac{1}{5 \cdot 7} - \dfrac{1}{7 \cdot 9} + \cdots = \dfrac{\pi}{4} - \dfrac{1}{2}$

□**5.3**　関数

$$f(x) = e^{-ax} u(x) = \begin{cases} e^{-ax} & (x \ge 0) \\ 0 & (x < 0) \end{cases} \quad (a > 0)$$

のフーリエ変換 $F(\omega)$ を求めよ.

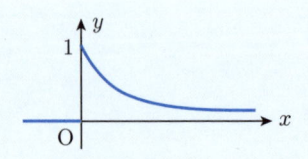

□**5.4** (1)　フーリエ変換の性質 (F15) $e^{i\alpha x}$ のフーリエ変換を示せ.

(2)　性質 (F16) $\cos\alpha x$ のフーリエ変換を示せ.

(3)　性質 (F17) $\sin\alpha x$ のフーリエ変換を示せ.

□**5.5**　ラプラス変換の性質 (L14) x のラプラス変換を示せ.

□**5.6**　ラプラス変換の性質 (L16) 積分のラプラス変換を示せ.

□**5.7**　次のラプラス変換を求めよ.

(1)　$ax^2 + bx + c$　　(2)　$\cosh\alpha x$　　(3)　$\sin\alpha x$

(4)　$e^{\alpha x}\sin\omega x$　　(5)　$x\cos\omega x$　　(6)　$x\sin\omega x$

□**5.8**　1 階微分方程式

$$f'(x) + af(x) = \cos\alpha x$$

を満たす $f(x)$ のラプラス変換を求めよ.

□**5.9**　デルタ関数を含む微分方程式

$$f''(x) + af'(x) + bf(x) = c\delta(x - \alpha)$$

を満たす $f(x)$ のラプラス変換を求めよ.

第6章

微分方程式

微分方程式は，工学において極めて重要である．実は，工学に限らず様々な数学モデルの解析において，どのような微分方式が成り立つかが問題となる．これぞと思う微分方程式が得られたら，その微分方程式の解となる関数を探し求める．それが微分方程式を解くということである．微分方程式の解の関数の中から，数学モデルの設定条件に合うものを選択することによって，数学モデルが完成する．さて，大学の初年級における教科としての微分方程式は，具体的な微分方程式の解法を学ぶことが主となっている．本章は，そのような基本的な分類を概観してから，機械工学において重要な運動方程式の解法，吊り橋のメーンケーブルの満たすべき微分方程式，および材料力学におけるはりのたわみ曲線の満たすべき微分方程式などについて解説する．

6.1 概　　観

◆ 常微分方程式に関する用語と記号

変数が x の関数 $y = y(x)$ とその導関数

$$y' = \frac{dy}{dx}, y'' = \frac{d^2y}{dx^2}, \cdots, y^{(n)} = \frac{d^ny}{dx^n} \tag{6.1}$$

の間に成り立つ関係式

$$\mathscr{D}\left[x, y, y', y'', \cdots, y^{(n-1)}, y^{(n)}\right] = 0 \tag{6.2}$$

を未知関数 y の微分方程式という．y を具体的に得ることを微分方程式を解くという．その $y(x)$ を解という．導関数の最高階数 n を微分方程式の階数という．

◆ n 階微分方程式を解くとは

(6.2) の最高階導関数 $y^{(n)}$ を，1 階下げる工夫をして，$(n-1)$ 階微分方程式を導く．そのとき，積分定数 c_1 がでてくる．そのような操作を繰り返して，導関数がすべて無くなって，関数 y と n 個の積分定数 $c_1, \cdots, c_n$ の式となったとき，微分方程式が解けたという（BOX 6.1 を参照）．

● **BOX 6.1　n 階微分方程式 (6.2) を解くとは？** ●

n 階（最高階）導関数を「何とかして」$(n-1)$ 階にする．そのとき，積分定数 c_1 がでてくる．それを繰り返す．すべての導関数が無くなって，y と n 個の積分定数の関係式が得られたら，n 階微分方程式 (6.2) は解けたといわれる．n 個の積分定数を伴った y が一般解 (6.3) である．（注：ここで，「何とかして」とは，基本的に「積分」をすることを意味する．しかしながら，単純な積分の計算で可能という意味ではない．）

$$\mathscr{D}\big[x, y, y', y'', \cdots, y^{(n-1)}, y^{(n)}\big] = 0 \qquad \text{(再掲 (6.2))}$$

$$\rightarrow \quad \mathscr{D}_1\big[x, y, y', y'', \cdots, y^{(n-1)}; c_1\big] = 0$$

$$\rightarrow \quad \cdots \quad \cdots \quad \cdots$$

$$\rightarrow \quad \mathscr{D}_{n-2}\big[x, y, y', y''; c_1, c_2, \cdots, c_{n-2}\big] = 0$$

$$\rightarrow \quad \mathscr{D}_{n-1}\big[x, y, y'; c_1, c_2, \cdots, c_{n-1}\big] = 0$$

$$\rightarrow \quad \mathscr{D}_n\big[x, y; c_1, c_2, \cdots, c_n\big] = 0 \quad \text{(一般解)} \qquad (6.3)$$

6.2　1 階微分方程式 — 基本的分類

常微分方程式を学ぶときの入り口が，1 階微分方程式である．1 階微分方程式は，次のような形で表される．

$$\mathscr{D}[x, y, y'] = 0 \quad \text{または} \quad y' = \mathscr{F}[x, y] \qquad (6.4)$$

1 階微分方程式は，多くの場合，次のように分類される．

変数分離形	$y' = f(x)g(y)$	(6.5)
同次形	$y' = f\left(\dfrac{y}{x}\right)$	(6.6)
線形方程式	$y' + p(x)y = q(x)$	(6.7)
ベルヌーイの方程式	$y' + p(x)y = q(x)y^{\alpha} \quad (\alpha \neq 0, 1)$	(6.8)
リッカチの方程式	$y' + p(x)y + q(x)y^2 = r(x)$	(6.9)

◆ 変数分離形

$y' = f(x)g(y)$ は，原理的に解ける．

$y' = f(x)g(y) \to \frac{dy}{dx} = f(x)g(y) \to \frac{dy}{g(y)} = f(x)dx \to$ 積分をすると，

$$\int \frac{dy}{g(y)} = \int f(x)dx \tag{6.10}$$

となる．微分方程式としては解けたことになって，具体的な解 $y = y(x)$ を得るのは積分を実行することに帰着する．よって，原理的に解けるといえる．

■ 例題6.1 （変数分離形）

一定重力加速度 g の場で，質量 m の物体が，十分高い高度から初速度 $v(0) = 0$ で落下するとき，速度 $v = v(t)$ の2乗の抵抗を受けるとする．運動方程式は $m\frac{dv}{dt} = mg - kv^2$（$k$：比例定数）である．時間 t の関数としての速度 v を未知関数とするこの運動方程式は，変数分離形の微分方程式であることを確認して解き，速度 $v(t)$ を求めよ．さらに $v(t)$ は十分に時間が経つと一定速度に近づくことを示せ．

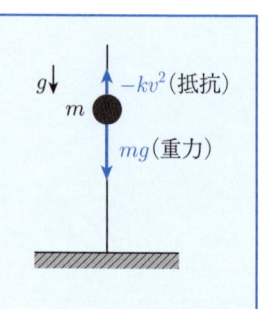

【解答】 この運動方程式は変数分離形で，$\dfrac{dv}{\frac{mg}{k} - v^2} = \dfrac{k}{m}dt$ となる．さらに

$$\int \frac{dv}{\sqrt{\frac{mg}{k}} - v} + \int \frac{dv}{\sqrt{\frac{mg}{k}} + v} = 2\sqrt{\frac{kg}{m}} \int dt \quad \to \quad \log \frac{\sqrt{\frac{mg}{k}} + v}{\sqrt{\frac{mg}{k}} - v} = 2\sqrt{\frac{kg}{m}}\, t + c$$

初期値 $v(0) = 0$ を使うと，積分定数は $c = 0$ となる．これより，解 $v(t)$ を得る．

$$v(t) = \sqrt{\frac{mg}{k}} \frac{e^{\sqrt{\frac{kg}{m}}t} - e^{-\sqrt{\frac{kg}{m}}t}}{e^{\sqrt{\frac{kg}{m}}t} + e^{-\sqrt{\frac{kg}{m}}t}} = \sqrt{\frac{mg}{k}} \tanh \sqrt{\frac{kg}{m}}\, t$$

$$\to \quad \sqrt{\frac{mg}{k}} \quad (t \to \infty)$$

◆ 同次形

$y' = f\left(\frac{y}{x}\right)$ は，変数分離形に帰着する．

$u(x) = \frac{y(x)}{x}$ とおく $\to y' = xu' + u \to$ 与式 $xu' + u = f(u) \to u' = \frac{f(u)-u}{x} \to \frac{du}{f(u)-u} = \frac{dx}{x} \to$ 積分をすると

$$\int \frac{du}{f(u) - u} = \log x + c$$

ここで，$u = u(x)$ が原理的に解ける．よって，$y(x) = u(x)x$ が解となる．

◆ 定数変化法

1 階線形方程式 $y' + p(x)y = q(x)$ は定数変化法で解く.

もし $q(x) = 0$ ならば,同次線形方程式 $y' + p(x)y = 0$ となり,変数分離形である.積分により解を得る:

$$\int \frac{dy}{y} = -\int p(x)\,dx$$

$$\rightarrow \quad \log y = -\int p(x)\,dx + c_0$$

$$\rightarrow \quad y = C\,e^{-\int p(x)\,dx} \quad (C = e^{c_0})$$

となって,同次方程式の一般解を得た.

ここで非同次方程式の解として,定数 C を関数 $C(x)$ であると仮定する.これが**定数変化法**である.すなわち,解を $y = C(x)e^{-\int p(x)\,dx}$ と仮定したのである.与式に代入し,$C(x)$ の微分方程式を得て,積分して $C(x)$ が確定する.

$$\left(C(x)e^{-\int p(x)\,dx}\right)' + p(x)\,C(x)e^{-\int p(x)\,dx} = q(x)$$

$$\rightarrow \quad C'(x)e^{-\int p(x)\,dx} = q(x)$$

$$\rightarrow \quad C'(x) = q(x)e^{\int p(x)\,dx}$$

$$\rightarrow \quad C(x) = \int q(x)e^{\int p(x)\,dx}\,dx \tag{6.11}$$

これより,非同次方程式の解は次のように得られる.

$$y(x) = e^{-\int p(x)\,dx} \int q(x)e^{\int p(x)\,dx}\,dx \tag{6.12}$$

一般論としての解法は複雑そうに見えるが,例題によって解法の各ステップを確認しながら解いてみるとよい.

■ 例題6.2 （線形方程式）■

$xy' + y = 4x^3 + 2x$ を解け.

【解答】 同次式は $xy' + y = 0 \rightarrow \displaystyle\int \frac{dy}{y} + \int \frac{dx}{x} = c_0 \rightarrow \log xy = c_0 \rightarrow xy = C$
$(C = e^{c_0}) \rightarrow y = \dfrac{C}{x} \rightarrow y = \dfrac{C(x)}{x}$ （$C(x)$:関数とする）$\rightarrow$ 与式に代入 $C'(x) = 4x^3 + 2x$
（$C(x)$ の微分方程式）$\rightarrow C(x) = x^4 + x^2 + c_1$ （c_1:積分定数）となる. よって,

$$y = x^3 + x + \frac{c_1}{x}$$

❎ ベルヌーイの方程式 $y' + p(x)y = q(x)y^{\alpha} \ (\alpha \neq 0, 1)$

未知関数の変換によって線形方程式に帰着する.

$$y \quad \rightarrow \quad u = y^{1-\alpha} \ とおく \quad \rightarrow \quad y' = \frac{y^{\alpha}u'}{1-\alpha}$$

$$\rightarrow \quad 与式に代入 \ u' + (1-\alpha)p(x)\,u + (1-\alpha)q(x) = 0 \quad (u \ の線形方程式)$$

に帰着する.

❎ リッカチの方程式 $y' + p(x)y + q(x)y^2 = r(x)$

一般に積分によって解を得ることは難しい. 解 y_0 が 1 つ分かっているなら, 解を $y = y_0 + f$ と仮定すると, f に対してベルヌーイの方程式に帰着する.

6.3　1 階微分方程式 — 微分形式の観点から

微分形式とは, 次のような 1 次無限小量のことをいう.

$$w = a(x, y)\,dx + b(x, y)\,dy \tag{6.13}$$

関数 a と b を伴っているので, 関数としての 1 次無限小量を, 微分形式という名前で扱うのである (微分形式の微分とグリーンの定理については, 章末 BOX 6. 付録 1, 2 を参照のこと).

さて, 1 階微分方程式

$$y' = \frac{dy}{dx} = f(x, y)$$

がある. これを微分形式の式として

$$f(x, y)\,dx - dy = 0 \tag{6.14}$$

と書くことができる. より一般性のある書き方として, 1 階微分方程式を, やはり微分形式の式として

$$a(x, y)\,dx + b(x, y)\,dy = 0 \quad \leftrightarrow \quad \frac{dy}{dx} = -\frac{a(x, y)}{b(x, y)} \tag{6.15}$$

のように書くことができる. また, このような微分形式が 0 でないときは, 2 変数関数の微積分で学んだ xy 平面上の経路積分として登場していたことを思い出す.

$$\int_C w = \int_C a(x, y)\,dx + b(x, y)\,dy \quad (C : 積分路) \tag{6.16}$$

このように微分形式は 0 ならば 1 階微分方程式に対応し, 0 でなければ経路積分などを考える (BOX 6.2).

● **BOX 6.2　経路積分（$w \neq 0$）と 1 階微分方程式（$w = 0$）** ●

微分形式
$$w = a(x,y)\,dx + b(x,y)\,dy$$

（経路積分）　$w \neq 0$　　　　　　　$w = 0$　（1 階微分方程式）

$$\int_C a(x,y)\,dx + b(x,y)\,dy \qquad \frac{dy}{dx} = -\frac{a(x,y)}{b(x,y)}$$

注意 6.1　(6.13) において，微分形式を表す記号を w とした．これは関数を一般的に $f(x)$ と表すようなことである．ところで，微分形式は 1 次無限小量なのだから dw と表す方がよいと思うかも知れない．そうすると w という量がまず存在してそれの 1 次無限小量，すなわち微分 dw という意味になる．すると，例えば経路積分では，$\int_{C:P \to Q} dw$ $= w(Q) - w(P)$ となって途中の経路に依存しない積分を表すことになる．微分形式がある関数の微分となるか否かが，微分形式の次の分類となる．

> **定義（完全微分形式）**　(6.13) の微分形式 w が**完全微分形式**であるとは，ある 2 変数関数 $f = f(x,y)$ が存在して，w が f の全微分として表されることをいう．すなわち，
>
> $$w = df(x,y) \tag{6.17}$$
>
> となることである．関数の全微分も微分形式である．

完全微分形式の必要条件　(6.17) が成り立つと，両辺の成分を具体的に表せば

$$w = a\,dx + b\,dy = \frac{\partial f}{\partial x}\,dx + \frac{\partial f}{\partial y}\,dy = df \tag{6.18}$$

$$(= f_x\,dx + f_y\,dy) \quad \text{（略記）}$$

となる．この両辺の係数の比較から，完全微分形式ならば，微分形式の係数関数 a と b はそれぞれ 2 変数関数 f の偏導関数 f_x と f_y と一致する．

$$a = \frac{\partial f}{\partial x}, \quad b = \frac{\partial f}{\partial y} \quad \leftrightarrow \quad a = f_x,\ b = f_y \quad \text{（略記）} \tag{6.19}$$

これは w が完全微分形式となるための必要条件である．

完全微分形式の十分条件（整合性）　関数 f の 2 つの偏導関数 f_x と f_y は，常に f の 2 階偏導関数 $\frac{\partial^2 f}{\partial x \partial y}$ の整合性の条件を満たす．すなわち，

$$\frac{\partial}{\partial x}\left(\frac{\partial f}{\partial y}\right) = \frac{\partial}{\partial y}\left(\frac{\partial f}{\partial x}\right) \quad \leftrightarrow \quad (f_x)_y = (f_y)_x = f_{xy} \quad \text{（略記）} \tag{6.20}$$

である．完全微分形式となるための必要条件は (6.19) であるが，a と b がさらにこの整合性の条件を満たさないといけない．よって，a と b に対する整合性の条件として次式が課せられる．

$$\frac{\partial a}{\partial y} = \frac{\partial b}{\partial x} \left(= \frac{\partial^2 f}{\partial x \partial y} \right) \quad \leftrightarrow \quad a_y = b_x = f_{xy} \quad \text{（略記）} \qquad (6.21)$$

実は，この整合性の条件が，$w = df$ となるための**必要十分条件**となる．

■ 例題6.3 ■

無限小量 $w = 3y\,dx + 2x\,dy$ は完全微分形式ではないことを示せ．

【解答】　$w = df$ となる f は，必要条件 (6.19) $3y = f_x$ および $2x = f_y$ を満たさなければならない．この整合性条件 (6.21) は $(3y)_y = (2x)_x$ である．これは $3 \neq 2$ となって成立しない．よって，完全微分形式ではない．　■

■ 例題6.4 ■

完全微分形式 $v = 3x^2 y^2\,dx + 2x^3 y\,dy$ を，経路 $C = \{y = x \mid 0 \leqq x \leqq 1\}$ に沿って A(0,0) から B(1,1) まで積分せよ．（発展問題：異なる経路 $C = \{\text{A} \to \text{B}\}$ をいろいろ取って，積分値が途中の経路に依存せず，端点 A と B の位置だけで決まることを確かめよ．）

【解答】　$\displaystyle\int_C v = \int_{\text{A}}^{\text{B}} \left(3x^2 y^2\,dx + 2x^3 y\,dy \right)\Big|_{y=x} = \int_0^1 5x^4\,dx = \left[x^5 \right]_0^1 = 1$　■

6.4　完全微分方程式

◤ 完全微分方程式 ── $w = df = 0$ のとき

さて，

$$w = a(x,y)dx + b(x,y)dy = 0$$

は 1 階微分方程式である．ここで，$w = df$ となる関数 f が存在するとき，この微分方程式を**完全微分方程式**という．次のダイヤグラムから，解は $f(x,y) = C$ となる．

$$
\begin{array}{ccc}
w = a(x,y)dx + b(x,y)dy = 0 & \to & \displaystyle\int w = C \quad \text{（定数）} \\
\| & & \| \\
df = \dfrac{\partial f}{\partial x}\,dx + \dfrac{\partial f}{\partial y}\,dy = 0 & \to & \displaystyle\int df = C \quad \leftrightarrow \quad f(x,y) = C\,\text{[解]}
\end{array}
$$

❎ 積分因子 — 完全微分形式とするため

完全微分形式ではない $w = a\,dx + b\,dy$ に，2 変数関数 $\mu = \mu(x, y)$ を掛けて，$\hat{w} = \mu w$ として完全微分形式とすることができる．μ を**積分因子**という．次の BOX 6.3 は，その様子をダイヤグラムで表した．

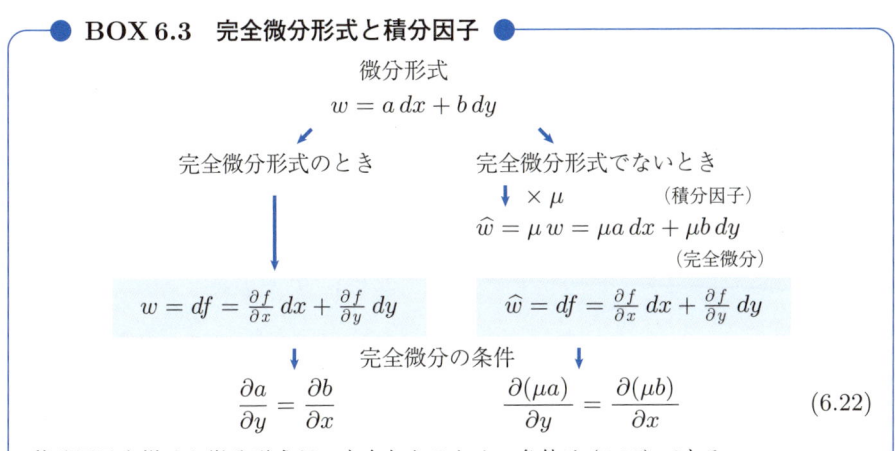

● **BOX 6.3　完全微分形式と積分因子** ●

微分形式
$$w = a\,dx + b\,dy$$

完全微分形式のとき　　　　　　　完全微分形式でないとき

$\downarrow \times \mu$ （積分因子）

$$\hat{w} = \mu\,w = \mu a\,dx + \mu b\,dy$$
（完全微分）

$$w = df = \frac{\partial f}{\partial x}\,dx + \frac{\partial f}{\partial y}\,dy \qquad \hat{w} = df = \frac{\partial f}{\partial x}\,dx + \frac{\partial f}{\partial y}\,dy$$

完全微分の条件

$$\frac{\partial a}{\partial y} = \frac{\partial b}{\partial x} \qquad\qquad \frac{\partial(\mu a)}{\partial y} = \frac{\partial(\mu b)}{\partial x} \tag{6.22}$$

積分因子を掛けた微分形式が，完全となるための条件は (6.22) である．

■ **例題6.5** ■

　無限小量 $w = 3y\,dx + 2x\,dx$ は完全ではない．w が完全となるような積分因子 μ を求めよ．それによって，完全無限小量 $\hat{w} = \mu w$ を書き下せ．

【解答】 $\hat{w} = \mu w = \mu(3y\,dx + 2x\,dy)$ が完全無限小量となる条件は，$(3y\mu)_y = (2x\mu)_x$ である．これは，$3y\mu_y - 2x\mu_x = -\mu$ という偏微分方程式となる．$\mu = x^m y^n$ と仮定すると，条件は $3(n+1)x^m y^n = 2(m+1)x^m y^n \to 3n+1 = 2m$ となる．これを満たす m, n はたくさんあるが，μ として 1 つあればよい．よって $m = 2$, $n = 1$ として，$\mu = x^2 y$ を得る．したがって $\hat{w} = 3x^2 y^2\,dx + 2x^3 y\,dy$ となる． ■

注意 6.2　1 階微分方程式 $w = 3y\,dx + 2x\,dy = 0$ は，完全微分方程式ではないが，変数分離形である：$y' = -\frac{3y}{2x}$．容易に解けて，解 $x^3 y^2 = C$ を得る．微分形式が 0 という形で与えられた 1 階微分方程式に対しては，完全微分形式か否かを見極めることは重要である．しかしながら，微分方程式の解き方は「形」にこだわってはいけない．極端なことをいうと「解ければよい！」のである．微分方程式を学び始めの頃はまず解くこと，そしていくつかの解き方を知り，ある程度の分類を知って，次の段階には，「その微分方程式には解はあるのか？」とか，「解は 1 つ見つかったがそれだけか？」などの微分方程式の解の存在と一意性の問題なども学ぶようになって欲しい．

6.5　完全微分形式と熱力学

　熱力学における物理量は，状態ごとに決まる量と過程に依存する量がある．1次無限小量で表された物理量は微分形式であるが，それが完全微分形式かどうかを明確にすることによって，熱力学の理解が深まる．

6.5.1　完全微分形式と状態量 ― 基礎

◆ 熱力学における物理量

　まず，熱力学における物理量を，3つのグループに分けて列記してみよう．

$$\mathscr{A}: \begin{cases} E & \text{内部エネルギー} \\ S & \text{エントロピー} \\ V & \text{体積} \end{cases}, \qquad \mathscr{B}: \begin{cases} p & \text{圧力} \\ T & \text{温度} \end{cases} \tag{6.23}$$

$$\mathscr{C}: \begin{cases} Q & \text{熱量} \\ W & \text{仕事} \end{cases} \tag{6.24}$$

これらの間にはいくつかの関係式があり，すべてが独立というわけではない．

◆ 熱力学的系をどのように表すか？ ― 基本的分類

　物理量は，まず2つに類別される．1つは**状態量**で，平衡状態ごとに定まる量である．系が変化する過程でもその瞬間において値が定まる．

<u>状態量の例</u>　状態量は，上記 (6.23) のグループ $\mathscr{A}$ と $\mathscr{B}$ の物理量である．熱力学では，これらの物理量の変化を考えるために微分形式として表す．

$$dE, \quad dS, \quad dV, \quad dp, \quad dT, \cdots \tag{6.25}$$

これらは，すべて完全微分形式として表される（ただし変数を省略してある）．

<u>内部エネルギーの例</u>　内部エネルギーの無限小量 dE は，多くの場合 S と V の2変数の関数 $E(S, V)$ として完全微分形式で表される．

$$dE = \left(\frac{\partial E}{\partial S}\right)_V dS + \left(\frac{\partial E}{\partial V}\right)_S dV \tag{6.26}$$

（固定される変数を添字として明記することが慣例となっている．）2つの偏導関数は，それぞれ温度および負号の付いた圧力であることが知られている．

$$\left(\frac{\partial E}{\partial S}\right)_V = T, \quad \left(\frac{\partial E}{\partial V}\right)_S = -p \tag{6.27}$$

そして，完全微分形式 (6.26) は，**熱力学の第 1 法則**を表す．

$$dE = T\,dS - p\,dV \tag{6.28}$$

(6.25) における他の状態量も同様に，完全微分形式として表される．

状態量以外の例 上記 (6.24) のグループ $\mathscr{C}$ の熱量 Q と仕事 W は，状態の変化の過程に依存する物理量で，微分形式は完全微分形式にはならない．積分は経路積分となるので，過程（経路）を指定しなければならない．完全微分形式にはならない微分形式として，特別な記号で表すこともある．例えば，

$$\delta Q,\ \delta W,\ \text{または}\ d'Q,\ d'W\ \text{など．} \tag{6.29}$$

本書は前者を使う．異なる記号を使わず dQ, dW とする文献もある．

さて，熱の出入り δQ，および外界との仕事のやりとり δW によって内部エネルギーの増減がおきる．これら，δQ および δW は，(6.28) における第 1 項と第 2 項に一致する．

$$\delta Q = T\,dS,\quad \delta W = -p\,dV \tag{6.30}$$

第 2 式は，体積が「減少」するとき気体の内部エネルギーが「増加」するので負号「−」がつく．これにより，熱力学の第 1 法則の第 2 の表記が得られる．

$$dE = \delta Q + \delta W \tag{6.31}$$

過程ごとに生じる E の増減は，dE を経路（過程）積分して得ることになる．

注意 6.3 (6.30) の第 1 式を $\frac{1}{T}\delta Q = dS$ と書く．右辺の dS は完全微分形式である．左辺は完全微分形式ではない δQ に $\frac{1}{T}$ を掛けて完全微分形式になった．したがって，温度の逆数 $\frac{1}{T}$ は積分因子とみなされる．

◢ 状態量 $\mathscr{A}$ と $\mathscr{B}$ の違い

状態量は物質の量に比例する示量性状態量（または容量性状態量）（グループ $\mathscr{A}$）と，物質の量に依存しない圧力 p や温度 T などの示強性状態量（または強度性状態量）（グループ $\mathscr{B}$）の 2 種類に分類される．この違いは，同次式によって区別できる．例として，

内部エネルギー $E(S,V)$ （示量性状態量の例として） 物質の量が α 倍されたら，変数の S も V も α 倍になり，かつ内部エネルギー E も α 倍になる：

$$E(S,V) \xrightarrow{\ S,V:\alpha\text{倍}\ } E(\alpha S, \alpha V) = \alpha E(S,V) \tag{6.32}$$

<u>温度 $T(S, V)$</u>　（示強性状態量の例として）　温度 $T(S, V)$ は量が α 倍になっても変化しない：

$$T(S, V) \quad \xrightarrow{S, V : \alpha \text{ 倍}} \quad T(\alpha S, \alpha V) = T(S, V) \tag{6.33}$$

注意 6.4　示量性状態量と示強性状態量は，同次関数によっても特徴を表すことができる．2 変数関数 $F(X, Y)$ は，変数が α 倍されたときに α^n 倍になる，すなわち

$$F(X, Y) \quad \xrightarrow{X, Y : \alpha \text{ 倍}} \quad F(\alpha X, \alpha Y) = \alpha^n F(X, Y)$$

となるとき n 次の**同次関数**と呼ばれる．すると，内部エネルギーは (6.32) によって 1 次の同次式である．同様に，温度は (6.33) によって 0 次の同次式であることが分かる．このように示量性状態量と示強性状態量は，同次関数として 1 次か 0 次かによって分類できる．

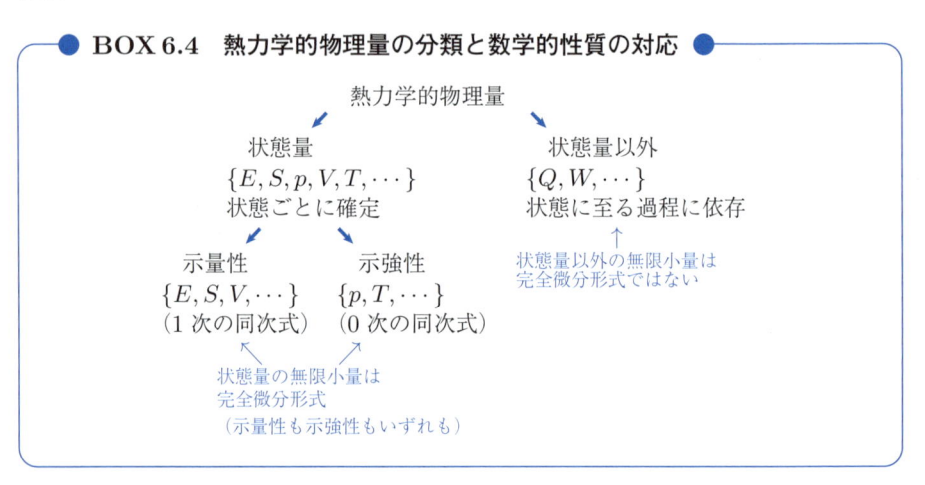

● **BOX 6.4**　**熱力学的物理量の分類と数学的性質の対応** ●

熱力学的物理量

状態量
$\{E, S, p, V, T, \cdots\}$
状態ごとに確定

状態量以外
$\{Q, W, \cdots\}$
状態に至る過程に依存

示量性
$\{E, S, V, \cdots\}$
（1 次の同次式）

示強性
$\{p, T, \cdots\}$
（0 次の同次式）

状態量以外の無限小量は
完全微分形式ではない

状態量の無限小量は
完全微分形式
（示量性も示強性もいずれも）

6.5.2　状態方程式

気体の状態量のうち，圧力 p，体積 V，および温度 T の間に**状態方程式**という関係式が成り立つ．

$$p = p(V, T) \tag{6.34}$$

状態方程式は，3 次元 pVT 空間の中で 2 次元曲面（以下，状態曲面）を与える．図6.1は一般的な描像である．

◢ 状態から他の状態への移行過程

熱力学的過程は，状態方程式 (6.34) が定める状態曲面上の 2 つの状態 (p_1, V_1, T_1) と (p_2, V_2, T_2) を結ぶ曲線として表される．

過程が決まると，状態曲面上に C_A, C_B のように曲線が定まる．矢印は過程の方向を表す．熱量 Q や仕事 W は，異なる過程に対しては異なる値をとる（図6.2）．

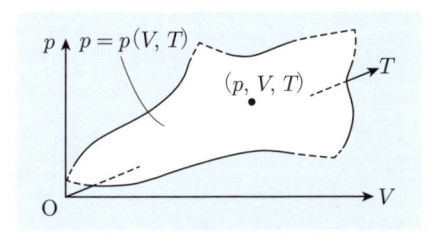

図6.1　状態方程式の 2 次元曲面

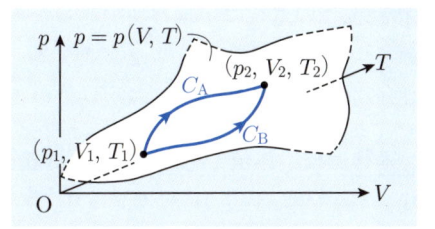

図6.2　熱力学的過程

状態量の E や S は，C_A や C_B などの過程には依存せず，(p_1, V_1, T_1) や (p_2, V_2, T_2) などの状態ごとに値が確定する．

理想気体の状態方程式　1 モルの理想気体の状態方程式は次で与えられる（高校の物理 II より）：

$$pV = RT \qquad (6.35)$$

ここで，$R = 8.314\,\mathrm{J/(mol \cdot K)}$ は気体定数．pVT 空間で $p = R\frac{T}{V}$ は，状態曲面として双曲面となる（図6.3）．

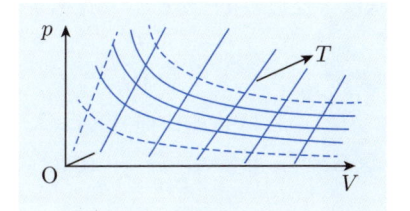

図6.3　理想気体は双曲面

理想気体の内部エネルギー E　分子運動論から，理想気体の内部エネルギー E は温度 T に比例する（高校の物理 II より）：

$$E = \frac{3}{2}RT \qquad (6.36)$$

◣ 理想気体の物理量の関係式のすべて

1 モルの理想気体について，物理量の間の関係式は次の通りである．

熱力学の第 1 法則（記法 1）	$dE = TdS - pdV$	(再掲 (6.28))
熱力学の第 1 法則（記法 2）	$dE = \delta Q + \delta W$	(再掲 (6.31))
	$\delta Q = TdS$	(再掲 (6.30))
	$\delta W = -pdV$	(再掲 (6.30))
状態方程式	$pV = RT$	(再掲 (6.35))
エネルギー	$E = \dfrac{3}{2}RT$	(再掲 (6.36))

6.5.3　熱力学的過程

◆ 状態変化：4つの基本過程 — 理想気体について

状態変化の過程は千差万別であるが，基本的な過程として次の4つがある.

　　　　1 等積過程　　　　2 断熱過程　　　　3 等温過程　　　　4 等圧過程

これらを理想気体について順次見ていこう.

1　等積過程　体積 (V_0) が一定の等積過程 $(dV = 0)$ では，仕事 W の増減は0である.

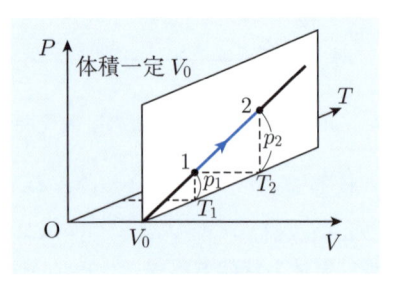

$$\delta W = -p\,dV = 0 \qquad (6.37)$$

すると E と Q の増分が等しくなる.

$$dE = \delta Q \qquad (6.38)$$

状態方程式より，p と T が比例する.

$$p = \frac{R}{V_0}T \qquad (6.39)$$

図6.4　等積過程

等積過程は状態曲面（**図6.3**）と V_0 平面との交わりとして直線で表される（**図6.4**）. 熱量の増分は，(6.38) と (6.36) から温度の上昇分 dT に比例する.

$$\delta Q = dE = d\left(\frac{3R}{2}T\right) = \frac{3R}{2}dT$$

これを状態1 (p_1, T_1, V_0) から状態2 (p_2, T_2, V_0) まで積分すると，熱量の増加は，

$$Q_{1\to 2} = \int_1^2 \delta Q = \int_{T_1}^{T_2} \frac{3R}{2}dT$$
$$= \frac{3R}{2}(T_2 - T_1)$$

のように温度増加分に比例する. さて，比熱とは温度を1度上昇させるために必要な熱量のことで，**等積比熱** C_V が次式となる.

$$C_V = \frac{Q_{1\to 2}}{T_2 - T_1} = \frac{3R}{2} \qquad (6.40)$$

2　断熱過程　熱量の出入りが発生しない過程を**断熱過程**という. (6.30) より，

$$\delta Q = TdS = 0 \qquad (6.41)$$

なので，断熱過程は等エントロピー過程ともいえる. すると，内部エネルギーと仕事の増分が等しくなる. 再び (6.30) より

$$dE = \delta W = -p\,dV \qquad (6.42)$$

さらに (6.35) と (6.36) を使って

$$dE = d\left(\frac{3}{2}pV\right) = -p\,dV \quad \rightarrow \quad \frac{3}{2}(V\,dp + p\,dV) = -p\,dV$$

$$\rightarrow \quad 3V\,dp + 5p\,dV = 0 \quad \rightarrow \quad 3\frac{1}{p}dp + 5\frac{1}{V}dV = 0 \tag{6.43}$$

最後の式は 1 階微分方程式 $\frac{dp}{dV} = -\frac{5p}{3V}$ の異なる表示で変数分離形 (6.5) である．これを積分する．

$$3\int \frac{1}{p}dp + 5\int \frac{1}{V}dV = \log p^3 V^5 = 定数 \quad \rightarrow \quad pV^{\frac{5}{3}} = 定数 \tag{6.44}$$

圧力 p が体積 V の関数となる（**図5.3**）．

$$p = p(V) = \alpha V^{-\frac{5}{3}} \quad (\alpha : 定数) \tag{6.45}$$

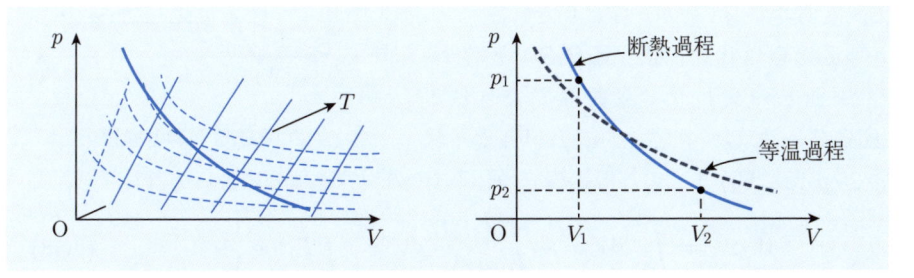

図6.5 状態曲面（**図6.3**）上の断熱過程の経路（左）．その経路を pV 座標面に投影した曲線 $p = \alpha V^{-\frac{5}{3}}$（右）

■ **例題6.6** ■

断熱過程で，次の式はすべて定数であることを示せ．

$$T^{\frac{3}{2}}V, \qquad E^{\frac{3}{2}}V, \qquad \frac{T^{\frac{5}{2}}}{p}, \qquad \frac{E^{\frac{5}{2}}}{p} \tag{6.46}$$

【解答】 (6.45) の p を，状態方程式 $pV = RT$ に代入すると

$$\alpha V^{-\frac{5}{3}} \cdot V = RT \rightarrow TV^{\frac{2}{3}} = \frac{\alpha}{R} \quad (定数)$$

これは

$$T^{\frac{3}{2}}V = \left(\frac{\alpha}{R}\right)^{\frac{3}{2}} \quad (定数)$$

と同値である．また，E と T は比例するので，第 1 式と 2 式は同値といえる．同様にして，第 3 式と 4 式も定数で，かつ同値であることを示すことができる．

状態 1 (p_1, V_1, T_1) から状態 2 (p_2, V_2, T_2) に至る間の E の増分 $E_{1\to2}$ は，次式で与えられる．

$$E_{1\to2} = \int_1^2 dE = \int_1^2 d\left(\frac{3R}{2}T\right) = \frac{3R}{2}\int_{T_1}^{T_2} dT = \frac{3R}{2}(T_2 - T_1) \quad (6.47)$$

注意 6.5 断熱過程では意味のある比熱は考えられない．温度が変化しようとも熱量変化は 0 なので，「比熱」＝「熱量/温度」は強いていえば 0 である．

3 等温過程 温度が一定に保たれる過程である $(dT = 0)$．理想気体では (6.36) によってエネルギーは温度に比例するので，やはり一定に保たれる．

$$dE = \frac{3R}{2}dT = 0$$

すると，$0 = dE = \delta Q + \delta W$ より，熱量の増分（減少）と仕事の減少（増分）が相殺して，内部エネルギーが一定に保たれる．

等温過程は状態曲面（**図6.3**）と $T = T_0$ 平面との交わりで双曲線で表される（**図6.6**）．では，状態 1 (p_1, T_0, V) から状

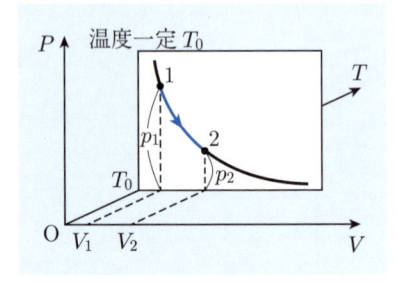

図6.6 等温過程

態 2 (p_2, T_0, V_2) までの等温過程での仕事 W の増分を積分によって計算する．

$$W_{1\to2} = \int_1^2 \delta W = -\int_{V_1}^{V_2} \frac{RT_0}{V} dV = -RT_0 \log \frac{V_2}{V_1} \quad (6.48)$$

熱量の増分は $\delta Q = -\delta W$ なので，次のようになる．

$$Q_{1\to2} = -W_{1\to2} = RT_0 \log \frac{V_2}{V_1} \quad (6.49)$$

注意 6.6 等温過程も，比熱は意味を持たない．熱量の変化はあっても温度変化は 0 なので，「比熱」＝「熱量/温度」は強いていえば ∞ といえる．

4 等圧過程 圧力が一定の過程である $(p = p_0)$．状態方程式 (6.35) は $p_0 V = RT$ なので，V と T が比例する．仕事の増分 δW は，体積の増分 dV と温度の増分 dT に比例する．

$$\delta W = -p_0\, dV = -R\, dT \quad (6.50)$$

さて，仕事の増分を，状態 (p_0, V_1, T_1) から状態 (p_0, V_2, T_2) まで積分する．

$$W_{1\to2} = \int_1^2 \delta W = -p_0 \int_{V_1}^{V_2} dV = -R \int_{T_1}^{T_2} dT = -R(T_2 - T_1)$$

$$= -p_0(V_2 - V_1) \quad (6.51)$$

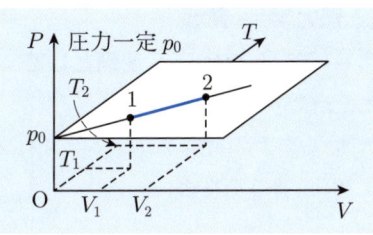

図6.7 等圧過程

よって，W の増分は温度の増分 $T_2 - T_1$ と体積の増分 $V_2 - V_1$ に比例する．E の増分も，したがって次式で与えられる．

$$E_{1 \to 2} = \frac{3R}{2}(T_2 - T_1) = \frac{3}{2}p_0(V_2 - V_1) \tag{6.52}$$

さらに熱量の増分は，次のように得られる．

$$Q_{1 \to 2} = E_{1 \to 2} - W_{1 \to 2} = \frac{3R}{2}(T_2 - T_1) + R(T_2 - T_1)$$

$$= \frac{5R}{2}(T_2 - T_1) = \frac{5}{2}p_0(V_2 - V_1) \tag{6.53}$$

これより直ちに**等圧比熱**が次のように求まる．

$$C_p = \frac{Q_{1 \to 2}}{T_2 - T_1} = \frac{5R}{2} \tag{6.54}$$

等積比熱 C_V (6.40) と等圧比熱 C_p との間で次の関係が知られている．

$$C_p - C_V = R, \qquad \frac{C_p}{C_V} = \frac{5}{3} \quad (\text{比熱比}) \tag{6.55}$$

注意 6.7 等圧過程では，Q の増分は $Q_{1 \to 2} = E_{1 \to 2} + p_0 V_{1 \to 2}$ となり，$E + pV$ の増分に等しい．物理量 $E + pV$ は，H で表され**エンタルピー**と呼ばれる．

◤ 4 つの基本過程（等積，断熱，等温，等圧）の比較

理想気体の 4 つの基本的な過程の比較表

増分	等積	断熱	等温	等圧
エネルギー dE	$dE = \delta Q$	$dE = \delta W$	0	$dE = \delta Q + \delta W$
熱量 δQ	δQ	0	$\delta Q = -\delta W$	δQ
仕事 δW	0	δW		δW
比熱	$C_V = \dfrac{3}{2}R$	0	∞	$C_p = \dfrac{5}{2}R$

6.5.4　完全微分形式と熱力学 — 発展

◤ 状態量と完全微分形式 — エントロピー S を例として

エントロピー S とその完全微分形式の dS を
例として，状態量についていくつかの計算を示
す．熱力学の第 1 法則 (6.28) を書き直すと，

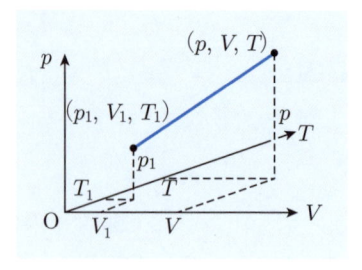

$$dS = \frac{1}{T}dE + \frac{p}{T}dV \qquad (6.56)$$

となる．

S は，E と V の 2 変数関数 $S(E, V)$ である．
dS は完全微分形式なので，

図6.8　状態の変化

$$dS = \left(\frac{\partial S}{\partial E}\right)_V dE + \left(\frac{\partial S}{\partial V}\right)_E dV \qquad (6.57)$$

と表される．これと (6.56) を比較すると，第 1 項の係数は温度の逆数となる．

$$\frac{1}{T} = \left(\frac{\partial S}{\partial E}\right)_V, \qquad \frac{p}{T} = \left(\frac{\partial S}{\partial V}\right)_E \qquad (6.58)$$

この第 2 式の T に第 1 式を代入して圧力も得られる．

$$p = \left(\frac{\partial S}{\partial V}\right)_E \bigg/ \left(\frac{\partial S}{\partial E}\right)_V \qquad (6.59)$$

具体的な熱力学系のエントロピー S が分かれば，それから p や T などが導かれる
ことを示している．

◤ 理想気体におけるエントロピーの計算

理想気体の状態方程式 (6.35) より $\frac{p}{T} = R\frac{1}{V}$，および内部エネルギーの (6.36) か
ら $\frac{1}{T} = \frac{3R}{2E}$ となる．これらをエネルギーの第 1 法則を書き換えた (6.56) の右辺の
係数に代入する．すると，エントロピーの完全微分形式 dS は，2 変数 E と V の
みで表すことができる．

$$dS = \frac{3R}{2}\frac{dE}{E} + R\frac{dV}{V} \qquad (6.60)$$

ここで，状態 (p_1, T_1, V_1) $(E_1 = \frac{3}{2}RT_1)$ から (p, T, V) $(E = \frac{3}{2}RT)$ まで移行
（図6.8）させたときのエントロピーの増分は，上記の式 (6.60) を (E_1, V_1) から
(E, V) まで積分することで得られる．

$$S(E, V) = \int_{(E_1, V_1)}^{(E, V)} dS = R\int_{(E_1, V_1)}^{(E, V)} \left(\frac{3}{2}\frac{dE}{E} + \frac{dV}{V}\right)$$

$$= R\log\left\{\left(\frac{E}{E_1}\right)^{\frac{3}{2}}\left(\frac{V}{V_1}\right)\right\} + S(E_1, V_1) \qquad (6.61)$$

■ **例題6.7** ■

上式 (6.61) の $S(E, V)$ から内部エネルギー E をエントロピー S と体積 V の2変数で表せ.

【解答】 (6.61) を E について解くと,

$$E(S, V) = E_1 \left(\frac{V_1}{V}\right)^{\frac{2}{3}} e^{\frac{2(S-S_1)}{3R}} \tag{6.62}$$

のように, S と V の2変数で表された内部エネルギーが得られる. ここで, $E_1 = E(S_1, V_1), S_1 = S(E_1, V_1)$ である.

■ **例題6.8** ■

(1) (6.62) の $E(S, V)$ から, (6.27) にしたがって温度 $T = \left(\frac{\partial E}{\partial S}\right)_V$ と圧力 $p = -\left(\frac{\partial E}{\partial V}\right)_S$ を求めよ.

(2) (1) の結果から, 理想気体の状態方程式が導かれることを示せ.

【解答】 (1) 偏微分係数を直接計算すると, 次のように T, p が具体的に S と V によって表される.

$$T = \left(\frac{\partial E(S, V)}{\partial S}\right)_V = \frac{\partial}{\partial S}\left\{E(S_1, V_1)\left(\frac{V_1}{V}\right)^{\frac{2}{3}} e^{\frac{2(S-S_1)}{3R}}\right\}\bigg|_V$$

$$= \frac{2}{3R}E(S_1, V_1)\left(\frac{V_1}{V}\right)^{\frac{2}{3}} e^{\frac{2(S-S_1)}{3R}},$$

$$p = -\left(\frac{\partial E(S, V)}{\partial V}\right)_S = \frac{\partial}{\partial V}\left\{E(S_1, V_1)\left(\frac{V_1}{V}\right)^{\frac{2}{3}} e^{\frac{2(S-S_1)}{3R}}\right\}\bigg|_S$$

$$= \frac{2}{3}E(S_1, V_1)\left(\frac{V}{V_1}\right)^{\frac{1}{3}} e^{\frac{2(S-S_1)}{3R}}$$

(2) (1) の結果から, $\frac{p}{T}$ を計算すると,

$$\frac{p}{T} = \frac{R}{V} \quad \rightarrow \quad pV = RT$$

のように状態方程式が得られる.

6.6 定数係数線形微分方程式

未知関数 $y = y(x)$ とその導関数 $y^{(k)}$ $(k = 1, \cdots, n)$ がすべて1次となるとき, **線形微分方程式**といわれる. さらに係数がすべて定数のとき, **定数係数線形微分方程式**といわれ, 次のように表される.

$$y^{(n)} + a_1 y^{(n-1)} + \cdots + a_{n-1}y' + a_n y = g \quad \text{(非同次線形)} \tag{6.63}$$

ここで，$g = g(x)$ は既知関数である．g が 0 でないとき，**非同次**（または**非斉次**）といわれる．$g = 0$ のときは**同次**（または**斉次**）である．

$$y^{(n)} + a_1 y^{(n-1)} + \cdots + a_{n-1} y' + a_n y = 0 \qquad \text{(同次線形)} \tag{6.64}$$

注意 6.8 本書では，線形微分方程式は，定数係数線形微分方程式のこととする．

◤ 定数係数線形微分方程式 (6.63) の解の構造

定数係数線形微分方程式 (6.63) の**一般解** $y(x)$ は，同次定数係数線形微分方程式 (6.64) の一般解 $y_0(x)$ と，(6.63) の特殊解 $y_S(x)$ の和となることが知られている．

非同次式 (6.63) の一般解　　同次式 (6.64) の一般解　　非同次式 (6.63) 特殊解

$$y(x) \quad = \quad y_0(x) \quad + \quad y_S(x) \tag{6.65}$$

◤ 同次線形方程式 (6.64) の一般解

(6.64) の一般解は，解くことが可能である．解を $y = e^{\lambda x}$ と仮定して，(6.64) に代入する．すると，次の n 次代数方程式を得る．これを**特性方程式**と呼ぶ．

$$\lambda^n + a_1 \lambda^{(n-1)} + \cdots + a_{n-1} \lambda + a_n = 0 \qquad \text{(特性方程式)} \tag{6.66}$$

特性方程式は，複素数の範囲で，重複も数えて n 個の解を持つ（**代数学の基本定理**）．n 個の解を $\{\lambda_1, \cdots, \lambda_n\}$ とすると，上式 (6.66) は，因数分解 $(\lambda - \lambda_1) \cdots (\lambda - \lambda_n) = 0$ できることを意味している．

Case 1：解がすべて互いに異なる場合 $\lambda_i \neq \lambda_j \ (i \neq j)$

各解 λ_i に対応して，$y_i = e^{\lambda_i x}$ は，同次式 (6.64) の解となる．n 個の解を，(6.64) の**基本解**という．基本解の線形結合も (6.64) の解となる．次の n 個の定数 c_i を係数とする基本解の線形結合も解である．

$$y_0 = y_0(x) = \sum_{i=1}^{n} c_i e^{\lambda_i x} = c_1 e^{\lambda_1 x} + \cdots + c_n e^{\lambda_n x} \tag{6.67}$$

これは，n 個の定数を含むので，同次式 (6.64) の一般解である．（注：定数 c_i は，積分を実行してでてきた積分定数ではない．「線形性」により得られた一般解に含まれる定数としての積分定数である．）

Case 2：多重解の場合：λ_0 が k 重解 $(i \neq j)$ のとき

λ_0 に対応する基本解は k 個ある：$e^{\lambda_0 x}, x e^{\lambda_0 x}, x^2 e^{\lambda_0 x}, \cdots, x^{k-1} e^{\lambda_0 x}$．次の k 個の定数を含む線形結合も同次式 (6.64) の解となる．

$$(\tilde{c}_1 + \tilde{c}_2 x + \tilde{c}_3 x^2 + \cdots + \tilde{c}_k x^{k-1}) e^{\lambda_0 x} \tag{6.68}$$

■ **例題6.9** ■

次の 2 階同次線形方程式の一般解を求めよ.

(1) $y'' + y' - 12y = 0$ (2) $y'' - 6y' + 9y = 0$ (3) $y'' - 2y' + 4y = 0$

【解答】 (1) 特性方程式 $\lambda^2 + \lambda - 12 = (\lambda + 4)(\lambda - 3) = 0 \rightarrow$ 実数解が 2 個 $\lambda_1 = -4$, $\lambda_2 = 3$. 基本解は e^{-4x} と e^{3x}. $\rightarrow$ よって $y(x) = c_1 e^{-4x} + c_2 e^{3x}$.

(2) 特性方程式 $\lambda^2 - 6\lambda + 9 = (\lambda - 3)^2 = 0 \rightarrow$ 重解 $\lambda_0 = 3$. 基本解は e^{3x} と xe^{3x}. $\rightarrow$ よって $y(x) = (c_1 + c_2 x)e^{3x}$.

(3) 特性方程式 $\lambda^2 - 2\lambda + 4 = \{\lambda - (1 + \sqrt{3}\,i)\}\{\lambda - (1 - \sqrt{3}\,i)\} = 0 \rightarrow$ 複素数解が 2 個 $\lambda_{1,2} = 1 \pm \sqrt{3}\,i$. 基本解は $e^{(1+\sqrt{3}\,i)x} = e^x e^{\sqrt{3}\,ix} = e^x(\cos\sqrt{3}\,x + i\sin\sqrt{3}\,x)$ と $e^{(1-\sqrt{3}\,i)x} = e^x e^{-\sqrt{3}\,ix} = e^x(\cos\sqrt{3}\,x - i\sin\sqrt{3}\,x)$. 特性方程式の複素数解は振動解を表す. 一般解は次のようにいくつかの書き方がある:

$$y = \begin{cases} c_1 e^{(1+\sqrt{3}\,i)x} + c_2 e^{(1-\sqrt{3}\,i)x} \\ e^x(Ae^{\sqrt{3}\,ix} + Be^{-\sqrt{3}\,ix}) \\ e^x(A\cos\sqrt{3}\,x + iB\sin\sqrt{3}\,x) \end{cases} , \qquad \begin{cases} A = c_1 + c_2 \\ B = c_1 - c_2 \end{cases}$$

6.7 線形微分方程式の特殊解

▟ 線形微分方程式 (6.63) の特殊解

1 階線形方程式 (p.145) は, 定数変化法で解けることを示した. 2 階以上の線形方程式の特殊解を求めることは, 一般には容易ではない. 同次線形方程式の積分定数を関数と仮定する定数変化法は, 2 階の線形方程式でさえ計算は容易ではない. 機械工学における微分方程式の講義では, 2 階線形方程式に焦点を当てることが多い. 実際, 重要な運動方程式が, 2 階の微分方程式であることにもよる. 特殊解の解法には大まかに 3 通りの方法がある.

(1) **素朴な方法** 非同次項の関数 $g(x)$ の形を見て解を想定し, 仮定したりして試行錯誤的に特殊解を見いだす. 数学としてもシステマティックではない. 微分方程式の講義で扱われるのは主としてこの方法である.

(2) **ラプラス変換**を適用する. ラプラス変換による解法は, いわゆる初期値問題と特殊解も同時に解くことになる. 初期値が任意定数なので, 積分定数とみなされる. 同次式 (6.64) の一般解と特殊解をまとめて, 線形方程式の一般解を導くことができる優れものである. ラプラス変換は, 微分方程式を解くだけにとどまらず, 制御工学, システム解析においても必須であり, 機械工学においては極めて重要である.

(3)　**フーリエ変換**によって，特殊解を求めることができる．フーリエ変換で特殊解を求めたら，(6.65) にしたがって，別途求める同次式 (6.64) の一般解との和をとって，非同次線形方程式 (6.63) の解を得ることになる．

● **BOX 6.5　線形微分方程式 (6.63) の一般解を求める 3 つの方法** ●

(1)　**素朴な方法**　　　(2)　**ラプラス変換**　　　(3)　**フーリエ変換**
試行錯誤で　　　　　　初期値問題と　　　　　特殊解が求まり，
特殊解を見つけ　　　　同時に特殊解も　　　　同次式の一般解
同次式の一般解　　　　求まる　　　　　　　　との和をとる
との和をとる　　　　　（ただし $x \geqq 0$）

◥　**2 階線形微分方程式 $y'' + ay' + by = g(x)$ の解法**

　一般論よりも，次の具体例を使って説明しよう．

$$y'' + 5y' + 6y = \sin x \tag{6.69}$$

この線形微分方程式は，前章 5.10 節で，フーリエ変換とラプラス変換による解法の比較のための例として使われた．本章では，素朴な方法で解いてみよう．

Step 1：同次式 $y'' + 5y' + 6y = 0$ の一般解を求める．特性方程式は，$\lambda^2 + 5\lambda + 6 = (\lambda + 2)(\lambda + 3) = 0$. 2 実解 -2 と -3 を持つから，基本解は e^{-2x} と e^{-3x} である．よって，同次式の一般解は次のように基本解の線形結合となる．

$$y_0(x) = c_1 e^{-2x} + c_2 e^{-3x} \quad \text{（同次式の一般解）} \tag{6.70}$$

Step 2：非同次式 $y'' + 5y' + 6y = \sin x$ の特殊解 $y_S(x)$ を求める．右辺が $\sin x$ なので，$y_S(x) = \alpha \sin x + \beta \cos x$ と仮定して，与式に代入する．

$\quad y'' + 5y' + 6y = \sin x$

$\rightarrow \quad (\alpha \sin x + \beta \cos x)'' + 5(\alpha \sin x + \beta \cos x)' + 6(\alpha \sin x + \beta \cos x) = \sin x$

$\rightarrow \quad 5(\alpha - \beta) \sin x + 5(\alpha + \beta) \cos x = \sin x \quad \rightarrow \quad 5(\alpha - \beta) = 1, \ 5(\alpha + \beta) = 0$

$\rightarrow \quad \alpha = \dfrac{1}{10}, \ \beta = -\dfrac{1}{10}$

特殊解が次のように得られた．

$$y_S(x) = \frac{1}{10} \sin x - \frac{1}{10} \cos x \quad \text{（非同次式の特殊解）} \tag{6.71}$$

与式（非同次式）の一般解は，(6.65) にしたがって，同次式の一般解 (6.70) と非同次式の特殊解 (6.71) の和なので，次のように得られる．

$$y(x) = c_1\, e^{-2x} + c_2\, e^{-3x} + \frac{1}{10}\sin x - \frac{1}{10}\cos x \qquad (6.72)$$

この解が，フーリエ変換による解 (5.72) と一致すること，およびラプラス変換によって得られた $x \geqq 0$ における解 (5.75) と一致することを確認してほしい．

6.8　運動方程式の解析 — 基本

x 軸上の質量 m の物体が，変位に比例するバネの力 $-kx$ と速度に比例する抵抗力 $-c\dot{x}$ （ダッシュポット，空気抵抗など），および外力 $g(t)$ を受けて運動している．k はバネ定数で，c は減衰定数または粘性減衰係数という．m の位置の変位を時間 t の関数として $x(t)$ とする．変位 $x(t)$ は，2 階線形定数係数微分方程式である**運動方程式**を満たす．

$$m\ddot{x} + c\dot{x} + k x = g(t) \qquad (6.73)$$

運動方程式を解析するためには，同次式の一般解と与式（非同次式）の特殊解に分けて考える必要がある．

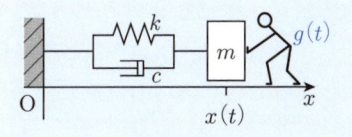

図6.9　質量 m の 1 次元運動

同次式は自由運動の運動方程式

運動方程式として，(6.73) の同次式

$$m\ddot{x} + c\dot{x} + k x = 0 \qquad (6.74)$$

は，外力のない自由運動を表す（参考文献 [1] の 3.2 節）．

特性方程式： $m\lambda^2 + c\lambda + k = 0$　解は 3 つの場合に分けられる（BOX 6.6）．

(1)　**2 つの異なる実数解**：判別式 $D = c^2 - 4km > 0$

$$\lambda_1 = \frac{-c + \sqrt{c^2 - 4km}}{2m} < 0, \qquad \lambda_2 = \frac{-c - \sqrt{c^2 - 4km}}{2m} < 0 \qquad (6.75)$$

この 2 つの解は共に負である．一般解 $x_0(t)$ は，

$$x_0(t) = c_1\, e^{-\left(c - \sqrt{\frac{c^2 - 4km}{2m}}\right)t} + c_2\, e^{-\left(c + \sqrt{\frac{c^2 - 4km}{2m}}\right)t} \qquad (6.76)$$

$$\rightarrow \quad 0 \quad (t \to \infty)$$

この解は，$t \to \infty$ の極限において減衰して 0 になる．

(2)　**重解**：判別式 $D = c^2 - 4km = 0$, $\lambda_0 = -\frac{c}{2m} < 0$
重解も負であることに注意する．一般解は，

$$x_0(t) = (c_1 t + c_2)e^{-\frac{c}{2m}t} \quad \to \quad 0 \quad (t \to \infty) \tag{6.77}$$

このときも，$t \to \infty$ の極限において減衰して 0 になる．

(3)　**2 つの複素数解**：判別式 $D = c^2 - 4km < 0$

$$\alpha_1 = \frac{-c + i\sqrt{4km - c^2}}{2m}, \qquad \alpha_2 = \frac{-c - i\sqrt{4km - c^2}}{2m} \tag{6.78}$$

2 つの解の実部 $-\frac{c}{2m}$ が共に負である．一般解 $x_0(t)$ は，

$$x_0(t) = e^{-\frac{c}{2m}t}\left(c_1 \sin \frac{\sqrt{4km - c^2}}{2m} t + c_2 \cos \frac{\sqrt{4km - c^2}}{2m} t \right) \tag{6.79}$$

$$\to \quad 0 \quad (t \to \infty)$$

この解は，振動しながら $t \to \infty$ の極限において減衰して 0 になる．

　自由運動では，3 通りのどの場合でも，時間が経つと $(t \to \infty)$，変位は $x_0(t) \to 0$ となって釣り合いの位置に戻る．始めは動いていてもやがて止まる．

● BOX 6.6　外力のない自由運動 3 態 — いずれも減衰 ●

(1)　解 (6.76) の 2 つの基本解の
グラフ

(2)　解 (6.77) のグラフ

(3)　解 (6.79) のグラフ

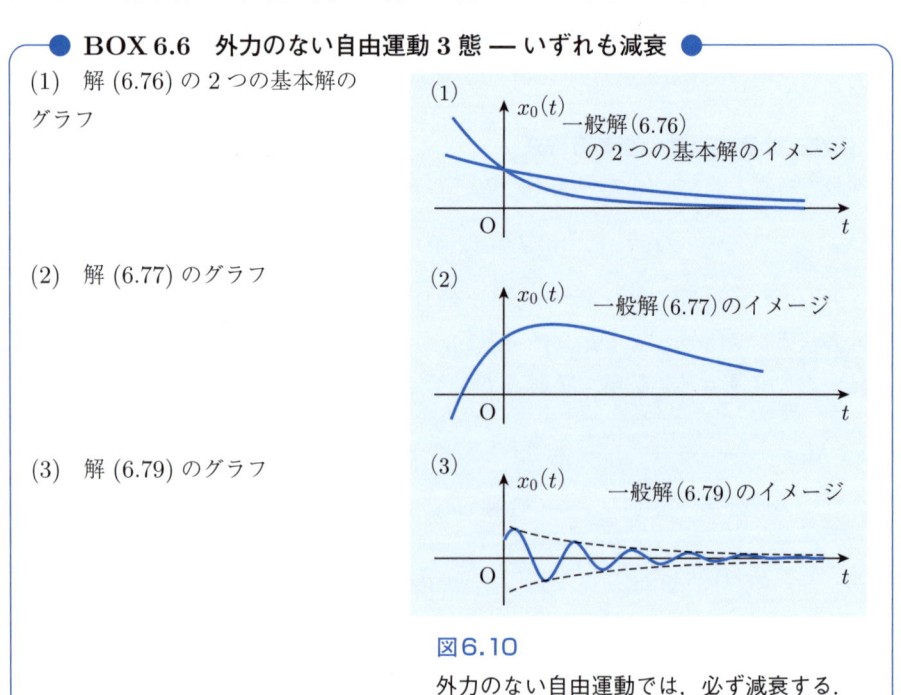

図 6.10

外力のない自由運動では，必ず減衰する．

■ **例題6.10** ■

　自由運動の方程式 (6.74) において，$m = 1, c = 6$ とする．k の値を次の3通り
に選んだときの一般解 $x_0(t)$ を求めよ．

(1)　$k = 5$　　(2)　$k = 9$　　(3)　$k = 13$

【解答】　(1)　特性方程式は，$\lambda^2 + 6\lambda + 5 = (\lambda + 1)(\lambda + 5) = 0$ である．解は $\lambda = -1$,
-5 なので，基本解は e^{-t}, e^{-5t}，よって一般解は $x_0(t) = c_1 e^{-t} + c_2 e^{-5t}$　(c_1, c_2：定
数) となる.

(2)　同様にして，基本解は te^{-3t} と e^{-3t}，よって一般解は $x_0(t) = (c_1 t + c_2)e^{-3t}$ と
なる.

(3)　基本解は $e^{(-3+2i)t}$ と $e^{(-3-2i)t}$，よって一般解は $x_0(t) = c_1 e^{(-3+2i)t} + c_2 e^{(-3+2i)t}$
となる．このときは (6.79) のように振動解 $x_0(t) = e^{-3t}(c_1 \sin 2t + c_2 \cos 2t)$ となる．■

6.9　運動方程式の解析 — 特殊解と共振

　質量 m の物体が，外力 $g(t)$ を受けながら運動方程式 (6.73) にしたがって1次
元運動をしている．$g(t)$ は任意の関数を考えることができる．ここでは，特に一定
の角周波数 ω を持つ周期的な外力 $g(t) = F_0 \sin \omega t$ を加える場合を考える．すなわ
ち，次の運動方程式を考える.

$$m\ddot{x} + c\dot{x} + kx = F_0 \sin \omega t \tag{6.80}$$

この特殊解 x_S は，素朴な解法（p.162）によって容易に求めることができる．すな
わち，$x_S = \alpha \sin \omega t + \beta \cos \omega t$ とおき，(6.80) に代入して係数 α と β を確定する
ことができる．よって，特殊解が次のように得られる.

$$x_S(t) = \frac{F_0}{(k - m\omega^2)^2 + c^2 \omega^2} \left\{ (k - m\omega^2)\sin \omega t + c\omega \cos \omega t \right\}$$

$$= \frac{F_0}{\sqrt{(k - m\omega^2)^2 + c^2 \omega^2}} \sin(\omega + \theta) \quad \left(\tan\theta = \frac{c\omega}{k - m\omega^2} \right) \tag{6.81}$$

注意 6.9　外力 $g(t)$ は，時間的に持続的に作用させるので，十分時間が経過した後の運
動を考えるときは，減衰してしまう自由運動の解 $x_0(t)$，すなわち (6.76), (6.77), (6.79)
は，いずれも考慮する必要はない．微分方程式 (6.80) の一般解を求めるという数学的観点
からは，解として $x(t) = x_0(t) + x_S(t)$ を求めることになるが，工学の立場からは特殊解
$x_S(t)$ が重要となる.

角周波数 ω と振幅　特殊解 (6.81) の振幅を ω の関数としてとらえる.

$$F(\omega) = \frac{F_0}{\sqrt{(k - m\omega^2)^2 + c^2 \omega^2}} \tag{6.82}$$

この振幅が最大になるときを**共振**という．それで $F(\omega)$ を微分する．

$$\frac{d}{d\omega}F(\omega) = F_0\{2m(k - m\omega^2) - c^2\}\omega \tag{6.83}$$

すると，$\omega \neq 0$ として，

$$\frac{d}{d\omega}F(\omega) = 0 \quad \rightarrow \quad \omega^2 = \frac{2mk - c^2}{2m^2} \tag{6.84}$$

となる．この ω が虚数にならず，実数解を持つ条件

$$c - \sqrt{2mk} < 0 \quad （共振発生条件） \tag{6.85}$$

のもとで，**共振周波数**が次のように求まる．

$$\omega = \frac{\sqrt{2mk - c^2}}{\sqrt{2}\,m} \tag{6.86}$$

自由運動を表す同次式 (6.74) の解は，判別式によって 3 通りに分類される．とこ

ろで，共振発生条件 (6.85) は，判別式
が負 $D = c - 4\sqrt{mk} < 0$ のときにし
か起きない．よって，共振は，自由運
動で振動解となる系にしか起きない現
象である (6.79)．

　共振の発生は，k を固定すると c が
十分小さいこと（**図6.11（上）**），逆に
c を固定すると k が十分大きいこと
（**図6.11（下）**）が条件となる．

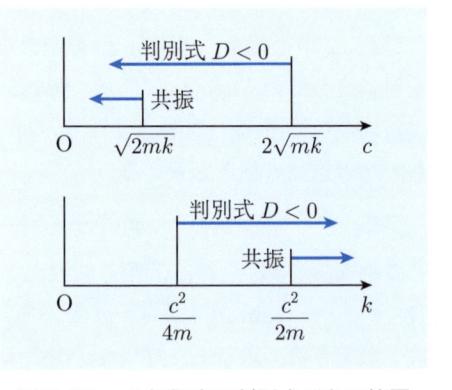

図6.11　共振発生は判別式が負の範囲

◆ 共振のときの特殊解

　共振周波数 (6.86) のとき，特殊解 (6.81) は次式となる．

$$x_S(t) = F_0\frac{2m}{c\sqrt{4km - c^2}}\sin(\omega t + \theta), \quad \tan\theta = \sqrt{2\left(\frac{2mk}{c^2} - 1\right)} \tag{6.87}$$

◆ バネ定数と共振周波数との関係

　m と c を固定し，いくつかのバネ定数 k に対して振幅 (6.82) の ω に対するグラ
フが，**図6.12**である．k が大きくなると，共振周波数は高くなり振幅は小さくな
る．バネが堅くなると揺れ幅は小さくなり，振動も小刻みになる．

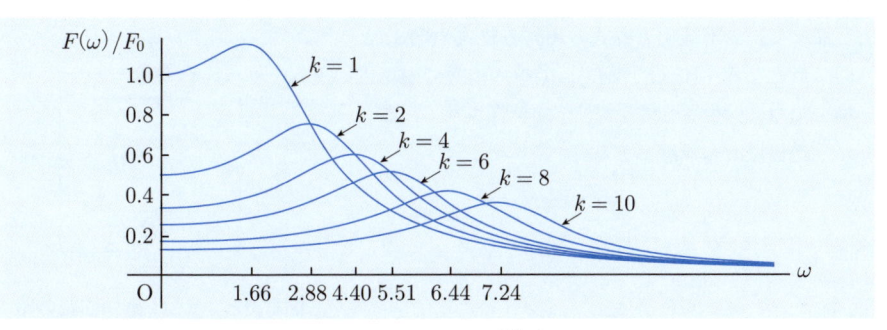

図6.12 角周波数 ω に対する振幅 (6.82) の比 $\frac{F(\omega)}{F_0}$ のグラフ. $m = c = 1$ を固定して, バネ定数を $k = 1, 2, 4, 6, 8, 10$ のグラフを示す.

■ **例題6.11** ■

運動方程式 (6.80) において $m = 1, c = 6, F_0 = 1$ として, $\ddot{x} + 6\dot{x} + kx = \sin\omega t$ を考える. バネ定数 k をパラメータとして, 小問に答えよ.

(1) 共振が発生するための条件は $k > 18$ であることを示せ.
(2) $k = 25$ のときの共振周波数が $\omega = \sqrt{7}$ であることを示せ.
(3) $k = 25$ のときの共振状態の解が次式となることを示せ.

$$x(t) = \frac{1}{24}\sin(\sqrt{7}\,t + \theta) + e^{-3t}(c_1\sin 4t + c_2\cos 4t) \quad \left(\tan\theta = -\frac{\sqrt{7}}{3}\right)$$

【解答】 (1) 共振発生条件 (6.85) が $k > \frac{c^2}{2m}$ なので, $k > \frac{6^2}{2\cdot 1} = 18$.

(2) 共振周波数 (6.86) より, $\omega = \frac{\sqrt{2mk-c^2}}{\sqrt{2}\,m} = \frac{\sqrt{2\cdot 1\cdot 25 - 6^2}}{\sqrt{2}\cdot 1} = \sqrt{7}$.

(3) 同次式の特性方程式 $\lambda^2 + 6\lambda + 25 = 0$ の解は, $\lambda = -3 \pm 4i$ なので自由運動の一般解は, $e^{-3t}(c_1\sin 4t + c_2\cos 4t)$ となる. この解は $t \to \infty$ において 0 になる. $k = 25$ で共振状態なので, 外力は $\sin\sqrt{7}\,t$ である. すなわち運動方程式は, $\ddot{x} + 6\dot{x} + 25x = \sin\sqrt{7}\,t$ である. これの特殊解は $x(t) = \frac{1}{32}\sin\sqrt{7}\,t - \frac{\sqrt{7}}{96}\cos\sqrt{7}\,t = \frac{1}{24}\sin(\sqrt{7}\,t + \theta)$ $\left(\tan\theta = -\frac{\sqrt{7}}{3}\right)$ ■

● **BOX 6.7　電気の RLC 回路 — 運動方程式 (6.73) と同じ微分方程式** ●

RLC 回路は, 抵抗 R, インダクタンス L とキャパシタンス C の直列回路で, 外部電圧 $E(t)$ とつながれている. 電流を時間の関数として $I(t)$ として, 各素子の電圧降下により次式が成り立つ.

$$L\dot{I}(t) + RI(t) + \frac{1}{C}\int I(t)\,dt = E(t) \tag{6.88}$$

この式を t で微分すると,

$$L\ddot{I}(t) + R\dot{I}(t) + \frac{1}{C}I(t) = \dot{E}(t) \tag{6.89}$$

となって，2 階線形方程式の運動方程式 (6.73) と
同じ形となる．RLC 回路で，共振周波数の磁場電
場を強力に発生させて「電波」を発振させる．これ
が「送信機」の原理である．

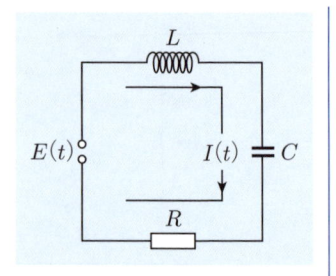

図6.13　RLC 直列回路の電
流 $I(t)$ も (6.73) と同じ 2 階
線形微分方程式に従う．

6.10　微分方程式の応用 ― 吊り橋の形状

微分方程式の応用として，**吊り橋のメーンケーブルの形状曲線を鎖のたわみ曲線**
として考える．一様密度 ρ_1 のメーンケーブルに，水平一様密度 ρ_2 の橋を吊り下げ
る（**図6.14**）．これが吊り橋のモデルで，形状曲線を決定したい．

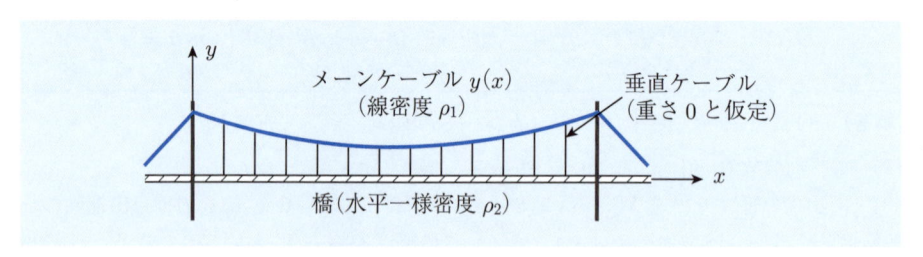

図6.14　吊り橋のモデル

◆ メーンケーブルに働く力の釣り合い ― 微分方程式を導く

垂直ケーブルの数が十分多ければ，メーンケーブルの形状はなめらかな曲線であ
るというモデル化は妥当である．吊り橋のメーンケーブルの力の釣り合いの方程式
を導こう（**図6.15**）．

ケーブルの任意の点 $P(x, y(x))$ において微小三角形 $\triangle PQR$ を考える（**図6.16**）．
$\triangle PQR$ の三辺の長さと，角度 $\angle P = \theta$ は次のように表される．

$$\text{PR} = h, \quad \text{QR} = \frac{dy}{dx}h = y'h, \tag{6.90}$$

$$\text{PQ} = \sqrt{dx^2 + dy^2} = \sqrt{1 + \left(\frac{dy}{dx}\right)^2}\, dx = \sqrt{1 + y'^2}\, h, \tag{6.91}$$

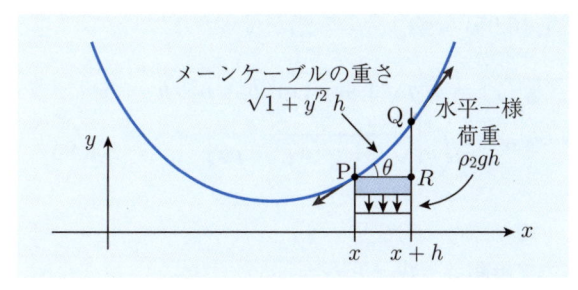

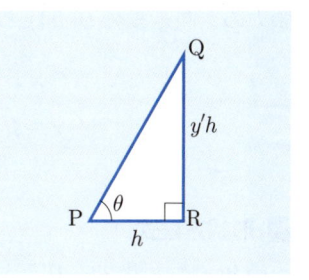

図6.15　一様密度 ρ_1 のメーンケーブルが，密度が ρ_2 の水平一様荷重を負荷として吊している．　　**図6.16**　無限小三角形 PQR

$$\tan\theta = y', \quad \cos\theta = \frac{1}{\sqrt{1+y'^2}}, \quad \sin\theta = \frac{y'}{\sqrt{1+y'^2}} \tag{6.92}$$

◼ 無限小水平区間 PQ の釣り合い

　鎖の張力はメーンケーブルの位置により異なることから x の関数 $T(x)$ とする．
水平方向の釣り合いの式　P と Q の 2 点における張力の水平成分は同じ値なので，釣り合いの式が成り立つ．

$$[T(x+h) \text{ の右向き水平成分}]$$

$$= [T(x) \text{ の左向き水平成分}] = C \text{（定数）}$$

$$\rightarrow \quad T(x+h)\cos\theta(x+h) = T(x)\cos\theta(x) = C$$

$$\rightarrow \quad T(x+h)\frac{1}{\sqrt{1+y'(x+h)^2}} = T(x)\frac{1}{\sqrt{1+y'(x)^2}} = C \tag{6.93}$$

鉛直方向の釣り合いの式　まず，鎖の張力の上向き成分を計算する．

$$[\text{張力 } T \text{ の上向き鉛直成分}]$$

$$= [T(x+h) \text{ の上向き鉛直成分} - T(x) \text{ の下向き鉛直成分}]$$

$$= T(x+h)\sin(x+h) - T(x)\sin x$$

$$= \frac{T(x+h)}{\sqrt{1+y'(x+h)^2}}y'(x+h) - \frac{T(x)}{\sqrt{1+y'(x)^2}}y'(x)$$

$$= Cy'(x+h) - Cy'(x) \quad [\text{(6.93) 参照}] \tag{6.94}$$

次に全荷重を計算する．

$$[\text{全荷重}] = [\text{メーンケーブルの PQ 間の自量}] + [\text{PQ 間で受ける橋の荷重}]$$

$$= \rho_1 g\sqrt{1+y'(x)^2}\,h + \rho_2 g\,h \tag{6.95}$$

張力の上向き成分 (6.94) と全荷重 (6.95) の釣り合いの式が得られる．

$$Cy'(x+h) - Cy'(x) = \rho_1 g \sqrt{1+y'(x)^2}\,h + \rho_2 g\,h$$

$$\rightarrow \quad \frac{y'(x+h) - y'(x)}{h} = \frac{g}{C}\left(\rho_1\sqrt{1+y'(x)^2} + \rho_2\right) \tag{6.96}$$

◆ 形状方程式

(6.96) で極限 $h \rightarrow 0$ をとると，2 階微分方程式となる．

$$y''(x) = \frac{g}{C}\left(\rho_1\sqrt{1+y'(x)^2} + \rho_2\right) \tag{6.97}$$

これを**形状方程式**と呼ぶ．これを一般の場合（メーンケーブルおよび橋にも重さが，かつ水平荷重がある場合）に解くことは難しい．しかしながら，2 つの特別な場合，すなわち片方にだけ重さがある場合は厳密に解くことができる．

Case 1：**メーンケーブルだけに重さがあり橋の重さがない場合**　（$\rho_1 \neq 0,\ \rho_2 = 0$）

$$形状方程式 (6.97) \quad \rightarrow \quad y'' = K_1\sqrt{1+y'^2} \quad \left(K_1 = \frac{g}{C}\rho_1\right) \tag{6.98}$$

解法　メーンケーブルの項のみの形状方程式 (6.98) は，y の項が存在しないので，$p = y'$ とおくと p の 1 階微分方程式となる：

$$(6.98) \quad \rightarrow \quad p' = K_1\sqrt{1+p^2} \tag{6.99}$$

これは変数分離形である．よって，$\frac{dp}{dx} = K_1\sqrt{1+p^2} \quad \rightarrow \quad \int \frac{dp}{\sqrt{1+p^2}} = K_1 \int dx$ の積分の結果，次式を得る．

$$\log\left(\sqrt{1+p^2} + p\right) = K_1 x + c_1 \tag{6.100}$$

曲線が $x = 0$ で水平成分を $y'(0) = p(0) = 0$ とすれば，$c_1 = 0$ となる．よって，

$$\log(\sqrt{1+p^2} + p) = K_1 x \quad \rightarrow \quad \sqrt{1+p^2} + p = e^{K_1 x} \tag{6.101}$$

ここでちょっと計算の工夫をする．x の符号を $-x$ に変えると，$p = y' = \frac{dy}{dx}$ は，$-\frac{dy}{dx} = -y' = -p$ のように符号を変える．よって (6.101) において，x と p の符号を変えた式が得られる．

$$\sqrt{1+p^2} - p = e^{-K_1 x} \tag{6.102}$$

ここで，(6.101) の後者から (6.102) を差し引いて，

$$p = y' = \frac{1}{2}(e^{K_1 x} - e^{-K_1 x}) \tag{6.103}$$

さらに積分すると形状曲線が**カテナリー**（または**懸垂線**）となる（**図6.17（上）**）．

$$y(x) = \frac{1}{2K_1}(e^{K_1 x} + e^{-K_1 x}) + c_2 = \frac{1}{K_1}\cosh K_1 x + c_2 \tag{6.104}$$

注意6.10 メーンケーブルの形状を表す関数は (1.5) のハイパーボリックコサインである．鎖が自然に垂れ下がったときの形状はカテナリー（または懸垂線）と呼ばれることが多い．ネックレスを両手でつまんで垂らしたときの形状や電柱と電柱の間の電線の形状もカテナリーである．ラテン語で catena は鎖を意味し，英語のチェーン（鎖）chain と通じる．次章 7.4 節で，形状が変分法によって示される．

Case 2：鎖には重さは無く水平荷重だけ存在する場合 （$\rho_1 = 0$, $\rho_2 \neq 0$）

$$\text{形状方程式} (6.97) \quad \rightarrow \quad y''(x) = K_2 \quad \left(K_2 = \frac{g}{C}\rho_2\right) \tag{6.105}$$

解法 これは簡単に解けて放物線となる．実際，

$$\text{放物線} \quad y(x) = \frac{1}{2}K_2 x^2 + ax + b \quad (a,\ b：定数) \tag{6.106}$$

頂点が原点 $x = 0$ にあるとして，定数は $a = b = 0$ となる．これが吊り橋におけるメーンケーブルのたわみの形状が近似的に放物線であることを示している．近似的とは，メーンケーブルの重さは決して 0 ではないが，重たい道路部分の一様分布荷重に比べて，重量を無視したことをいう（**図6.17（下）**）．

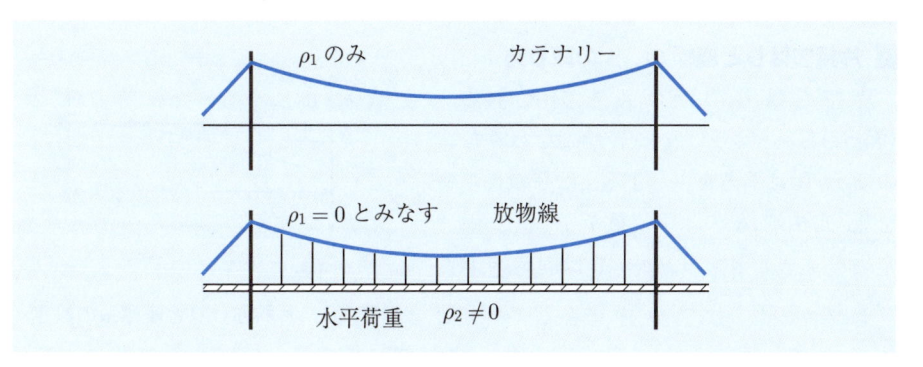

図6.17 吊り橋のメーンケーブルの形状曲線．（上）メーンケーブルだけならカテナリー．
　　　　（下）水平荷重の橋梁部分が設置され橋が完成すると放物線．

● **BOX 6.8** 水平荷重を持つ鎖の形状 — 2 つの特別な場合 ●

$$y''(x) = \frac{g}{C}\left(\rho_1\sqrt{1 + y'(x)^2} + \rho_2\right) \qquad (\text{再掲 }(6.97))$$

メーンケーブルのみ	橋の荷重のみ
$\rho_1 \neq 0,\ \rho_2 = 0$	$\rho_1 = 0,\ \rho_2 \neq 0$

$$y''(x) = \frac{g}{C}\rho_1\sqrt{1 + y'(x)^2}$$

$$y(x) = \frac{C}{2g\rho_1}\left(e^{\frac{g\rho_1}{C}x} + e^{-\frac{g\rho_1}{C}x}\right)$$

$$= \frac{C}{2g\rho_1}\cosh\frac{g\rho_1}{C}x$$

カテナリー（懸垂線）

$$y''(x) = \frac{g}{C}\rho_2$$

$$y(x) = \frac{g\rho_2}{2C}x^2$$

放物線

6.11　微分方程式の応用 — 材料力学から

材料力学においても，様々な微分方程式が現れる．微分方程式の応用として，その中で，**はり**（主として曲げモーメントを分担する棒状の部材）の曲げの解析の基本となる**たわみ曲線**の微分方程式を，特に，片持ちはりについて考える．（参考文献 [2] 機械工学テキストライブラリ-3「材料力学入門」日下貴之著，8.2 節）

◤ 片持ちはりと座標 (x, y) の取り方

片持ちはりのたわみを例とする（**図6.18**）．はりは常に下方にたわみむので，y 軸は下方を正とする．はりの長さを ℓ，自由端 A の水平位置を $x = 0$，固定端を $x = \ell$ とする．$y = 0$ は固定端 B の位置とする．

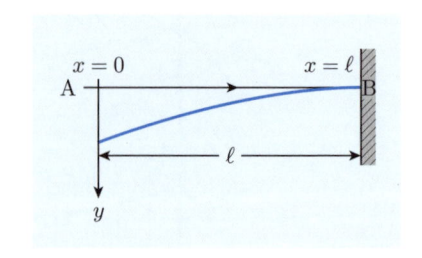

図6.18　片持ちはりと座標系の設定．

◤ はりのたわみ曲線の微分方程式

はりのたわみの形状曲線を $v = v(x)$ とする．v の 1 階導関数は，はりのたわみ角 $i(x)$ を表す．2 階導関数は v の曲率半径 $\rho(x)$ を表し，さらにはりが受ける外力

や荷重によって決まる**曲げモーメント** $M(x)$ と関係する．たわみ曲線 $v = v(x)$ と曲げモーメント $M(x)$ が，次の2階微分方程式にしたがう．

$$\frac{dv^2}{dx^2} = -\frac{M}{EI} \tag{6.107}$$

これが，はりのたわみを決定する基本の微分方程式である．ここで，E ははりの材質の**縦弾性係数**（ヤング率）で，I ははりの断面の形状に依存する**断面2次モーメント**である．また，それらの積 EI は**曲げ剛性**と呼ばれる．はりのたわみを計算するためには，まず曲げモーメント M を計算してから，(6.107) の一般解を求め，次にはりの設定条件を境界値問題として解く．本章では，この基本となる微分方程式の解法を，

例1．1点集中荷重を受ける片持ちはり

例2．一様分布荷重を受ける片持ちはり

について解説する

例1（1点集中荷重を受ける片持ちはり） （参考文献 [2] p134, 8.2.2 項）

はりの自由端 $x = 0$ において，集中荷重 P_0 を受ける片持ちはり（**図6.19**）の曲げモーメントは，$M = -P_0 x$ である．曲線の微分方程式 (6.107) は，次のようになる．

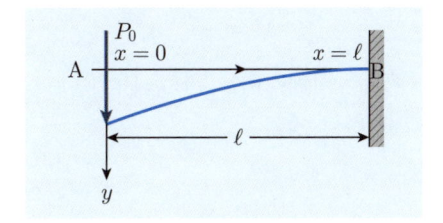

$$\frac{dv^2}{dx^2} = -\frac{M}{EI} = \frac{P_0}{EI}x \tag{6.108}$$

図6.19 1点集中荷重の片持ちはり

これを2回続けて積分をして，たわみ角 $i(x)$ とたわみ $v(x)$ の一般解を得る．

$$i(x) = \frac{dv}{dx} = \int \frac{P_0}{EI}x\,dx = \frac{P_0}{2EI}x^2 + c_1, \tag{6.109}$$

$$v(x) = \int \left(\frac{P_0}{2EI}x^2 + c_1 \right) dx = \frac{P_0}{6EI}x^3 + c_1 x + c_2 \tag{6.110}$$

一般解なので，2個の積分定数がある．定数を確定させるためには，2個の条件が必要となる．片持ちはりの設定条件から，固定端 B $(x = \ell)$ において，次の2つが境界条件となる．

たわみ角が $i(\ell) = 0$，　　　y 方向の位置が $v(\ell) = 0$

これらから，

$$\begin{cases} i(\ell) = \dfrac{P_0}{2EI}\ell^2 + c_1 = 0 \\[2mm] v(\ell) = \dfrac{P_0}{6EI}\ell^3 + c_1\ell + c_2 = 0 \end{cases} \quad \rightarrow \quad \begin{cases} c_1 = -\dfrac{P_0}{2EI}\ell^2 \\[2mm] c_2 = \dfrac{P_0}{3EI}\ell^3 \end{cases} \tag{6.111}$$

よって，たわみ角とたわみ曲線が，2 階微分方程式 (6.107) の境界値問題の解として次のように得られる．

$$i(x) = \frac{P_0}{2EI}(x^2 - \ell^2), \tag{6.112}$$

$$v(x) = \frac{P_0}{6EI}(x^3 - 3\ell^2 x + 2\ell^3) \tag{6.113}$$

この結果から $x = 0$ の自由端で，たわみ角とたわみの最大値が，次のように得られる．

$$i_{\max} = i(0) = -\frac{P_0}{2EI}\ell^2, \quad v_{\max} = v(0) = \frac{P_0}{3EI}\ell^3 \tag{6.114}$$

例 2（一様分布荷重を受ける片持ちはり）

単位長さあたり w_0 の一様分布荷重を受ける片持ちはり（**図6.20**）の曲げモーメントは，

$$M = -\frac{w_0}{2}x^2$$

である．曲線の微分方程式 (6.107) は，次のようになる．

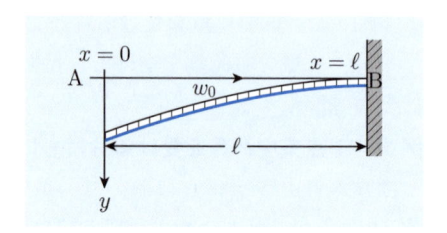

図6.20　一様分布荷重の片持ちはり

$$\frac{dv^2}{dx^2} = -\frac{w_0}{2EI}x^2 \tag{6.115}$$

これを 2 回続けて積分をして，たわみ角 $i(x)$ とたわみ $v(x)$ の一般解を得る．

$$i(x) = \frac{dv}{dx} = -\int \frac{w_0}{2EI}x^2\,dx = -\frac{w_0}{6EI}x^3 + c_1, \tag{6.116}$$

$$v(x) = -\int \left(\frac{w_0}{6EI}x^3 + c_1\right) dx = -\frac{P_0}{24EI}x^4 + c_1 x + c_2 \tag{6.117}$$

一般解なので，2 個の積分定数がある．定数を確定させるためには，2 個の条件が必要となる．片持ちはりの設定条件から決まるので，例 1 の集中荷重のときと境界条件は同じである．よって，積分定数は次のように確定する．

$$\begin{cases} i(\ell) = \dfrac{w_0}{6EI}\ell^2 + c_1 = 0 \\ v(\ell) = \dfrac{w_0}{24EI}\ell^4 + c_1\ell + c_2 = 0 \end{cases} \rightarrow \begin{cases} c_1 = -\dfrac{w_0}{6EI}\ell^3 \\ c_2 = \dfrac{w_0}{8EI}\ell^4 \end{cases} \tag{6.118}$$

よって，たわみ角とたわみ曲線が，2 階の微分方程式 (6.107) の境界値問題の解として次のように得られる．

$$i(x) = \frac{w_0}{6EI}(x^3 - \ell^3), \tag{6.119}$$

$$v(x) = \frac{w_0}{24EI}(x^4 - 4\ell^3 x + 3\ell^4) \tag{6.120}$$

はりのたわみの問題として，この結果から $x = 0$ の自由端において，たわみ角とたわみが最大値

$$i_{\max} = i(0) = -\frac{w_0}{6EI}\ell^3, \quad v_{\max} = v(0) = \frac{w_0}{8EI}\ell^4 \tag{6.121}$$

をとることが分かる.

注意6.11 たわみ曲線の微分方程式 (6.107) は，2 階の微分方程式なので，曲げモーメント M が 1 次式（集中荷重）ならばたわみは 3 次関数（例 1）で，M が 2 次式（一様分布荷重）ならば 4 次関数（例 2）となる.

注意6.12 たわみ曲線の 2 階導関数は曲率 $\kappa(x)$ を表す：

$$\frac{d^2 v}{dx^2} = -\kappa(x) = -\frac{1}{r(x)}$$

（参考文献 [2] の (8.25)）. よって，2 階導関数，曲げモーメント，および曲率が 1 つの関係式となる：$\frac{d^2 v}{dx^2} = -\frac{M(x)}{EI} = -\kappa(x)$ （曲率の定義は 1 章 (1.60) で与えられている. たわみ曲線の曲率は，y 軸は下方が正なので負号「$-$」が付く. また，7 章 (7.45)〜(7.48) では変分法によって曲率の 2 乗が弾性エネルギーとなることが示される）.

6.12 インパルス力を受ける粒子の運動

質量 m が 1 次元運動をしている. 時刻 t_0 において強さ F_0 のデルタ関数で表されるインパルス力が作用したとする. その運動を解析する. 運動方程式は 2 階の常微分方程式となる.

$$m\ddot{x}(t) = F_0 \delta(t - t_0) \tag{6.122}$$

まず，この運動方程式を第 1 章で学んだデルタ関数の性質を使って解く（解法例 1）. 次に，ラプラス変換によって解く（解法例 2）.

◆ 解法例 1

第 1 章の (1.47) で示したようにデルタ関数 $\delta(x)$ はヘビサイド関数 $u(x)$ の導関数である.

運動方程式を直ちに積分して速度を得る.

$$\dot{x}(t) = \frac{F_0}{m}\int \delta(t - t_0)\,dt$$

$$= \frac{F_0}{m}u(t - t_0) + c_1 \tag{6.123}$$

これは，t_0 でインパルス力を受けて，速度が一定値だけ増加することを表す（図6.21）.

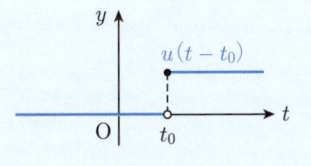

図6.21
ヘビサイド関数 $u(t - t_0)$

さらに，速度 (6.123) を積分するが，t_0 の前後で速度は定数であるから，変位 $x(t)$ を t の 1 次式とヘビサイド関数で次のように仮定する．

$$x(t) = \int \dot{x}(t)\,dx = \frac{F_0}{m}(\alpha t + \beta)u(t - t_0) + c_1 t + c_2 \tag{6.124}$$

この $x(t)$ を微分して速度 $\dot{x}(t)$ を求める．

$$\begin{aligned}
\dot{x}(t) &= \frac{F_0}{m}\alpha\,u(t - t_0) + \frac{F_0}{m}(\alpha t + \beta)\,u'(t - t_0) + c_1 \\
&= \frac{F_0}{m}\alpha\,u(t - t_0) + \frac{F_0}{m}(\alpha t + \beta)\,\delta(t - t_0) + c_1 \\
&= \frac{F_0}{m}\alpha\,u(t - t_0) + \left.\frac{F_0}{m}(\alpha t + \beta)\right|_{t=t_0}\delta(t - t_0) + c_1 \;[(1.44)\ \text{より}] \\
&= \frac{F_0}{m}\alpha\,u(t - t_0) + \frac{F_0}{m}(\alpha t_0 + \beta)\delta(t - t_0) + c_1
\end{aligned}$$

これと (6.123) を比較すると，まず $\alpha = 1$ であり，またデルタ関数の項は存在しないので $(\alpha t_0 + \beta) = 0$，すなわち $\beta = -t_0$ となる．よって，(6.124) より運動方程式 (6.122) の一般解として変位が次のようになる．

$$x(t) = \frac{F_0}{m}(t - t_0)\,u(t - t_0) + c_1 t + c_2 \tag{6.125}$$

初期値 初期値を設定する．$t = 0$ のとき初期位置を $x(0) = x_0$，初速度を $v(0) = v_0$ とする．すると $x(t)$ と $v(t)$ が次のように確定する（**図6.22**）．

$$x(t) = \frac{F_0}{m}(t - t_1)\,u(t - t_1) + v_0 t + x_0, \tag{6.126}$$

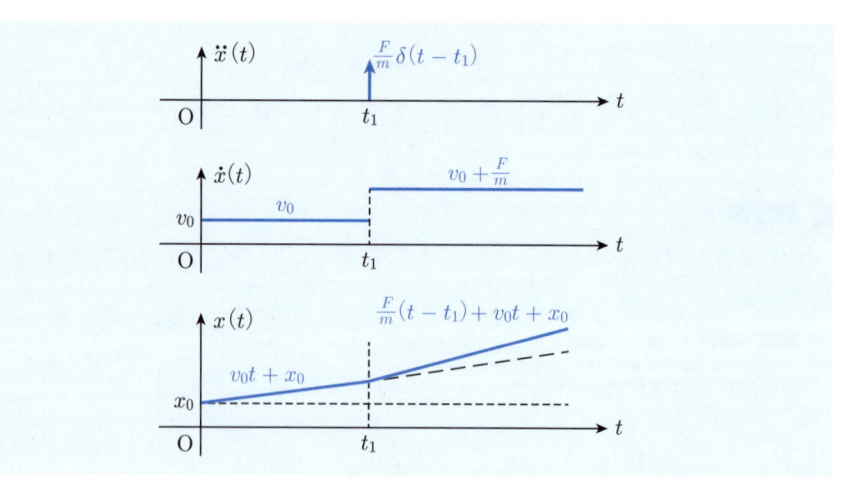

図6.22　インパルス力を受けて 1 次元運動をする質点 m の位置 $x(t)$（下），速度 $v(t) = \dot{x}(t)$（中），および加速度 $\ddot{x}(t)$（上）の時間 t に対するグラフ．

$$v(t) = \dot{x}(t) = \frac{F_0}{m} u(t - t_1) + v_0 \tag{6.127}$$

この運動は，等速度 v_0 で自由運動をしていた質点 m が時刻 t_1 において，強さ F_0 の瞬間的なインパルス力を受けると，速度が v_0 から $v_0 + \frac{F_0}{m}$ にジャンプして，それ以降は速度が $v_0 + \frac{F_0}{m}$ の等速運動を続ける．

解法例 2（ラプラス変換による解法）

まず，$x(t)$ のラプラス変換を $X(s)$ として，運動方程式 (6.122) の両辺をラプラス変換する．

$$\begin{aligned}
&\mathscr{L}[\ddot{x}(t)] = \mathscr{L}\left[\frac{F_0}{m}\delta(t - t_0)\right] \\
\to\quad & s^2X(s) - sx(0) - \dot{x}(0) = \frac{F_0}{m}e^{-t_0 s} \quad \text{(5.9 節（L6, L9））} \\
\to\quad & s^2X(s) = \frac{F_0}{m}e^{-t_0 s} + \dot{x}(0) + sx(0) \\
\to\quad & X(s) = \frac{F_0}{m}\frac{e^{-t_0 s}}{s^2} + \dot{x}(0)\frac{1}{s^2} + x(0)\frac{1}{s} \qquad (6.128)
\end{aligned}$$

これで $X(s)$ が解けた．これを逆ラプラス変換する．（L12)–(L14）より

$$\begin{aligned}
x(t) &= \mathscr{L}^{-1}[X(s)] = \mathscr{L}^{-1}\left[\frac{F_0}{m}\frac{e^{-t_0 s}}{s^2} + \dot{x}(0)\frac{1}{s^2} + x(0)\frac{1}{s}\right] \\
&= \frac{F_0}{m}\mathscr{L}^{-1}\left[\frac{e^{-t_0 s}}{s^2}\right] + \dot{x}(0)\mathscr{L}^{-1}\left[\frac{1}{s^2}\right] + x(0)\mathscr{L}^{-1}\left[\frac{1}{s}\right] \\
&= \frac{F_0}{m}(t - t_0)\,u(t - t_0) + \dot{x}(0)\,t + x(0) \qquad (6.129)
\end{aligned}$$

初期値を $\dot{x}(0) = c_1, x(0) = c_2$ とおくと，解は (6.125) と一致する．

$$x(t) = \frac{F_0}{m}(t - t_0)\,u(t - t_0) + c_1\,t + c_2 \tag{6.130}$$

6.13 連立線形微分方程式

2 章で，正方行列の固有値と固有ベクトルの応用例として連立線形微分方程式の解法をみてきた．2 章 演習 2.8 では，1 階連立線形微分方程式の一般解を行列を使って解いた．例題として行列を使わずに解いてみよう，

例題6.12

1 階連立線形微分方程式 $\begin{cases} y_1' = 4y_1 + 2y_2 \\ y_2' = 4y_1 - 3y_2 \end{cases}$ の一般解を行列を使わずに解け．

【解答】 第 1 式より，$y_2 = \frac{1}{2}y_1' - 2y_1$．これを第 2 式に代入：

$$\left(\frac{1}{2}y_1' - 2y_1\right)' = 4y_1 - 3\left(\frac{1}{2}y_1' - 2y_1\right)$$

よって

$$y_1'' - y_1' - 20y_1 = 0 \ (2 \text{ 階線形同次方程式})$$

$\rightarrow$ （特性方程式）$\lambda^2 - \lambda - 20 = (\lambda - 5)(\lambda + 4) = 0$

$\rightarrow$ （基本解）$y_1 = e^{-4x},\ e^{5x}$ $\rightarrow$ （y_1 の一般解）$y_1 = \gamma_1 e^{-4x} + \gamma_2 e^{5x}$

これより

$$y_2 = \frac{1}{2}\left(\gamma_1 e^{-4x} + \gamma_2 e^{5x}\right)' - 2\left(\gamma_1 e^{-4x} + \gamma_2 e^{5x}\right) = -4\gamma_1 e^{-4x} + \frac{1}{2}\gamma_2 e^{5x}$$

よって，次のように一般解が得られた．

$$y_1 = \gamma_1 e^{-4x} + \gamma_2 e^{5x}, \quad y_2 = -4\gamma_1 e^{-4x} + \frac{1}{2}\gamma_2 e^{5x} \tag{6.131}$$

これは 2 章 演習 2.8 の一般解 $y_1(x) = c_1 e^{-4x} + 2c_2 e^{5x}$，$y_2(x) = -4c_1 e^{-4x} + c_2 e^{5x}$ と一致する．ただし，定数の対応は $\gamma_1 = c_1$，$\gamma_2 = 2c_2$ である．

6章の演習問題

□**6.1** $y' = x^3 e^{-y}$（変数分離形）を解け．

□**6.2** $xy' + y + 2x = 0$（同次形）を解け．

□**6.3** 微分形式 $w = 3y\,dx + 2x\,dy$ が 0 のときの微分方程式を示し，解を求めよ．

□**6.4** 微分形式 $v = 3x^2 y^2\,dx + 2x^3 y\,dy$ は完全微分形式であることを示せ．

□**6.5** 次の 1 階微分方程式について，下記の問いに答えよ．

$$(3x^2 y + \cos x)\,dx + x^3\,dy = 0$$

(1) 完全微分方程式であることを示せ．

(2) 解を求めよ．

□**6.6** 次の 1 階微分方程式の解を，下記の小問にしたがって求めよ．

$$3\sinh y\,dx + x\cosh y\,dy = 0$$

(1) 完全微分方程式ではないことを示せ．

(2) 積分因子が $\mu = x^m$ であると仮定して m を決めよ．

(3) μ を掛けた完全微分方程式を書き下せ．

(4) その一般解を求めよ．

□**6.7** 次の未知関数 $x = x(t)$ の 2 階定数係数線形微分方程式を解け．

$$\ddot{x}(t) - 8\dot{x}(t) + 16x(t) = 0 \quad \left(\dot{} = \frac{d}{dt},\ \ddot{} = \frac{d^2}{dt^2}\right)$$

□**6.8**　パラメータ表示されたサイクロイド $x = x(\theta) = a(\theta -\sin\theta)$, $y = y(\theta) = a(1-\cos\theta)$ が満たす微分方程式が，$\frac{dy}{dx} = \sqrt{\frac{2a}{y} - 1}$ であることを示せ．

□**6.9**　次のベルヌーイの方程式を，下記の 2 つの方法によって解け．

$$y' + \frac{1}{x}y = x^2 y^3$$

(1)　p.146 のベルヌーイの方程式の解法の処方にしたがって解け（$u = \frac{1}{y^2}$ とおき，まず u の線形微分方程式を解く）．

(2)　与式を $\left(\frac{y}{x} - x^2 y^3\right) dx + dy = 0$ の形にする．これが完全微分方程式かどうか確認する．そして，積分因子を見つけて，完全微分方程式として解く．［ヒント：積分因子は $\mu = \frac{1}{x^2 y^3}$ ］

□**6.10**　微分方程式 $f''(x) + 4f(x) = 2\cos 3x$ がある．

(1)　フーリエ変換を使って解け．　　(2)　ラプラス変換を使って解け．

□**6.11**　断熱過程 $(\delta Q = T\, dS = 0)$ では，エントロピー S は一定に保たれる．理想気体のエントロピー S の (6.61) から，次式を示せ．

$$E^{\frac{3}{2}}V = 定数$$

□**6.12**　(1)　エントロピー S の式 (6.61) の $S(E,V)$ から，体積 V が，E と S の 2 変数の関数として次式となることを示せ．

$$V(E,S) = V_1 E_1^{\frac{3}{2}} E^{-\frac{3}{2}} e^{\frac{S-S_1}{R}}$$

(2)　体積 V の完全微分形式 $dV(E,S) = \left(\frac{\partial V}{\partial E}\right)_S dE + \left(\frac{\partial V}{\partial S}\right)_E dS$ が，(1) の結果から，具体的に次で与えられることを示せ．

$$dV(E,S) = -\frac{3V}{2E}dE + \frac{V}{R}dS$$

(3)　(2) の結果と，熱力学の第 1 法則 (6.28) から，理想気体の状態方程式 (6.35) とエネルギーの (6.36) が導かれることを示せ．

□**6.13**　x 軸上の質量 m の物体が，減衰定数 c とバネ定数 k の抵抗を受けて，かつ $t = 2$ においてインパルス力 $F_0\delta(t-2)$ の作用を受けて運動する．m の位置を時間 t の関数として $x(t)$ とする．初期位置を $x(0) = 0$，初速度を $\dot{x}(0) = 0$ とする．特に，$m = 1$, $c = 4$, $k = 3$ のとき，ラプラス変換によって，$t \geqq 0$ における $x(t)$ を求めて，グラフもかけ．

●　**BOX 6. 付録 1　微分形式とその微分**　●

微分形式 $w = a(x,y)\, dx + b(x,y)\, dy$ の微分 dw について

変数の 2 次無限小量は 0　微積分では，変数 1 次の無限小量（dx や dy）まで考慮して，2 次以上の無限小量は 0 とする．すなわち

$$d\, dx = d\, dy = 0 \qquad\qquad (a)$$

_w_ から _dw_ へ　a と b が関数なので，一般に $dw = 0$ になるとは限らない．注意して計算をする．

$$
\begin{aligned}
dw &= d\left(a(x,y)\,dx + b(x,y)\,dy\right) \\
&= da(x,y)\,dx + a(x,y)\,ddx + db(x,y)\,dy + b(x,y)\,ddy \\
&= da(x,y)\,dx + db(x,y)\,dy \\
&= \left(\frac{\partial a}{\partial x}dx + \frac{\partial a}{\partial y}dy\right)dx + \left(\frac{\partial b}{\partial x}dx + \frac{\partial b}{\partial y}dy\right)dy \\
&= \frac{\partial a}{\partial x}dxdx + \frac{\partial a}{\partial y}dydx + \frac{\partial b}{\partial x}dxdy + \frac{\partial b}{\partial y}dydy
\end{aligned} \tag{b}
$$

これは，上記の $d\,dx = d\,dy = 0$ とは異なる 1 次の微小量の 2 次式である．

dxdy は無限小面積を表す　2 つの異なる方向のベクトルは平行四辺形を形成するので面積を表す．よって，積 $dxdy$ も $dydx$ も無限小面積を表す．dx 同士の積は $dxdx = 0$，同様に dy の積も $dydy = 0$ となる．さて，微分形式 $\alpha = dx + dy$ 同士の積 $\alpha\alpha$ の面積は 0 であるが展開してみよう．

$$
\begin{aligned}
0 = \alpha\alpha &= (dx+dy)(dx+dy) = dxdx + dxdy + dydx + dydy \\
&= 0 + dxdy + dydx + 0 = dxdy + dydx \\
\rightarrow \quad & dydx = -dxdy
\end{aligned} \tag{c}
$$

これにより，dw は符号付きあるいは向きのある面積を表し，次式となる．

$$
w = a(x,y)\,dx + b(x,y)\,dy \;\rightarrow\; dw = \left(\frac{\partial b}{\partial x} - \frac{\partial a}{\partial y}\right)dxdy \tag{d}
$$

(注：(1 次) 微分形式 w に対して dw は 2 次微分形式といわれる．)

● BOX 6. 付録 2　微分形式とその微分の応用 ── グリーンの定理 ●

　BOX 6. 付録 1 の「w から dw へ」の応用としてグリーンの定理がある．(d) の w も dw も同じ「w」であって，無限小量の表示が 1 次か 2 次かの違いである．(1 次) 微分形式の積分は線積分で，2 次微分形式の積分は面積分となる．それらが一致することをグリーンの定理という．ループ C が囲む領域を D とすると，次のように線積分と面積分が一致することを示している．

$$
\int_C w = \iint_D dw \;\leftrightarrow\; \int_C a\,dx + b\,dy = \iint_D \left(\frac{\partial b}{\partial x} - \frac{\partial a}{\partial y}\right)dxdy \tag{6.132}
$$

グリーンの定理は，3 章で使われている ((3.43), (3.44) 参照) (ここではグリーンの定理の意味を示したが，微積分の教科書における証明を確認して欲しい)．

第7章

変分法と微分方程式

　変分法は，1696 年にヨハン ベルヌーイによって提起された最速降下線の問題に端を発する．変分法は極めて大切なしかも極めて基本的な数学の理論であるが，工学系のカリキュラムに正規に組み込まれていることは少ない．変分法の大きな枠組みにおいて定式化された力学が，解析力学である．変分法の考え方は極めて単純であり，数学モデルそのものを作り上げていく過程で考え方の指針を示し，その結果，解くべき微分方程式まで導いてくれる．まず，最短曲線と最速降下線の問題から変分法の考え方を知って，次に解析力学をざっと学ぶ．そして，第 6 章で解法が示されたはりのたわみ曲線の方程式 (6.107) が，変分法によっても導かれることを示す．

7.1　変分法とは — 最短曲線の例を使って

◆ 変分法のアイデア

　2 点間を結ぶ最短曲線は，直線であることを知っている．では，2 点を結ぶ無数の曲線の中で，最短となるものは何かと問う．これが変分法の発端となる．点 P と Q を結ぶ曲線を関数 $y = y(x)$ で表す．曲線の全体を

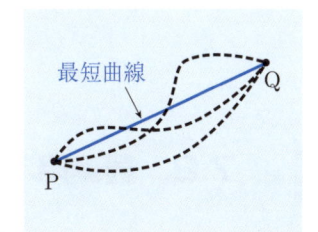

図7.1　平面上の 2 点 PQ を結ぶ様々な曲線

$$\mathscr{C}_{PQ} = \{\, y = y(x) \,|\, y = y(x) \text{ は P と Q を結ぶ曲線} \,\} \tag{7.1}$$

とする．この中から，1 つ曲線 $y = y(x)$ を選んで，P (x_P) から Q (x_Q) に至る道のり距離を数値として与える「関数の関数」を汎関数 $\mathscr{F}$ と呼ぶ（BOX 1.5 参照）．

$$[曲線]\ y = y(x) \quad \rightarrow \quad \mathscr{F}[y] = \int_{x_P}^{x_Q} \sqrt{1 + y'^2}\, dx \quad （数値） \tag{7.2}$$

別の曲線を選べば，$\mathscr{F}[y(x)]$ の値も変わる．そこで，どの曲線が $\mathscr{F}[y(x)]$ の最小値を与えるかが問題となる．すなわち，$\mathscr{F}[y(x)]$ の極値問題が変分法である．

◼ 汎関数 (7.2) の極値を決める微分方程式 — オイラー方程式

最短曲線の問題の場合，(7.2) において被積分汎関数として $\mathscr{L} = \sqrt{1 + y'^2}$ とおくと，**オイラー方程式**と呼ばれる次の微分方程式

$$\left(\frac{\partial \mathscr{L}}{\partial y'}\right)' - \frac{\partial \mathscr{L}}{\partial y} = 0 \quad (\text{オイラー方程式}) \tag{7.3}$$

の解が，$\mathscr{F}[y(x)]$ の最小値を与える関数の候補となる．ところで，$\mathscr{L} = \sqrt{1 + y'^2}$ には y は含まれていないから，$\frac{\partial \mathscr{L}}{\partial y} = 0$ である．よって，(7.3) は，

$$\left(\frac{\partial \mathscr{L}}{\partial y'}\right)' = 0 \quad \rightarrow \quad \frac{\partial \mathscr{L}}{\partial y'} = 定数$$

$$\rightarrow \quad \frac{\partial}{\partial y'}\sqrt{1 + y'^2} = \frac{y'}{\sqrt{1 + y'^2}} = 定数$$

$$\rightarrow \quad y' = a \quad (定数) \tag{7.4}$$

ここで，最短曲線という変分問題における微分方程式が得られた．

オイラー方程式 (7.4) の解　オイラー方程式 (7.4) は，極めて簡単で直ちに解が求まる．

$$y = ax + b \quad (a, b：定数) \tag{7.5}$$

すなわち直線である．2 点 P, Q を通るように定数 a, b を決めて，最短曲線が確定する．

$$y = \frac{y(x_Q) - y(x_P)}{x_Q - x_P}(x - x_P) + y(x_P) \tag{7.6}$$

7.2　最速降下線 — 変分法のはじまり

◼ 最速降下線はサイクロイド

　最速降下線の問題とは，滑り台をすべり降りる粒子が初速度 0 で降下して最短時間で設定された到達点に達するには，どのような曲線の滑り台にしたらよいかという問題である．ヨハン ベルヌーイが提起した問題で，ヨハンの兄のヤコブ ベルヌーイによる変分法の発端となったといわれている．その答えはサイクロイドである．4 つのステップに分けてサイクロイドに至る道筋を見ていく．

Step 1 (エネルギー保存則)：質量 m の粒子のエネルギーは，出発点 (高さ H) では速度 v が 0 で，重力ポテンシャル mgH だけである．

　降下を始めて水平距離が x のときの高さが $h(x)$，速度を $v(x)$ とすると，次のエネルギー保存則が成り立つ（図7.2）．

$$\frac{1}{2}mv(x)^2 + mgh(x) = mgH \tag{7.7}$$

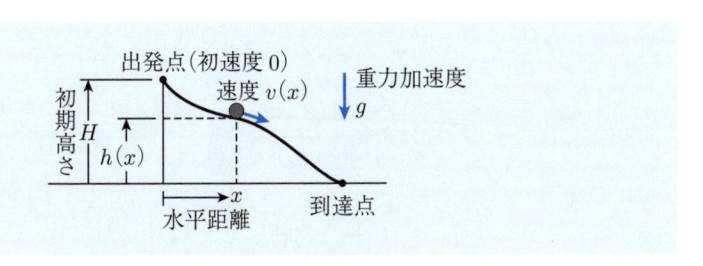

図7.2　最速降下線の説明図

Step 2（速度 $v(x) = \frac{微小距離}{微小時間}$）：速度は，$v(x) = \frac{ds}{dt}$ なので，エネルギー保存則 (7.7) は，$\frac{1}{2}m\left(\frac{ds}{dt}\right)^2 + mgh(x) = mgH$ となる．これより，次式を得る．

$$\frac{ds}{dt} = \sqrt{2g(H - h(x))} \tag{7.8}$$

Step 3（微小時間 dt から全降下時間 $T[h(x)]$ へ）：(7.8) より，dt が次式となることが分かる．

$$dt = \frac{ds}{\sqrt{2g(H - h(x))}} = \frac{\sqrt{1 + (h'(x))^2}}{\sqrt{2g(H - h(x))}}dx$$

$$\rightarrow \quad T[h(x)] = \int dt = \int \frac{\sqrt{1 + (h'(x))^2}}{\sqrt{g(H - h(x))}}dx \tag{7.9}$$

（ここで，$ds = \sqrt{dx^2 + dh^2} = \sqrt{1 + (\frac{dh}{dx})^2}\,dx = \sqrt{1 + (h')^2}\,dx$ である．）

　この，全降下時間 $T[h(x)]$ は，降下曲線 $h(x)$ の形によって異なるので，その最小値を与える曲線 $h(x)$ を決定しなければならない．

Step 4（オイラー方程式を求める）：上式 (7.9) を次のようにおくと，

$$T[h(x)] = \int \mathscr{L}\,dx = \int \mathscr{L}[h(x), h'(x)]dx = \int \frac{\sqrt{1 + (h'(x))^2}}{\sqrt{g(H - h(x))}}dx \tag{7.10}$$

$\mathscr{L}$ は h と 1 階導関数 h' を含む．オイラー方程式 (7.3) を計算する．

$$\left(\frac{\partial \mathscr{L}}{\partial h'}\right)' - \frac{\partial \mathscr{L}}{\partial h} = 0$$

$$\rightarrow \quad \left\{\frac{\partial}{\partial h}\left(\frac{\partial \mathscr{L}}{\partial h'}\right) \cdot h' + \frac{\partial}{\partial h'}\left(\frac{\partial \mathscr{L}}{\partial h'}\right) \cdot h''\right\} - \frac{\partial \mathscr{L}}{\partial h} = 0 \tag{7.11}$$

この第 2 式に h' を掛けると次のようになる.

$$\frac{\partial^2 \mathscr{L}}{\partial h \partial h'} h'^2 + \frac{\partial^2 \mathscr{L}}{\partial h'^2} h' h'' - \frac{\partial \mathscr{L}}{\partial h} h' = 0 \quad \leftrightarrow \quad \left(h' \frac{\partial \mathscr{L}}{\partial h'} - \mathscr{L} \right)' = 0 \qquad (7.12)$$

　　　［第 2 式の微分を行えば，第 1 式となることが容易に確認できる.］

これより，$h' \dfrac{\partial \mathscr{L}}{\partial h'} - \mathscr{L}$ が定数となる. これを具体的に計算する.

$$
\begin{aligned}
h' \frac{\partial \mathscr{L}}{\partial h'} - \mathscr{L} &= h' \frac{1}{\sqrt{2g(H - h(x))}} \frac{h'}{\sqrt{1 + (h'(x))^2}} - \frac{\sqrt{1 + (h'(x))^2}}{\sqrt{2g(H - h(x))}} \\
&= -\frac{1}{\sqrt{2g(H - h(x))}} \frac{1}{\sqrt{1 + (h'(x))^2}} \quad (\text{定数})
\end{aligned}
$$

$$\rightarrow \quad (H - h(x))\{1 + (h'(x))^2\} = 2a \quad (\text{定数}) \qquad (7.13)$$

ここで，高さ $h(x)$ の代わりに，未知関数として $y = y(x) = H - h(x)$ を使うと，微分方程式 (7.13) は，

$$y(1 + y'^2) = 2a \quad \rightarrow \quad y' = \sqrt{\frac{2a - y}{y}} \qquad (7.14)$$

となる. これは 6 章の演習 6.8 のサイクロイド $x = a(\theta - \sin\theta)$, $y = a(1 - \cos\theta)$ が満たす微分方程式である（θ はパラメータ）. よって最速降下線はサイクロイドとなる.

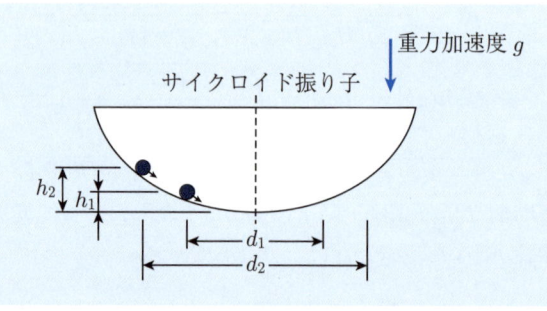

図7.3　最速降下線のサイクロイドに沿って異なる高さ h_1 および h_2 から降下しても常に同時に最下点に達する. 任意の最高点から降下して，最下点からさらに反対側に上昇し，また降下をして，それを繰り返すと，粒子は時計の振り子とみなされ異なる振幅でも同じ周期で振動する. すなわち，最速降下線は，すでに知られていた等時性曲線と同じサイクロイドだったのである.

　ヨハン ベルヌーイは，最速降下線がサイクロイドであると分かったとき（1696年），「その曲線はホイヘンスが見つけた**等時性曲線**（1673 年）と同じである」と報告している（**図7.3**）.

　最速降下線は，最下点に達するまでの時間を問題にしたので，曲線の半分だけを考えた．そして，サイクロイドが最速降下線となって，粒子はどの高さから降下を始めても同じ時間で最下点に達する．さらに，粒子がそのままサイクロイドの反対側に上がり，降下を始めた高さまで達して，また降下をする．これを繰り返すとまさに振り子の振動と同じである．降下の高低差は振り子の揺れ幅に対応するので，振動の揺れ幅に依存せず一定周期となる．すなわち，等時性曲線と最速降下線は同じことで，どちらの考えからも探し求めていた曲線はサイクロイドだった.

7.3　変分法による力学 — 解析力学

　変分法によって定式化された力学を解析力学という．広く許容度のある変分法がどのように力学に役立っているかを見る．まず，最短曲線の例で用いたオイラー方程式が，解析力学では運動方程式に対応する．最短曲線における用語や記号と，解析力学における用語や記号との対応を見ることから始めよう.

◆ 用語と記号の対応

最短曲線の変分法	↔	3 次元解析力学
変数 x	↔	時間 t
関数 $y(x)$	↔	座標 $(x(t), y(t), z(t))$
1 階微分 $y'(x)$	↔	速度 $(\dot{x}(t), \dot{y}(t), \dot{z}(t))$
被積分汎関数 $\mathscr{L}[x, y, y']$	↔	ラグランジアン $\mathscr{L}[t, x, y, z, \dot{x}, \dot{y}, \dot{z}]$
汎関数 $\mathscr{F}[y]$	↔	作用 $\mathscr{S}$
オイラー方程式	↔	オイラー方程式（運動方程式）
微分 $\frac{d}{dx}$ または $'$（プライム）	↔	時間微分 $\frac{d}{dt}$ または $\dot{\ }$（ドット）

ここで，関数 $f(x)$ は，力学における自由度の数だけの座標 $(x(t), y(t), z(t))$ に対応する.

▶ 3次元空間の中の粒子のラグランジアン

3次元空間 (x, y, z) の中の粒子のラグランジアンは，時間 t そのものと，t をパラメータとする座標 $(x(t), y(t), z(t))$，および速度 $(\dot{x}(t), \dot{y}(t), \dot{z}(t))$ によって表される．時間 t に依存しない場合と依存する場合がある．

$$\mathscr{L} = \mathscr{L}[t, x, y, z, \dot{x}, \dot{y}, \dot{z}] \quad (t \text{ に陽に依存する場合}) \tag{7.15}$$

$$\mathscr{L} = \mathscr{L}[x, y, z, \dot{x}, \dot{y}, \dot{z}] \quad (t \text{ に依存しない場合}) \tag{7.16}$$

粒子の**運動エネルギー**を T として，**ポテンシャルエネルギー**を U とすれば，$\mathscr{L}$ は，それらの差で次のように表される．

$$\mathscr{L} = T - U \tag{7.17}$$

定義（解析力学における運動量 $(\mathscr{P}_x, \mathscr{P}_y, \mathscr{P}_z)$）

$$\mathscr{P}_x = \frac{\partial \mathscr{L}}{\partial \dot{x}}, \quad \mathscr{P}_y = \frac{\partial \mathscr{L}}{\partial \dot{y}}, \quad \mathscr{P}_z = \frac{\partial \mathscr{L}}{\partial \dot{z}} \tag{7.18}$$

▶ エネルギーを表すハミルトニアン $\mathscr{H}$

ハミルトニアンは次式で定義され，エネルギーを表す．

$$\mathscr{H} = \dot{x}\frac{\partial \mathscr{L}}{\partial \dot{x}} + \dot{y}\frac{\partial \mathscr{L}}{\partial \dot{y}} + \dot{z}\frac{\partial \mathscr{L}}{\partial \dot{z}} - \mathscr{L} \tag{7.19}$$

<u>$\mathscr{L}$ が t に陽に依存する場合</u>　媒質中を運動する粒子が媒質を付着させながら運動するときには質量が増加したりする．そのような場合，運動エネルギー T は質量の時間依存によって t に陽に依存する．ポテンシャル U も時間依存するかも知れない．質量 m もポテンシャル U も時間 t に陽に依存する場合，$\mathscr{L}$ は，

$$\mathscr{L} = \mathscr{L}[t, x, y, z, \dot{x}, \dot{y}, \dot{z}] = \frac{1}{2}m(t)\left(\dot{x}^2 + \dot{y}^2 + \dot{z}^2\right) - U(t, x, y, z) \tag{7.20}$$

となる．

<u>$\mathscr{L}$ が t に依存しない場合</u>　質量 m が定数で，かつポテンシャルエネルギー U も時間変動しない場合などが例となる．そのような場合，m を定数として $\mathscr{L}$ は，

$$\mathscr{L} = \mathscr{L}[x, y, z, \dot{x}, \dot{y}, \dot{z}]$$
$$= \frac{1}{2}m\left(\dot{x}^2 + \dot{y}^2 + \dot{z}^2\right) - U(x, y, z) \tag{7.21}$$

となる．

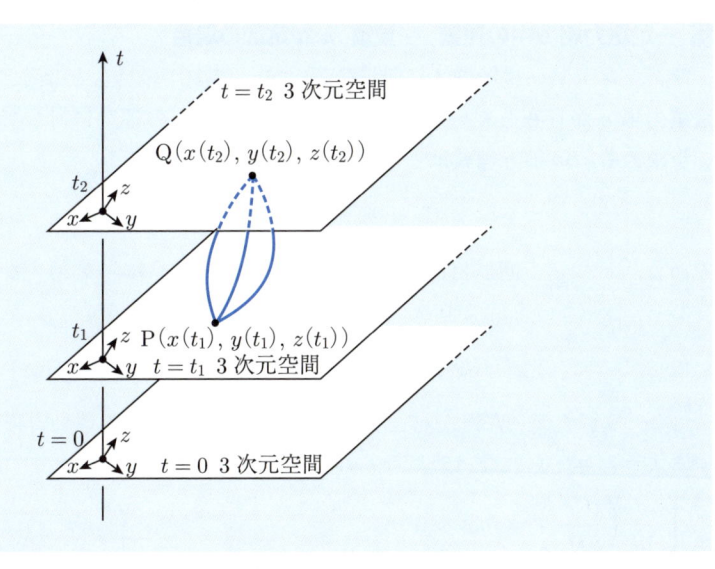

図7.4 3次元空間の中の粒子が，仮想的なものも含めて，時刻 t_1 から t_2 の間にとりうる軌道を表す.

◆ 作用 ── 軌道ごとに値が決まる汎関数

仮想的なものも含めて考えられる軌道は無限個ある（**図7.4**）．ラグランジアン $\mathscr{L}$ を時刻 t_1 から t_2 まで時間 t で積分したもの

$$\mathscr{S}[x,y,z] = \int_{t_1}^{t_2} \mathscr{L}\, dt \quad (\mathscr{L} \text{ は } (7.15) \text{ または } (7.16)) \tag{7.22}$$

を作用という．$\mathscr{S}$ は，軌道 $(x(t), y(t), z(t))$ ごとに値が変わる汎関数である．あらゆる軌道の中から，力学として実現する軌道は $\mathscr{S}$ が最小値をとるものと考える．これを，最小作用の原理またはハミルトンの原理という．

◆ オイラー方程式が運動方程式

ハミルトンの原理により，ラグランジアン $\mathscr{L}$ が満たすべき方程式が次のオイラー方程式である．

$$\begin{cases} x & \to & \dfrac{d}{dt}\left(\dfrac{\partial \mathscr{L}}{\partial \dot{x}}\right) - \dfrac{\partial \mathscr{L}}{\partial x} = 0 \\[2mm] y & \to & \dfrac{d}{dt}\left(\dfrac{\partial \mathscr{L}}{\partial \dot{y}}\right) - \dfrac{\partial \mathscr{L}}{\partial y} = 0 \\[2mm] z & \to & \dfrac{d}{dt}\left(\dfrac{\partial \mathscr{L}}{\partial \dot{z}}\right) - \dfrac{\partial \mathscr{L}}{\partial z} = 0 \end{cases} \tag{7.23}$$

解析力学では，これが運動方程式となる．

◆ 一定重力場の中の運動 — 質量 m が定数の場合

ラグランジアンは時間 t に陽に依存せず，(7.16) の場合となる．z 方向下方に一定重力場 g が存在している空間における，粒子 m の運動に対してのラグランジアンを求める．運動方程式は，

$$m\ddot{x} = 0, \quad m\ddot{y} = 0, \quad m\ddot{z} = -mg \tag{7.24}$$

である．x と y 方向は自由運動である．よって，$\mathscr{L}$ は z を何らかの形で含む．すなわち，$\mathscr{L}$ は (7.21) より次の形をしていなければならない．

$$\mathscr{L} = \mathscr{L}[z, \dot{x}, \dot{y}, \dot{z}] = \frac{1}{2}m\left(\dot{x}^2 + \dot{y}^2 + \dot{z}^2\right) - U(z) \tag{7.25}$$

この $\mathscr{L}$ のオイラー方程式 (7.23) が，一定重力場における運動方程式 (7.24) と一致するように与えられなければならない．

$$\begin{cases} \dfrac{d}{dt}\left(\dfrac{\partial \mathscr{L}}{\partial \dot{x}}\right) = m\ddot{x} = 0 \\[2mm] \dfrac{d}{dt}\left(\dfrac{\partial \mathscr{L}}{\partial \dot{y}}\right) = m\ddot{y} = 0 \\[2mm] \dfrac{d}{dt}\left(\dfrac{\partial \mathscr{L}}{\partial \dot{z}}\right) - \dfrac{\partial \mathscr{L}}{\partial z} = m\ddot{z} + \dfrac{dU(z)}{dz} = 0 \end{cases} \quad \leftrightarrow \quad \begin{cases} m\ddot{x} = 0 \\[2mm] m\ddot{y} = 0 \\[2mm] m\ddot{z} = -mg \end{cases} \tag{7.26}$$

この比較から z 成分の微分方程式を得る．

$$\frac{dU(z)}{dz} = mg \tag{7.27}$$

これは，すぐに解けて，高さ z の重力ポテンシャルを表す．

$$U(z) = mgz + c \quad (c：定数) \tag{7.28}$$

$U(z)$ が確定したので，ラグランジアンも確定する（通例 c を書かない）．

$$\mathscr{L} = \mathscr{L}[z, \dot{x}, \dot{y}, \dot{z}] = \frac{1}{2}m\left(\dot{x}^2 + \dot{y}^2 + \dot{z}^2\right) - mgz \tag{7.29}$$

運動量 (7.18) を計算しよう

$$\mathscr{P}_x = m\dot{x}, \quad \mathscr{P}_y = m\dot{y}, \quad \mathscr{P}_z = m\dot{z} \tag{7.30}$$

ハミルトニアン (7.19) を計算しよう

$$\begin{aligned} \mathscr{H} &= \dot{x}\,m\dot{x} + \dot{y}\,m\dot{y} + \dot{z}\,m\dot{z} - \left\{\frac{1}{2}m\left(\dot{x}^2 + \dot{y}^2 + \dot{z}^2\right) - mgz\right\} \\ &= \frac{1}{2}m\left(\dot{x}^2 + \dot{y}^2 + \dot{z}^2\right) + mgz \end{aligned} \tag{7.31}$$

このように，$\mathscr{H}$ はエネルギー（運動エネルギーとポテンシャルエネルギーの和）

を表す．では，$\mathscr{H}$ の時間変化を計算する．

$$\dot{\mathscr{H}} = \left\{ \frac{1}{2}m\left(\dot{x}^2 + \dot{y}^2 + \dot{z}^2\right) + mgz \right\}^{\cdot}$$

$$= m\dot{x}\ddot{x} + m\dot{y}\ddot{y} + m\dot{z}\ddot{z} + mg\dot{z} \qquad [(7.26) \text{ より}]$$

$$= 0 + 0 + m\dot{z}(-g) + mg\dot{z} = 0 \quad \rightarrow \quad \mathscr{H} \text{ (定数)} \tag{7.32}$$

これは，エネルギーが一定，すなわちエネルギー保存則のことである．

◥ 質量 m が時間の関数となる例 — 容器内の内容物が増加

省エネを推進している工場で，液体材料を摩擦無しで水平移動できる質量が M の容器に入れて A 点から距離 L だけ離れた次の工程の B 点まで運搬したい．最初は空の容器が初速度 v_0 で A 点 $(x = 0)$ を出発したときから，B 点 $(x = L)$ に達するまでの移動の間，液体材料を単位時間あたり α だけ注入し続ける．B 点に到着するときの速度が $\frac{1}{10}v_0$ となるようにしたい．液体材料の単位時間あたりの注入量 α を M, L, v_0 で表してみよう（図7.5）．

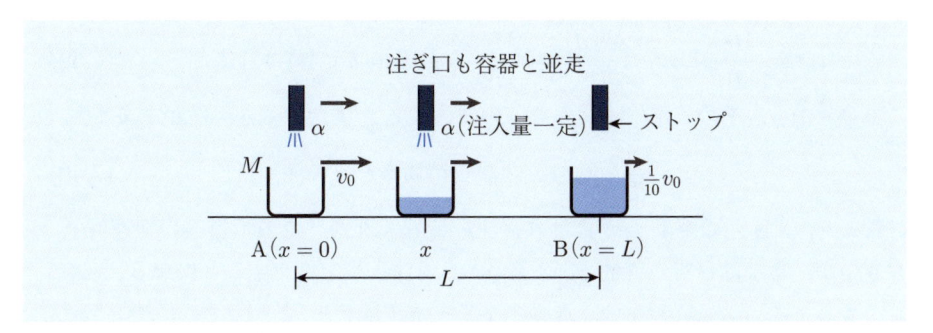

図7.5 容器は摩擦無しで A から距離 **L** だけ離れた B まで，液体材料を注入されながら移動する．B 点に到着するとき速度が $\frac{1}{10}$ まで減速するように注入量を調整する．

容器が A 点を出発するときの時刻を $t = 0$ とする．容器と液体材料を合わせた質量は時間の関数で $m(t) = M + \alpha t$ となる．1 次元の運動で，外力も働かないので，ラグランジアンは運動エネルギー T だけで，次のようになる．

$$\mathscr{L} = \mathscr{L}[t, x, \dot{x}] = T = \frac{1}{2}m(t)\dot{x}^2 \tag{7.33}$$

オイラー方程式は，(7.23) の第 1 式より，運動量 （(7.18) の x 成分）が保存することが分かる．

$$\frac{d}{dt}\left(\frac{\partial \mathscr{L}}{\partial \dot{x}}\right) = 0 \quad \rightarrow \quad \frac{\partial \mathscr{L}}{\partial \dot{x}} = C \text{ （定数）}$$

$$\rightarrow \quad \frac{\partial}{\partial \dot{x}}\left(\frac{1}{2}m(t)\dot{x}^2\right) = m(t)\dot{x} = (M + \alpha t)\dot{x} = C \tag{7.34}$$

これより，速度が得られる．

$$\dot{x}(t) = \frac{Mv_0}{M + \alpha t} \quad (\dot{x}(0) = v_0 \text{ より } C = Mv_0) \tag{7.35}$$

B 点に達するまでの時間を t_1 とする．B 点で速度が $\frac{1}{10}v_0$ になるためには

$$\dot{x}(t_1) = \frac{Mv_0}{M + \alpha t_1} = \frac{1}{10}v_0 \quad \rightarrow \quad M + \alpha t_1 = 10M \tag{7.36}$$

これを積分して移動距離を求める．

$$x(t) = \int \frac{Mv_0}{M + \alpha t}\,dt = \frac{Mv_0}{\alpha}\log(M + \alpha t) + C_1 \tag{7.37}$$

初期値 $x(0) = 0$ より，$C_1 = -\frac{Mv_0}{\alpha}\log M$ なので，$x(t)$ が確定する．

$$x(t) = \frac{Mv_0}{\alpha}\log\frac{M + \alpha t}{M} \tag{7.38}$$

時間が $t = t_1$ のとき B 点に達して移動距離が L となるので，

$$x(t_1) = \frac{Mv_0}{\alpha}\log\frac{M + \alpha t_1}{M} = \frac{Mv_0}{\alpha}\log 10 = L \quad ((7.36)\text{ より}) \tag{7.39}$$

この等号から，求める単位時間あたりの注入量 α が満たすべき条件が求まる．

$$\alpha = \frac{Mv_0}{L}\log 10 \quad (\text{単位時間あたりの注入量}) \tag{7.40}$$

これより，AB 間の距離 L が長ければ注入量 α は少なくなる．容器の初速度 v_0 が大きいか，または容器の質量 M が重いときは注入量を増やすことになる．

ハミルトニアン（この場合，運動エネルギー）は

$$\mathscr{H}(t) = \dot{x}\frac{\partial \mathscr{L}}{\partial \dot{x}} - \mathscr{L} = \frac{M^2 v_0^2}{M + \alpha t}$$

その時間変化は

$$\frac{d}{dt}\mathscr{H}(t) = -\frac{M^2 v_0^2 \alpha}{2(M + \alpha t)^2}$$

となって保存量ではない．A 点でエネルギーは $\mathscr{H}(0) = \frac{1}{2}Mv_0^2$ だったが，B 点で $\mathscr{H}(t_1) = \frac{1}{20}Mv_0^2$ に低下する（結果のみ）．

7.4 変分法によるカテナリーの決定

微分方程式の例として，6.10 節で，吊り橋の形状を考えた．メーンケーブルは，橋の荷重が無いときは，形状は**カテナリー**になる．では，変分法で自然に垂れている鎖の形状が，カテナリーになることを示そう．

一様密度 ρ の鎖の 2 点を固定して，自然に垂れ下がっているときの形状は，鎖の重力ポテンシャルが最小となる状態であると考える．鎖の形状曲線を $y = y(x)$ とする．

◆ 鎖の重力ポテンシャル

鎖の重力ポテンシャルを $\mathscr{F}[y]$ とすると

$$\mathscr{F}[y] = \int \mathscr{L}[y, y'] \, dx = \rho g \int y \sqrt{1 + (y')^2} \, dx \tag{7.41}$$

である．変分法では，これが最小となるような形状曲線を求める．

◆ オイラー方程式

オイラー方程式は，(7.41) を最小とする曲線が満たす方程式である．オイラー方程式は，被積分関数 $\mathscr{L}[y, y']$ が高々 1 階の導関数を含むので次式で与えられる．

$$\frac{\partial \mathscr{L}}{\partial y} - \left(\frac{\partial \mathscr{L}}{\partial y'}\right)' = 0 \tag{7.42}$$

■ 例題 7.1 ■

$\mathscr{A} = \dfrac{\partial \mathscr{L}}{\partial y'} y' - \mathscr{L}$ は定数となることを示せ．

【解答】 $\mathscr{A}$ を x で微分する．

$$\begin{aligned}
(\mathscr{A})' &= \left(\frac{\partial \mathscr{L}}{\partial y'} y' - \mathscr{L}\right)' = \left(\frac{\partial \mathscr{L}}{\partial y'} y'\right)' - \mathscr{L}' \\
&= \left(\frac{\partial \mathscr{L}}{\partial y'}\right)' y' + \frac{\partial \mathscr{L}}{\partial y'} y'' - \left(\frac{\partial \mathscr{L}}{\partial y} y' + \frac{\partial \mathscr{L}}{\partial y'} y''\right) \\
&= \left\{\left(\frac{\partial \mathscr{L}}{\partial y'}\right)' - \frac{\partial \mathscr{L}}{\partial y}\right\} y' \\
&= 0 \qquad [\text{オイラー方程式によって } 0 \text{ となる}]
\end{aligned}$$

よって，$\mathscr{A} = [\text{定数}]$ となる．

◆ $\mathscr{L} = \rho g \int y \sqrt{1+(y')^2}$ **の具体的解析**

上記の $\mathscr{A} = [定数]$ という結果が適用できる．そして，定数 $\mathscr{A}$ を計算する．

$$\mathscr{A} = \frac{\partial \mathscr{L}}{\partial y'} y' - \mathscr{L} = 定数$$

$$\rightarrow \quad \rho g \frac{\partial(y\sqrt{1+(y')^2})}{\partial y'} y' - \rho g y \sqrt{1+(y')^2} = 定数$$

$$\rightarrow \quad \frac{\partial(y\sqrt{1+(y')^2})}{\partial y'} y' - y \sqrt{1+(y')^2} = 定数 \tag{7.43}$$

$$\rightarrow \quad \frac{y y'^2}{\sqrt{1+(y')^2}} - y\sqrt{1+(y')^2} = -\frac{y}{\sqrt{1+(y')^2}} = -a \quad (定数)$$

$$\rightarrow \quad y' = \frac{1}{a}\sqrt{y^2-a^2} \quad (変数分離形の微分方程式)$$

$$\rightarrow \quad \int \frac{dy}{\sqrt{y^2-a^2}} = \frac{1}{a}\int dx \quad \rightarrow \quad \log(y+\sqrt{y^2-a^2}) = \frac{x}{a}+b$$

$$\rightarrow \quad y + \sqrt{y^2-a^2} = e^{\frac{x}{a}+b} \tag{$*$}$$

ここで，$(*)$ の両辺に $(y-\sqrt{y^2-a^2})$ を掛ける．

$$(y+\sqrt{y^2-a^2})(y-\sqrt{y^2-a^2}) = e^{\frac{x}{a}+b}(y-\sqrt{y^2-a^2})$$

$$\rightarrow \quad a^2 = e^{\frac{x}{a}+b}(y-\sqrt{y^2-a^2})$$

$$\rightarrow \quad y - \sqrt{y^2-a^2} = a^2 e^{-\frac{x}{a}-b} \quad [(*) と和をとる]$$

$$\rightarrow \quad y = \frac{1}{2}\left(e^{\frac{x}{a}+b} + a^2 e^{-\frac{x}{a}-b}\right)$$

$$\rightarrow \quad y' = \frac{1}{2}\left(\frac{1}{a}e^{\frac{x}{a}+b} - a e^{-\frac{x}{a}-b}\right) \tag{7.44}$$

ここで，$x=0$ が最下点で水平になるとして $y'(0)=0$ より，$e^b=a$ となる．よって，次のようにカテナリーであることが確認できる．

$$y(x) = \frac{1}{2}\left(e^{\frac{x}{a}} + e^{-\frac{x}{a}}\right) = \cosh\frac{x}{a}$$

この変分法によるカテナリーの解析方法と，微分方程式による 6.10 節の吊り橋のメーンケーブルの解析結果 (6.104) と比較すると，鎖の垂れる形状ではカテナリーといわれることが多いが，関数形はハイパーボリックコサインである．

7.5　変分法の応用 — はりのたわみ曲線の決定

はりの変形にかかわる外力，荷重，弾性エネルギー

6.11 節で，材料力学におけるはりのたわみ曲線の微分方程式の解法を説明した．本節では，その微分方程式が変分法によっても導かれることを示す．はりのたわみ曲線は，外力，荷重および弾性エネルギーなどによって決定する（図7.6）．

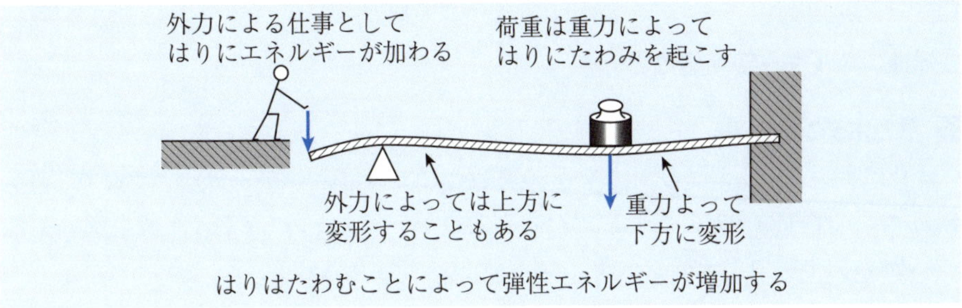

図7.6　はりは，外力や荷重を受けると変形する．すると，曲率が発生して弾性エネルギーが蓄積される．全エネルギーが最小となるような曲線が，はりのたわみの形状になると考える．

本節では，変分法によるはりのたわみの解析を説明したのち，6.11 節の「1 点集中荷重を受ける片持ちはり」および「一様増加荷重を受けるはり」を例として説明する．いずれも外力は存在しない例である．

弾性エネルギーは曲率によって表される

（座標軸の向き：図6.18のように x 軸は右が正，y 軸は下方を正とする.）

たわみ曲線 $v = v(x)$ の曲率は次のように与えられる（1 章 (1.60) および 6 章 注意 6.12 を参照）．

$$\kappa(x) = \frac{1}{r(x)} = -\frac{v''}{\{1+(v')^2\}^{\frac{3}{2}}} \tag{7.45}$$

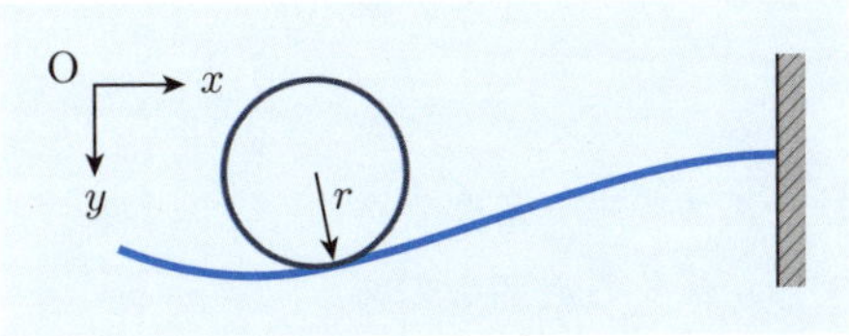

図7.7　はりのたわみ曲線 $\boldsymbol{v} = \boldsymbol{v}(\boldsymbol{x})$ の曲率円．$\boldsymbol{r}$ を曲率半径，その逆数 $\boldsymbol{\kappa} = \frac{1}{\boldsymbol{r}}$ が曲率.

たわみ曲線 $v = v(x)$ の微小部分 $x \sim x + dx$ の微小弾性エネルギー $d\mathscr{E}_1[v,x]$ は，曲率 $\kappa(x)$ の 2 次式で表される．

$$d\mathscr{E}_1[v,x] = \frac{1}{2}EI\,(\kappa(x))^2\;dx = \frac{1}{2}EI\,\frac{(v'')^2}{\{1+(v')^2\}^3}\,dx \tag{7.46}$$

特に，1 階導関数 $v'(x)$ はたわみ角を表すが極めて小さい．しかも曲率の中では 2 次 $(v')^2$ なので，近似として 0 とみなす．このような近似は工学としての判断である．よって，微小弾性エネルギーは次の近似式で表されるものとする．

$$d\mathscr{E}_1[v, x] = \frac{1}{2} EI\left(\kappa(x)\right)^2 dx = \frac{1}{2} EI\left(v''\right)^2 dx \tag{7.47}$$

<u>弾性エネルギー密度関数</u>　関数

$$\mathscr{E}_1(x) = \frac{1}{2} EI\left(v''(x)\right)^2 \tag{7.48}$$

を弾性エネルギー密度関数という．

◤ 重力ポテンシャル

　はりに掛かる荷重および外力を x の関数として荷重分布 $w = w(x)$ で表す．荷重を受けて，はりが下方に変形してたわみ曲線が $v = v(x)$ になると，微小部分 $x \sim x + dx$ の微小重力ポテンシャル $d\mathscr{E}_2[v, x]$ は次で与えられる．

$$d\mathscr{E}_2[v, x] = -w(x)v(x)\, dx \tag{7.49}$$

◤ はりの全エネルギー

　はりの全エネルギーは，(7.47) と (7.49) との和をはり全体にわたって積分したものであるから，

$$\begin{aligned}
\mathscr{E}_{\text{total}}[v] &= \int_0^\ell \left(d\mathscr{E}_1[v, x] + d\mathscr{E}_2[v, x]\right) \\
&= \int_0^\ell \left\{ \frac{1}{2} EI(v''(x))^2 - w(x)v(x) \right\} dx
\end{aligned} \tag{7.50}$$

となる．この被積分関数

$$\frac{1}{2} EI(v''(x))^2 - w(x)v(x) \tag{7.51}$$

は，エネルギー密度である．全エネルギー $\mathscr{E}_{\text{total}}[v]$ は，はりのたわみの形状によって値が決まる汎関数である．

$$\begin{array}{ccc}
\mathscr{E}_{\text{total}} : \{\text{たわみの形状}\} & \longrightarrow & \mathbb{R} \\
\cup & & \cup \\
v(x) & \longmapsto & \mathscr{E}_{\text{total}}[v]
\end{array} \tag{7.52}$$

変分法では，はりは，全エネルギー (7.50) が最小値となるたわみの形状をとると考える．その条件がオイラー方程式である．

◼ **オイラー方程式**

エネルギー密度 (7.51) に含まれる導関数の最高階数が 2 階であることに注目する．かつ，v と v' が含まれているかどうかにも注意して，エネルギー密度を $\mathscr{L}$ で表す．

$$\mathscr{L} = \mathscr{L}[x, v, v'']$$
$$= \frac{1}{2}EI(v''(x))^2 - w(x)v(x) \tag{7.53}$$

すると全エネルギー (7.50) は次の積分で表される．

$$\mathscr{E}_{\text{total}} = \int \mathscr{L}[x, v, v''] \, dx$$
$$= \int \left\{ \frac{1}{2}EI(v''(x))^2 - w(x)v(x) \right\} dx \tag{7.54}$$

ここで，v' が含まれていないことに注意する．

● **BOX 7.1　2 階導関数まで含まれる変分問題のオイラー方程式** ●

最高階数が 2 階導関数までの変分問題の場合，一般には，被積分関数は x, y, y', y'' を含む．すなわち汎関数は一般に次の形をしている．

$$\mathscr{F}[y] = \int \mathscr{L} \, dx = \int \mathscr{L}[x, y, y', y''] \, dx \tag{7.55}$$

この変分問題におけるオイラー方程式は，

$$\left(\frac{\partial \mathscr{L}}{\partial y''} \right)'' - \left(\frac{\partial \mathscr{L}}{\partial y'} \right)' + \frac{\partial \mathscr{L}}{\partial y} = 0 \tag{7.56}$$

であることが知られている．

はりの問題では，被積分関数（エネルギー密度）$\mathscr{L}[x, y, y'']$ (7.53) は，y' を含まないのでオイラー方程式は

$$\left(\frac{\partial \mathscr{L}}{\partial y''} \right)'' + \frac{\partial \mathscr{L}}{\partial y} = 0 \tag{7.57}$$

となる．

<u>はりのオイラー方程式 (7.57)</u>　エネルギー密度 (7.53) を使ってオイラー方程式 (7.57) を具体的に求める：

$$\left(\frac{\partial \mathscr{L}}{\partial v''}\right)'' + \frac{\partial \mathscr{L}}{\partial v} = 0$$

$$\rightarrow \quad \left\{\frac{\partial}{\partial v''}\left(\frac{1}{2}EI(v''(x))^2 - w(x)v(x)\right)\right\}''$$
$$+ \frac{\partial}{\partial y}\left(\frac{1}{2}EI(v''(x))^2 - w(x)v(x)\right) = 0$$

$$\rightarrow \quad \left\{\frac{\partial}{\partial v''}\left(\frac{1}{2}EI(v''(x))^2\right)\right\}'' - \frac{\partial}{\partial}\left(w(x)y(x)\right) = 0$$

$$\rightarrow \quad \left\{EI(v''(x))\right\}'' - w(x) = 0 \tag{7.58}$$

これが，はりのオイラー方程式である．本書では曲げ剛性 EI は定数としているので，(7.58) は次のようになる．

$$v''''(x) = \frac{1}{EI}w(x) \text{ (4 階の微分方程式)} \tag{7.59}$$

◼ 1〜4 階の導関数の意味

たわみ曲線 $v(x)$ の 1 階 〜 4 階の導関数の意味を，BOX 7.2 にまとめてみた．

● **BOX 7.2　はりのたわみ曲線の 1〜4 階導関数** ●

オイラー方程式 — 4 階　$v''''(x) = \dfrac{1}{EI}w(x)$

せん断力 — 3 階　$v'''(x) = -\dfrac{1}{EI}F(x)$

曲げモーメント — 2 階　$v''(x) = -\dfrac{1}{EI}M(x)$

たわみ角 — 1 階　$v'(x) = i(x)$

<u>荷重分布，せん断力，曲げモーメントの関係</u>　これらは次のような微分関係にある．

$$w(x) = -\frac{dF(x)}{dx} = -\frac{d^2M(x)}{dx^2} \tag{7.60}$$

◾ はりのオイラー方程式の一般解は 4 個の積分定数を持つ

(7.59) の一般解は，順次，4 回積分をすることによって，4 個の積分定数を持ち，次のように表される．

$$v(x) = \frac{1}{EI} \iiiint w(x)\, dx\, dx\, dx\, dx + \frac{1}{6} c_1 x^3 + \frac{1}{2} c_2 x + c_3 x + c_4 \qquad (7.61)$$

<u>境界条件と微分係数</u>　一般解 (7.61) の積分定数は，境界条件などによって決めることができる．

◾ 変分法によるはりの解析のフロー

Step 1：はりの設定を決める．両端の境界が確定し，かつ荷重分布関数 $w(x)$ が与えられる．

Step 2：はりのオイラー方程式 (7.59) を設定する．

Step 3：オイラー方程式 (7.59) を解き，一般解 (7.61) を得る．

Step 4：境界条件から 4 つの積分定数が確定して，はりのたわみ曲線 $v(x)$ が確定する．

Step 5：はりのたわみ曲線 $v(x)$ の 1 ～ 3 階の導関数から，たわみ角 $i(x)$，曲げモーメント $M(x)$，せん断力 $F(x)$ が導かれる．

$$i(x) = v'(x), \qquad (7.62)$$

$$M(x) = -EI\, v''(x), \qquad (7.63)$$

$$F(x) = -EI\, v'''(x) \qquad (7.64)$$

例（1 点集中荷重を受ける片持ちはり（図6.19）（p.173 参照））

前の章 6.11 節で扱った微分方程式の応用例としての 1 点集中荷重を受ける片持ちはりを，変分法で解析する．はりの解析フローにしたがい，最初に荷重分布関数を決める．$x = 0$ における 1 点集中荷重 P_0 は，デルタ関数によって表されるので，

$$w(x) = P_0\, \delta(x) \qquad (7.65)$$

となる（Step 1）（デルタ関数については 1.3 節を参照）．すると，はりのオイラー方程式 (7.59) を書き下すことができる（Step 2）．

$$v''''(x) = \frac{P_0}{EI}\, \delta(x) \qquad (7.66)$$

この微分方程式は，左辺が 4 階の導関数が 1 次の項だけなので線形方程式で，右辺はデルタ関数である．これの同次方程式 $y''''(x) = 0$ の一般解は，順次，積分を 4

回して，次式を得る．

$$v_0(x) = \frac{1}{6}c_1 x^3 + \frac{1}{2}c_2 x^2 + c_3 x + c_4 \tag{7.67}$$

オイラー方程式 (7.66) の特殊解を $v_S(x)$ と表せば，一般解 (6.65) は $v(x) = v_0(x) + v_S(x)$ となる（特殊解については，BOX 7.3 を参照）．

● BOX 7.3　オイラー方程式 (7.66) の特殊解 ●

デルタ関数が右辺にある n 階線形微分方程式

$$y^{(n)}(x) = a\,\delta(x - x_0) \tag{7.68}$$

は，次の特殊解 $y_S(x)$ を持つ．

$$y(x) = \frac{a}{(n-1)!}(x - x_0)^{n-1} u(x - x_0) \tag{7.69}$$

$$(u(x)：ヘビサイド関数 (1.46))$$

特に，$n = 4$ のとき，$y''''(x) = a\,\delta(x - x_0)$ の特殊解：

$$y_S(x) = \frac{1}{3!}(x - x_0)^3 u(x - x_0) \quad（図7.8）$$

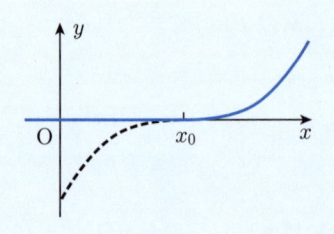

図7.8　$f''''(x) = a\delta(x - x_0)$ の特殊解．$x \geq x_0$ で 3 次関数，$x < x_0$ で 0.

◼ オイラー方程式 (7.66) の解

オイラー方程式 (7.66) の一般解は，同次式の一般解 (7.67) と BOX 7.3 による特殊解の和として，次式となる．

$$v(x) = \frac{P_0}{6EI} x^3 u(x) + \frac{1}{6}c_1 x^3 + \frac{1}{2}c_2 x^2 + c_3 x + c_4 \tag{7.70}$$

このように，ヘビサイド関数 $u(x)$ によって，一般解が 1 つの式で表される．しかしながら，デルタ関数が作用する点の両側で関数は，ギャップを生じるので，場合を分けて表してみる．

$$v(x) = \begin{cases} \dfrac{P_0}{6EI}\,x^3 + \dfrac{1}{6}c_1 x^3 + \dfrac{1}{2}c_2 x^2 + c_3 x + c_4 & (x \geqq 0) \\[3mm] \dfrac{1}{6}c_1 x^3 + \dfrac{1}{2}c_2 x^2 + c_3 x + c_4 & (x < 0) \end{cases} \tag{7.71}$$

これが $x = 0$ を境に，異なる 3 次関数で表された (7.66) の一般解である．

積分定数の確定 一般解 (7.70) または (7.71) において，$x < 0$ の部分は荷重が存在しない，すなわち自然の状態なので変形は生じず，曲率が 0 なので 2 階導関数は $v''(x) = 0$ である．よって，$c_1 = c_2 = 0$ となる．集中荷重を受けるはりの一般解は，すでに 2 つの定数が決まっていて，次のようになる（Step 3）．

$$v(x) = \frac{P_0}{6EI}\,x^3 u(x) + c_3 x + c_4 \quad [(6.110) \text{ と一致}] \tag{7.72}$$

または場合分けして表示すると，

$$v(x) = \begin{cases} \dfrac{P_0}{6EI}\,x^3 + c_3 x + c_4 & (x \geqq 0) \\[3mm] c_3 x + c_4 & (x < 0) \end{cases} \tag{7.73}$$

境界条件からはりのたわみ曲線の解 さて，$0 \leqq x \leqq \ell$ の区間のはりは，$x = \ell$ の固定端に水平に固定されて，$x = 0$ は自由端となるように設定されている（**図6.19**）．上記の一般解に対して，境界条件として固定端 $x = \ell$ では，

$$v(\ell) = 0 \quad \rightarrow \quad \frac{P_0}{6EI}\,\ell^3 + c_3 \ell + c_4 = 0 \tag{7.74}$$

$$v'(\ell) = 0 \quad \rightarrow \quad \frac{P_0}{2EI}\,\ell^2 + c_3 = 0 \tag{7.75}$$

となる．これで定数 c_1, c_2 が確定する．

$$c_3 = -\frac{P_0}{2EI}, \quad c_4 = \frac{P_0}{3EI} \tag{7.76}$$

よって，はりのたわみ曲線が，次のように求められた（Step 4）．

$$v(x) = \frac{P_0}{6EI}\,(x^3 - 3\ell^2 x + 2\ell^3) \quad [(6.113) \text{ と一致}] \tag{7.77}$$

たわみ角，曲げモーメント，せん断力 これらは (7.62)，(7.63)，(7.64) から導かれる．

$$i(x) = v'(x) = \frac{P_0}{2EI}(x^2 - \ell^2) \quad [(6.112) \text{ と一致}], \tag{7.78}$$

$$M(x) = -EI\,v''(x) = -P_0 x, \tag{7.79}$$

$$F(x) = -EI\,v'''(x) = -P_0 \tag{7.80}$$

■ **例題7.2** ■

　長さが ℓ で両端が単純支持のはりが，一様増加荷重

$$w(x) = \frac{w_0}{\ell}x \quad (0 \leqq x \leqq \ell)$$

を受けている．このはりのたわみ曲線を求めよ．

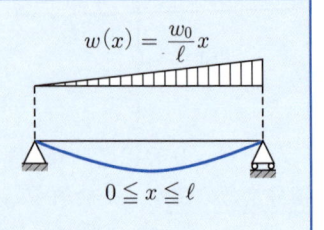

【解答】　はりのたわみ曲線のオイラー方程式 (7.59) は，次のようになる．

$$v'''' = \frac{1}{EI}\frac{w_0}{\ell}x \tag{7.81}$$

荷重関数 $w(x)$ が x の 1 次式で，4 階の微分方程式だから一般解は 5 次の多項式となる．積分を順次 4 回行う．一般解 (7.61) として，次の 5 次式を得る．

$$v(x) = \frac{1}{120EI}\frac{w_0}{\ell}x^5 + \frac{1}{6}c_1 x^3 + \frac{1}{2}c_2 x^2 + c_3 x + c_4,$$

$$v'(x) = \frac{1}{24EI}\frac{w_0}{\ell}x^4 + \frac{1}{2}c_1 x^2 + c_2 x + c_3,$$

$$v''(x) = \frac{1}{6EI}\frac{w_0}{\ell}x^3 + c_1 x + c_2,$$

$$v'''(x) = \frac{1}{2EI}\frac{w_0}{\ell}x^2 + c_1$$

ここで，次の境界条件を使って，4 つの積分定数を確定させる．単純支持点では，$x = 0$ と $x = \ell$ で $v = 0$, $v'' = 0$ となることから

　　単純支持点 $(x = 0)$:

$$v(0) = c_4 = 0, \qquad v''(0) = c_2 = 0 \tag{7.82}$$

　　単純支持点 $(x = \ell)$:

$$v(\ell) = \frac{1}{120EI}w_0\ell^4 + \frac{1}{6}c_1\ell^3 + \frac{1}{2}c_2\ell^2 + c_3\ell + c_4 = 0,$$

$$v''(\ell) = \frac{1}{6EI}w_0\ell^2 + c_1\ell + c_2 = 0$$

これより，4 つの積分定数が確定する．

$$c_1 = -\frac{1}{6EI}w_0\ell, \quad c_2 = 0, \quad c_3 = \frac{7}{360EI}w_0\ell^3, \qquad c_4 = 0 \tag{7.83}$$

はりの 5 次のたわみ曲線，およびその導関数が次のように確定する．

$$\text{たわみ曲線} \quad v(x) = \frac{1}{120EI}w_0\left(\frac{1}{\ell}x^5 - \frac{10}{3}\ell x^3 + \frac{7}{3}\ell^3 x\right) \tag{7.84}$$

$$\text{たわみ角} \quad v'(x) = \frac{1}{120EI}w_0\left(\frac{5}{\ell}x^4 - 10\ell x^2 + 7\ell^3\right) \tag{7.85}$$

$$\text{曲 率}\quad v''(x) = \frac{1}{6EI}w_0\left(\frac{1}{\ell}x^3 - \ell x\right), \tag{7.86}$$

$$v'''(x) = \frac{1}{6EI}w_0\left(\frac{3}{\ell}x^2 - \ell\right) \tag{7.87}$$

曲げモーメント (7.63) とせん断応力 (7.64) は,

$$M(x) = -EIv''(x) = -\frac{1}{6}w_0\left(\frac{1}{\ell}x^3 - \ell x\right), \tag{7.88}$$

$$F(x) = -EIv'''(x) = -\frac{1}{6}w_0\left(\frac{3}{\ell}x^2 - \ell\right) \tag{7.89}$$

となる. ■

◤ 解析の結果（図7.9）

(1) $x = 0$：位置固定 $v(0) = 0$，曲率，曲げモーメント，弾性エネルギー密度が 0 になる（$v'' = 0$）.

(2) $x = \sqrt{1 - \frac{2\sqrt{30}}{15}}\,\ell \approx 5.19\ell$ において $v' = 0$（水平）になり，最大たわみとなる.

(3) $x = \frac{1}{\sqrt{3}} \approx 5.77\ell$ において $v''' = 0$ でせん断力が 0 になり，曲率，曲げモーメント，弾性エネルギー密度が最大になる.

図7.9が，一様増加荷重の単純支持はりの形状曲線 (7.84) のグラフである.

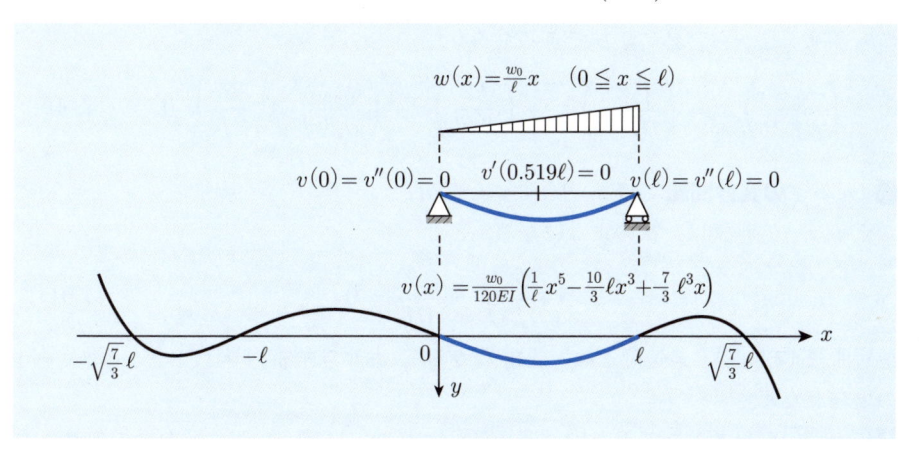

図7.9 一様増加荷重（$w(x) = \frac{1}{\ell}x$）のはりの形状はすべて 5 次曲線となる．両端が単純支持のはりの最大たわみの位置は，はりの中心よりわずかに $x = \ell$ 側に寄った点 $x \approx 0.519\ell$ である．両端点の単純支持点は，曲線の変曲点，曲率 0，弾性エネルギー 0，曲げモーメントも 0 となる．はりは 5 次曲線の中の境界条件を満たす長さ ℓ の部分の形状となる．

注意 7.1　荷重分布関数 $w(x)$ が n 次代数関数ならば，曲げモーメントは $n+2$ 次関数，たわみ曲線は $n+4$ 次曲線になる．集中荷重はデルタ関数によって表される．デルタ関数は，代数関数ではないが，はりのたわみの問題では，形状を 3 次曲線とすることから，特別に -1 次の代数関数とみることもできる．

荷重分布関数 $w(x) \leftrightarrow v''''$	曲げモーメント $M(x) \leftrightarrow v''$	形状曲線 $v(x)$
集中荷重　　　$(n=-1)$	1 次関数　$(n+2=1)$	3 次関数　$(n+4=3)$
等分布荷重　　$(n=0)$	2 次関数　$(n+2=2)$	4 次関数　$(n+4=4)$
一様増加荷重　$(n=1)$	3 次関数　$(n+2=3)$	5 次関数　$(n+4=5)$

7.6　変分法のまとめ

　本節では，1 変数関数の変分法しか扱わなかった．極小曲面とか多変数関数の変分問題や，拘束条件の付いた変分問題などについては，他書を参照されたい．ということで 1 変数変分法の簡単なまとめをしておく．

　汎関数 $\mathscr{F}[f] = \int \mathscr{L}[x, f, f', f'', \cdots, f^{(n)}]\, dx$ が，極値をとるような関数を決定せよというのが変分問題である．$\mathscr{F}$ が極値をとるときの関数が満たすべき条件がオイラー方程式である．$n=4$ のときの，オイラー方程式を書いておく（一般の n の場合はこれから容易に類推できるだろう）．

$$\left(\frac{\partial \mathscr{L}}{\partial f^{(4)}}\right)^{(4)} - \left(\frac{\partial \mathscr{L}}{\partial f^{(3)}}\right)^{(3)} + \left(\frac{\partial \mathscr{L}}{\partial f''}\right)'' - \left(\frac{\partial \mathscr{L}}{\partial f'}\right)' + \frac{\partial \mathscr{L}}{\partial f} = 0 \qquad (7.90)$$

◆ $n=1$ の変分問題： $\mathscr{F} = \int \mathscr{L}[x, f, f']\, dx$
　オイラー方程式は，次のようになる．

$$\left(\frac{\partial \mathscr{L}}{\partial f'}\right)' - \frac{\partial \mathscr{L}}{\partial f} = 0 \qquad (7.91)$$

最短曲線（7.1 節），最速降下線の問題（7.2 節），および解析力学（7.3 節）は，$n=1$ の場合となる．

解析力学における運動量保存則　運動量 (7.18) は，時間 t に陽に依存するラグランジアン (7.20) では，

$$\mathscr{P} = \frac{\partial \mathscr{L}}{\partial \dot{x}} = m(t)\dot{x}, \quad \mathscr{P} = \frac{\partial \mathscr{L}}{\partial \dot{y}} = m(t)\dot{y}, \quad \mathscr{P} = \frac{\partial \mathscr{L}}{\partial \dot{z}} = m(t)\dot{z} \qquad (7.92)$$

となる．例として，容器内の内容物が増減するような場合（p.189），または燃料を噴出して質量が時間と共に変化するロケットの運動などがある．

一方，t に陽に依存しないラグランジアン (7.21) では，質量が一定で，

$$\mathscr{P} = \frac{\partial \mathscr{L}}{\partial \dot{x}} = m\dot{x}, \quad \mathscr{P} = \frac{\partial \mathscr{L}}{\partial \dot{y}} = m\dot{y}, \quad \mathscr{P} = \frac{\partial \mathscr{L}}{\partial \dot{z}} = m\dot{z} \tag{7.93}$$

となる．いずれの場合に対しても，運動量が一定となって保存量となる条件を解析力学において確認してみよう．運動量 (7.18) を使うと，オイラー方程式 (7.23) は，次のようになる．

$$\dot{\mathscr{P}}_x - \frac{\partial \mathscr{L}}{\partial x} = 0, \quad \dot{\mathscr{P}}_y - \frac{\partial \mathscr{L}}{\partial y} = 0, \quad \dot{\mathscr{P}}_z - \frac{\partial \mathscr{L}}{\partial z} = 0 \tag{7.94}$$

もし $\mathscr{L}$ が x を含んでいなければ，$\frac{\partial \mathscr{L}}{\partial x} = 0$ なので $\dot{\mathscr{P}}_x = 0$，すなわち $\mathscr{P}_x = $ ［定数］となる．これが運動量の x 成分の保存則である．ラグランジアン (7.29) では，$\mathscr{P}_x$ と $\mathscr{P}_y$ が保存する．ところが，z 成分は $\dot{\mathscr{P}}_z = -mg$ のように保存しない，というよりも重力による運動量の時間変化としての運動方程式となっている．一般化座標 $q = q(t)$ によるラグランジアン $\mathscr{L} = \mathscr{L}[t, q, \dot{q}]$ でも，$\mathscr{L}$ が q を含まなければ（$\mathscr{L}[t, q, \dot{q}]$），$\dot{\mathscr{P}} = \frac{d}{dt}\left(\frac{\partial \mathscr{L}}{\partial q}\right) = 0$ となって運動量が保存する．

したがって，質量が時間 t と共に変化する場合 (7.92) でも，変化しない場合 (7.93) のどちらでも，運動量が保存するのは，ラグランジアンがその成分に対応する一般化座標を含んでいないときに限る．質量が変化することと，運動量が保存することは別のことである．

解析力学におけるエネルギー保存則 ハミルトニアン $\mathscr{H}$ はエネルギーを表す．$\mathscr{H}$ は，$\mathscr{L}$ が t に陽に依存しないとき定数となる．これがエネルギー保存則である，このことを確認するために，t に依存するラグランジアン $\mathscr{L} = \mathscr{L}[t, x, \dot{x}]$ について，$\mathscr{H}$ の時間変化を計算する．

$$\begin{aligned}
\frac{d}{dt}\mathscr{H} &= \frac{d}{dt}\left(\dot{x}\frac{\partial \mathscr{L}}{\partial \dot{x}} - \mathscr{L}\right) = \ddot{x}\frac{\partial \mathscr{L}}{\partial \dot{x}} + \dot{x}\frac{d}{dt}\left(\frac{\partial \mathscr{L}}{\partial \dot{x}}\right) - \dot{\mathscr{L}} \\
&= \ddot{x}\frac{\partial \mathscr{L}}{\partial \dot{x}} + \dot{x}\frac{d}{dt}\left(\frac{\partial \mathscr{L}}{\partial \dot{x}}\right) - \left(\frac{\partial \mathscr{L}}{\partial t} + \frac{\partial \mathscr{L}}{\partial x}\dot{x} + \frac{\partial \mathscr{L}}{\partial \dot{x}}\ddot{x}\right) \\
&= -\frac{\partial \mathscr{L}}{\partial t} + \dot{x}\left\{\frac{d}{dt}\left(\frac{\partial \mathscr{L}}{\partial \dot{x}}\right) - \frac{\partial \mathscr{L}}{\partial x}\right\} \quad \text{[(7.23) の第 1 式より]} \\
&= -\frac{\partial \mathscr{L}}{\partial t} \tag{7.95}
\end{aligned}$$

よって，

$$\mathscr{H} = \text{定数} \quad \leftrightarrow \quad \frac{\partial \mathscr{L}}{\partial t} = 0 \tag{7.96}$$

これより，$\mathscr{L}$ が t に陽に依存しないとき，ハミルトニアン $\mathscr{H}$ が定数となる．力学的自由度が増えて，2 次元でも 3 次元でも，t に陽に依存しなければエネルギーは保存する．すなわち，粒子は時間に依存して運動するが，粒子の置かれている系は時間変動していないことを意味する．運動の主体の粒子を取り巻くポテンシャルや外力，および粒子自身の質量の時間変化がある場合には，エネルギーは保存されない．

注意 7.2　（運動量保存則との類似）　変分問題 $\mathscr{F} = \int \mathscr{L}[x, f, f'] \, dx$ において，$\mathscr{L}$ が f に依存しないとき，解析力学における運動量 $\mathscr{P}$ に対応する量が保存する．実際，最短曲線の問題で，(7.3) と (7.4) における $\frac{\partial \mathscr{L}}{\partial y'}$ が運動量と同じ形をしていて保存量となった．この保存量から 1 階微分方程式を解いて，直線という解を得た．

注意 7.3　（エネルギー保存則との類似）　1 次元の変分問題 $\mathscr{F} = \int \mathscr{L}[x, f, f'] \, dx$ において，$\mathscr{L}$ が x に依存しない場合は，解析力学におけるハミルトニアン $\mathscr{H}$ に対応する量が保存する．最速降下線の問題がその例で，(7.12) における $h'\frac{\partial \mathscr{L}}{\partial h'} - \mathscr{L}$ がハミルトニアンと同じ形をしていて保存量となっていた．したがって，2 階の微分方程式となるオイラー方程式を解かなくても，この保存量の存在によって 1 階微分方程式を解けばよいことになった．

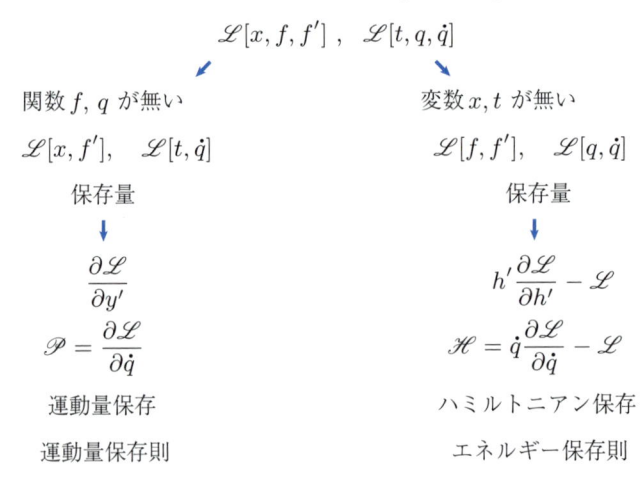

● **BOX 7.4　1 次元変分問題の保存量と $\mathscr{L}[x, f, f']$ または $\mathscr{L}[t, q, \dot{q}]$** ●

$$\mathscr{L}[x, f, f'] \,,\quad \mathscr{L}[t, q, \dot{q}]$$

関数 f, q が無い　　　　　　　　変数 x, t が無い

$\mathscr{L}[x, f']\,,\quad \mathscr{L}[t, \dot{q}]$　　　　　　$\mathscr{L}[f, f']\,,\quad \mathscr{L}[q, \dot{q}]$

保存量　　　　　　　　　　　　保存量

$$\frac{\partial \mathscr{L}}{\partial y'} \qquad\qquad h'\frac{\partial \mathscr{L}}{\partial h'} - \mathscr{L}$$

$$\mathscr{P} = \frac{\partial \mathscr{L}}{\partial \dot{q}} \qquad\qquad \mathscr{H} = \dot{q}\frac{\partial \mathscr{L}}{\partial \dot{q}} - \mathscr{L}$$

運動量保存　　　　　　　　　ハミルトニアン保存

運動量保存則　　　　　　　　エネルギー保存則

7章の演習問題

□**7.1** 一定分布荷重 w_0，まげ剛性 EI，長さ ℓ の弾性棒が図のようにおかれている．棒のたわみ曲線を $y = y(x)$ とする．エネルギー密度 (7.53) は，

$$\mathscr{L} = \frac{1}{2}EI(y'')^2 - w_0 y$$

である．下記の問いに答えよ．

(1) オイラー方程式 (7.57) が $y'''' = \dfrac{w_0}{EI}$ （定数）となることを示せ．

(2) オイラー方程式の一般解が次の 4 次関数で与えられることを示せ．

$$y(x) = \frac{w_0}{24EI}x^4 + \frac{1}{6}c_1 x^3 + \frac{1}{2}c_2 x^2 + c_3 x + c_4 \quad (c_i：積分定数)$$

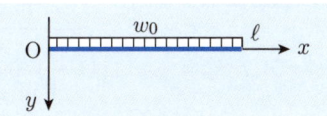

□**7.2** 前問（演習 7.1）において両端が固定端のとき，

(1) たわみ曲線は，次の 4 次関数となることを示せ．

$$y(x) = \frac{w_0}{24EI}x^2(x - \ell)^2$$

(2) (7.62), (7.63), (7.64) によるたわみ角，曲げモーメント，せん断力を求めよ．

(3) たわみ曲線について，特徴を述べよ．

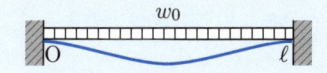

□**7.3** 演習 7.1 において，の両端が単純支持のとき，次の問いに答えよ．

(1) たわみ曲線は，次の 4 次関数となることを示せ．

$$y(x) = \frac{w_0}{24EI}x(x^3 - 2\ell x^2 + \ell^3)$$

(2) 前問の (2) と同様に，たわみ角，曲げモーメント，せん断力を求めよ．

(3) たわみ曲線について，特徴を述べよ．

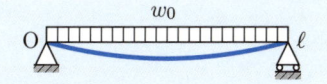

□**7.4**　関数 $y = y(x)$ が汎関数

$$\mathscr{F}[y] = \int \mathscr{L}[y, y']\,dx = \int (y'^2 - y^2)\,dx$$

の極値を与えている.

(1)　オイラー方程式が, $y'' = -y$ となることを示せ.

(2)　オイラー方程式の一般解が $y = A\cos x + B\sin x$ と表されることを示せ.

(3)　$\mathscr{L}[y, y']$ に x が含まれていない. (2) の解に対して,

$$\mathscr{A} = y'\frac{\partial \mathscr{L}}{\partial y'} - \mathscr{L}$$

　が定数になることを確かめよ.

□**7.5**　質量 m の粒子が 1 次元の位置 $x = x(t)$ において速度 $\dot{x} = \dot{x}(t)$ で運動している. この粒子の自由運動のラグランジアンが

$$\mathscr{L} = \mathscr{L}[x, \dot{x}] = -mc^2\sqrt{1 - \left(\frac{\dot{x}}{c}\right)^2}$$

である. ここで, c は粒子 m の速度の上限を表す定数である(実際, c は真空中の光速 $c = 299\,792\,458$ m/sec である).

(1)　ハミルトニアン(エネルギー)が, $\mathscr{H} = \dfrac{mc^2}{\sqrt{1 - (\frac{\dot{x}}{c})^2}}$ となることを示せ.

(2)　運動量が, $\mathscr{P} = \dfrac{m\dot{x}}{\sqrt{1 - (\frac{\dot{x}}{c})^2}}$ となることを示せ.

(3)　速度 $\dot{x}$ が c と比べて十分に小さいとき, すなわち $\frac{|\dot{x}|}{c} \ll 1$ のとき, $\mathscr{H}$ と $\mathscr{P}$ の近似式として $\frac{\dot{x}}{c}$ の 4 次の項までの展開式が次のようになることを示せ.

$$\mathscr{H} \approx mc^2 + \frac{m\dot{x}^2}{2} + \frac{3m\dot{x}^4}{8c^2} + \cdots, \qquad \mathscr{P} \approx m\dot{x} + \frac{m\dot{x}^3}{2c^2} + \cdots$$

(ハミルトニアン(エネルギー)$\mathscr{H}$ について, 速度が 0, すなわち $\dot{x} = 0$ の静止粒子では第 2 項以降はすべて 0 となる. しかしながら, $\mathscr{H}$ の第 1 項の mc^2 が存在する. これを**静止エネルギー**という. また, 速度 $\dot{x}$ による運動エネルギーの第 1 近似項(第 2 項)がニュートン力学における運動エネルギー $\frac{m\dot{x}^2}{2}$ となる.)

演習問題解答

1.1 (1) $\theta = \text{Cos}^{-1}\left(-\frac{1}{\sqrt{2}}\right)$ とおくと, $\cos\theta = -\frac{1}{\sqrt{2}} \to \theta = \frac{3\pi}{4}$.

(2) $\theta = \text{Sin}^{-1}\frac{\sqrt{3}}{2}$ とおくと, $\sin\theta = \frac{\sqrt{3}}{2} \to \theta = \frac{\pi}{3}$.

1.2 $\text{Sin}^{-1}x = \text{Tan}^{-1}\sqrt{7} = \alpha$ とおくと, $\tan\alpha = \sqrt{7}$. 3 辺の長さが $2\sqrt{2}$, 1, $\sqrt{7}$ の直角三角形で, 角度 α の対辺が $\sqrt{7}$. よって,

$$x = \sin\alpha = \frac{\sqrt{7}}{2\sqrt{2}}$$

1.3 $f'(x) = 3x^2\,u(1-x) - u(x-1) + \delta(x-1)$

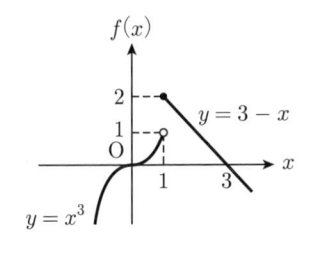
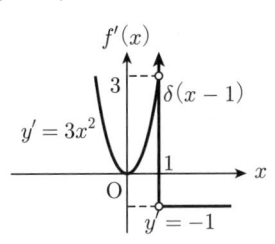

1.4 (1) $f'(x) = 3x^2\,u(1-x) - u(x-1)$

(2) $f'(x) = 3x^2\,u(1-x) - u(x-1) - 2\delta(x-1)$

(1)

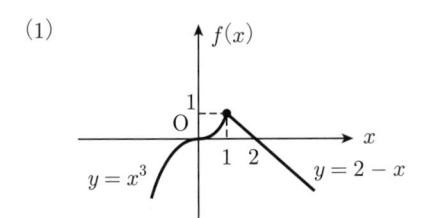
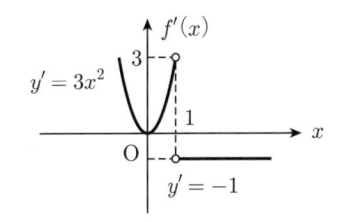

(2)

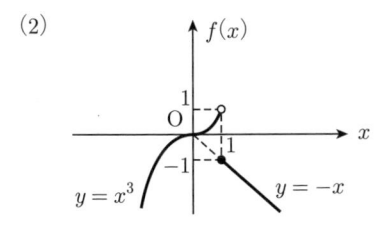
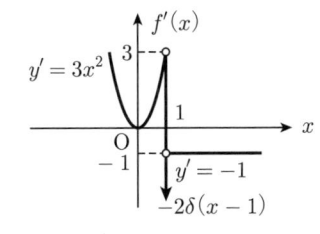

1.5 $y' = \dfrac{dy}{dx} = \dfrac{dy}{dt}\Big/\dfrac{dx}{dt} = \dfrac{\dot{y}}{\dot{x}}$, $y'' = \dfrac{d^2y}{dx^2} = \dfrac{d}{dx}\dfrac{\dot{y}}{\dot{x}} = \left(\dfrac{d}{dt}\dfrac{\dot{y}}{\dot{x}}\right)\dfrac{dt}{dx} = $

$$\left(\frac{d\dot{y}}{dt}\frac{1}{\dot{x}} + \dot{y}\frac{d}{dt}\frac{1}{\dot{x}}\right)\frac{1}{\dot{x}} = \left(\frac{\ddot{y}}{\dot{x}} - \frac{\ddot{x}\dot{y}}{\dot{x}^2}\right)\frac{1}{\dot{x}} = \frac{\dot{x}\ddot{y} - \ddot{x}\dot{y}}{\dot{x}^3}.$$

(1.60) に代入して，

$$\kappa = \frac{\dot{x}\ddot{y} - \ddot{x}\dot{y}}{\dot{x}^3(1 + \frac{\dot{y}^2}{\dot{x}^2})^{\frac{3}{2}}} = \frac{\dot{x}\ddot{y} - \ddot{x}\dot{y}}{(\dot{x}^2 + \dot{y}^2)^{\frac{3}{2}}}$$

■ **1.6** $\dot{x} = a(1 - \cos\theta)$, $\dot{y} = a\sin\theta$. さらに，$\ddot{x} = a\sin\theta$, $\ddot{y} = -a\cos\theta$. すると，$(\dot{x}^2 + \dot{y}^2)^{\frac{3}{2}} = \{2a^2(1 - \cos\theta)\}^{\frac{3}{2}} = (4a^2\sin^2\frac{\theta}{2})^{\frac{3}{2}} = 8a^3|\sin^3\frac{\theta}{2}|$, $\dot{x}\ddot{y} - \ddot{x}\dot{y} = a^2(\cos\theta - 1) = -2a^2\sin^2\frac{\theta}{2}$ となる．前問 1.7 の結果から，$|\kappa(\theta)| = \left|\frac{2a^2\sin^2\frac{\theta}{2}}{8a^3\sin^3\frac{\theta}{2}}\right| = \frac{1}{4a|\sin\frac{1}{2}\theta|}$. よって，$|r(\theta)| = \frac{1}{|\kappa(\theta)|} = 4a|\sin\frac{1}{2}\theta|$. 特に $\theta = \pi$ のとき，$(x, y) = (\pi a, 2a)$ で，$|r(\pi)| = 4a$.

■ **1.7** $A = \displaystyle\iint_D dxdy = \int_0^a \left(\int_0^{\frac{b\sqrt{x}}{\sqrt{a}}} dy\right) dx = \int_0^a \frac{b}{\sqrt{a}}\sqrt{x}\,dx = \frac{2ab}{3}$.

$x_G = \displaystyle\frac{1}{A}\iint_D x\,dxdy = \frac{1}{A}\int_0^a \left(\int_0^{\frac{b\sqrt{x}}{\sqrt{a}}} dy\right) x\,dx = \frac{2a^2 b}{5A} = \frac{3a}{5}$.

同様に $y_G = \displaystyle\frac{1}{A}\iint_D y\,dxdy = \frac{3b}{8}$. よって，重心は $\left(\dfrac{3a}{5}, \dfrac{3b}{8}\right)$.

■ **1.8** (1) $A = \displaystyle\int_0^1 \int_{x^2}^1 dy\,dx = \int_{-1}^1 (1 - x^2)\,dx$
$\qquad\qquad = \dfrac{4}{3}$ （右図）

(2) $x_G = \displaystyle\frac{1}{A}\iint_D x\,dxdy$
$\qquad = \displaystyle\frac{1}{A}\int dy \int_{-\sqrt{y}}^{\sqrt{y}} x\,dx = 0$ （y 軸対称），

$y_G = \displaystyle\frac{1}{A}\iint_D y\,dxdy = \frac{1}{A}\int_0^1 y\left(\int_{-\sqrt{y}}^{\sqrt{y}} dx\right) dy$

$\qquad = \displaystyle\frac{1}{A}\int_0^1 2\sqrt{y}\,y\,dy = \frac{4}{5A} = \frac{3}{5}$.

よって，$(x_G, y_G) = \left(0, \dfrac{3}{5}\right)$.

(3) $I_{xx} = \displaystyle\iiint_D y^2\,dxdydz = \int_0^1 y^2\left(\int_{-\sqrt{y}}^{\sqrt{y}} dx\right) dy = \int_0^1 2\sqrt{y}\,y^2\,dy = \frac{4}{7}$.

同様に $I_{yy} = \displaystyle\iiint_D x^2\,dxdydz = \frac{4}{15}$,

$\qquad I_{zz} = \displaystyle\iint_D (x^2 + y^2)\,dxdydz = I_x + I_y = \frac{4}{7} + \frac{4}{15} = \frac{88}{105}$

2章

2.1 (1) $\begin{bmatrix} 3a - c \\ a + 2b + 4c \\ -2a + b \end{bmatrix}$ (2) $\begin{bmatrix} 11 & 2 & 5 \\ 2 & -8 & 2 \\ 14 & 1 & 8 \end{bmatrix}$

2.2 $A^2 = \begin{bmatrix} a^2 & a+b \\ 0 & b^2 \end{bmatrix} = \begin{bmatrix} 4 & -2 \\ c & 16 \end{bmatrix}$

$\rightarrow a^2 = 4, c = 0, a + b = -2$

$\rightarrow a = 2, b = -4 \rightarrow A = \begin{bmatrix} 2 & 1 \\ 0 & -4 \end{bmatrix}$

2.3 $A^2 - (a+d)A + (ad - bc)E$

$= \begin{bmatrix} a & b \\ c & d \end{bmatrix}^2 - (a+d)\begin{bmatrix} a & b \\ c & d \end{bmatrix} + (ad - bc)\begin{bmatrix} 1 & 0 \\ 0 & 1 \end{bmatrix}$

$= \begin{bmatrix} a^2 + bc & ab + bd \\ ac + cd & bc + d^2 \end{bmatrix} - \begin{bmatrix} a^2 + ad & ab + bd \\ ac + cd & ad + d^2 \end{bmatrix} + \begin{bmatrix} ad - bc & 0 \\ 0 & ad - bc \end{bmatrix}$

$= \begin{bmatrix} 0 & 0 \\ 0 & 0 \end{bmatrix} = \mathbf{0}$

$A = \begin{bmatrix} -\frac{1}{2} & -\frac{\sqrt{3}}{2} \\ \frac{\sqrt{3}}{2} & -\frac{1}{2} \end{bmatrix}, \quad A^2 = \begin{bmatrix} -\frac{1}{2} & \frac{\sqrt{3}}{2} \\ -\frac{\sqrt{3}}{2} & -\frac{1}{2} \end{bmatrix}, \quad A^3 = \begin{bmatrix} 1 & 0 \\ 0 & 1 \end{bmatrix}$

$\rightarrow A + A^2 + A^3 = 0$

2.4 $A = \begin{bmatrix} -\frac{1}{2} & -\frac{\sqrt{3}}{2} \\ \frac{\sqrt{3}}{2} & -\frac{1}{2} \end{bmatrix}, A^2 = \begin{bmatrix} -\frac{1}{2} & \frac{\sqrt{3}}{2} \\ -\frac{\sqrt{3}}{2} & -\frac{1}{2} \end{bmatrix}, A^3 = \begin{bmatrix} 1 & 0 \\ 0 & 1 \end{bmatrix}$

$\rightarrow A + A^2 + A^3 = 0$

2.5 $R(\theta_1)R(\theta_2) = \begin{bmatrix} \cos\theta_1 & -\sin\theta_1 \\ \sin\theta_1 & \cos\theta_1 \end{bmatrix} \begin{bmatrix} \cos\theta_2 & -\sin\theta_2 \\ \sin\theta_2 & \cos\theta_2 \end{bmatrix}$

$= \begin{bmatrix} \cos\theta_1\cos\theta_2 - \sin\theta_1\sin\theta_2 & -\sin\theta_1\cos\theta_2 - \cos\theta_1\sin\theta_2 \\ \sin\theta_1\cos\theta_2 + \cos\theta_1\sin\theta_2 & \cos\theta_1\cos\theta_2 - \sin\theta_1\sin\theta_2 \end{bmatrix}$

$= \begin{bmatrix} \cos(\theta_1 + \theta_2) & -\sin(\theta_1 + \theta_2) \\ \sin(\theta_1 + \theta_2) & \cos(\theta_1 + \theta_2) \end{bmatrix}$

■ **2.6** $\quad B^2 = \begin{bmatrix} a^2 & 2a+2b-1 & -a-c+6 \\ 0 & b^2+3 & 3b+3c \\ 0 & b+c & c^2+3 \end{bmatrix} = \begin{bmatrix} 4 & -11 & 6 \\ 0 & 12 & -3 \\ 0 & -1 & 7 \end{bmatrix}$

$\to a^2 = 4, \, 2a+2b-1 = -11, \, -a-c+6 = 6, \, b^2+3 = 12, \, 3b+3c = -3, \, c^2+3 = 7$

$\to a = -2, \, b = -3, \, c = 2$

■ **2.7** ひずみテンソルと応力テンソルとの行列による関係式 (2.30)，および (2.31)，(2.32) から，最低 4 成分が 0 でなければよい．実際，$\sigma_x, \sigma_y, \sigma_z$ の 3 成分のうちの 1 つ，さらに $\tau_{xy}, \tau_{xz}, \tau_{yz}$ の 3 成分のすべての 4 成分である．

■ **2.8** 2 つの未知関数をベクトル $\boldsymbol{y} = \begin{bmatrix} y_1 \\ y_2 \end{bmatrix}$ として表し，2×2 正方行列を

$\boldsymbol{A} = \begin{bmatrix} 4 & 2 \\ 4 & -3 \end{bmatrix}$ とおくと，微分方程式は，次のように表される．$\dfrac{d}{dx}\boldsymbol{y} = \boldsymbol{A}\boldsymbol{y} \to$

$\dfrac{d}{dx}\begin{bmatrix} y_1 \\ y_2 \end{bmatrix} = \begin{bmatrix} 4 & 2 \\ 4 & -3 \end{bmatrix}\begin{bmatrix} y_1 \\ y_2 \end{bmatrix}$. ここで，$\boldsymbol{y} = e^{\lambda x}\boldsymbol{v} = e^{\lambda x}\begin{bmatrix} v_1 \\ v_2 \end{bmatrix}$ とおく．

$\to \lambda e^{\lambda x}\boldsymbol{v} = \boldsymbol{A}e^{\lambda x}\boldsymbol{v} \to \boldsymbol{A}\boldsymbol{v} = \lambda\boldsymbol{v}$. よって，$\lambda$ は $\boldsymbol{A}$ の固有値で，$\boldsymbol{v}$ はその固有ベクトルである．$\to$ 固有値方程式 $\begin{vmatrix} \lambda-4 & -2 \\ -4 & \lambda+3 \end{vmatrix} = (\lambda+4)(\lambda-5) = 0 \to$ 固有値 $-4, 5$.

$\bullet \lambda = -4$ のとき，$\boldsymbol{A}\boldsymbol{v} = -4\boldsymbol{v} \to \begin{bmatrix} 4 & 2 \\ 4 & -3 \end{bmatrix}\begin{bmatrix} v_1 \\ v_2 \end{bmatrix} = -4\begin{bmatrix} v_1 \\ v_2 \end{bmatrix} \to 4v_1 = $

$-v_2 \to$ 固有ベクトル $\boldsymbol{v}_{(1)} = \begin{bmatrix} 1 \\ -4 \end{bmatrix}$ となる．ところで，$\lambda = -4$ なので，$\boldsymbol{y}_{(1)} = $

$e^{-4x}\begin{bmatrix} 1 \\ -4 \end{bmatrix}$ が解となる．

$\bullet \lambda = 5$ のとき，$\boldsymbol{A}\boldsymbol{v} = \boldsymbol{v} \to \begin{bmatrix} 4 & 2 \\ 4 & -3 \end{bmatrix}\begin{bmatrix} v_1 \\ v_2 \end{bmatrix} = 5\begin{bmatrix} v_1 \\ v_2 \end{bmatrix} \to v_1 = 2v_2 \to$

固有ベクトル $\boldsymbol{v}_{(2)} = \begin{bmatrix} 2 \\ 1 \end{bmatrix}$ となる．ところで，$\lambda = 5$ なので，$\boldsymbol{y}_{(2)} = e^{5x}\begin{bmatrix} 2 \\ 1 \end{bmatrix}$ が解となる．

よって，一般解は，次のように得られる．

$$\boldsymbol{y}(x) = c_1\boldsymbol{y}_{(1)} + c_2\boldsymbol{y}_{(2)} = c_1 e^{-4x}\begin{bmatrix} 1 \\ -4 \end{bmatrix} + c_2 e^{5x}\begin{bmatrix} 2 \\ 1 \end{bmatrix}$$

$$= \begin{bmatrix} c_1 e^{-4x} + 2c_2 e^{5x} \\ -4c_1 e^{-4x} + c_2 e^{5x} \end{bmatrix}$$

成分ごとに表せば，一般解は $y_1(x) = c_1 e^{-4x} + 2c_2 e^{5x}$，$y_2(x) = -4c_1 e^{-4x} + c_2 e^{5x}$ となる.

(2) 初期値より，$y_1(0) = c_1 + 2c_2 = 1$，$y_2(0) = -4c_1 + c_2 = 2$ → $c_1 = -\frac{1}{3}, c_2 = \frac{2}{3}$ よって，初期値を満たす解は

$$y_1(x) = -\frac{1}{3}e^{-4x} + \frac{4}{3}e^{5x}, \quad y_2(x) = \frac{4}{3}e^{-4x} + \frac{2}{3}e^{5x}$$

となる.

■ **2.9** (1) 運動方程式 → $\begin{cases} \frac{d^2}{dt^2}\theta_1 = -\frac{k_1+k_2}{I_1}\theta_1 + \frac{k_2}{I_1}\theta_2 \\ \frac{d^2}{dt^2}\theta_2 = \frac{k_2}{I_2}\theta_1 - \frac{k_2}{I_2}\theta_1 \end{cases}$ → $\frac{d^2}{dt^2}\begin{bmatrix} \theta_1 \\ \theta_2 \end{bmatrix} = $

$\begin{bmatrix} -\frac{k_1+k_2}{I_1} & \frac{k_2}{I_1} \\ \frac{k_2}{I_2} & -\frac{k_2}{I_2} \end{bmatrix}\begin{bmatrix} \theta_1 \\ \theta_2 \end{bmatrix}$. ただし，$\boldsymbol{A} = \begin{bmatrix} -\frac{k_1+k_2}{I_1} & \frac{k_2}{I_1} \\ \frac{k_2}{I_2} & -\frac{k_2}{I_2} \end{bmatrix}$ である.

(2) $\boldsymbol{A} = \begin{bmatrix} -\frac{k_1+k_2}{I_1} & \frac{k_2}{I_1} \\ \frac{k_2}{I_2} & -\frac{k_2}{I_2} \end{bmatrix} \to \boldsymbol{A} = \begin{bmatrix} -13 & 6 \\ 2 & -2 \end{bmatrix}$ → 固有値方程式 $\begin{vmatrix} \lambda + 13 & -6 \\ -2 & \lambda + 2 \end{vmatrix} = $

$(\lambda + 1)(\lambda + 14) = 0$ → 固有値 $-1, -14$ となり，固有ベクトルはそれぞれ $\begin{bmatrix} 1 \\ 2 \end{bmatrix}$,

$\begin{bmatrix} 6 \\ -1 \end{bmatrix}$ となる.

(3) $\boldsymbol{\theta} = \begin{bmatrix} \theta_1 \\ \theta_2 \end{bmatrix} = e^{\omega t}\begin{bmatrix} \alpha_1 \\ \alpha_2 \end{bmatrix} = e^{\omega t}\boldsymbol{\alpha}$ とおき，運動方程式に代入. → $\omega^2 e^{\omega t}\boldsymbol{\alpha} = $ $\boldsymbol{A}e^{\omega t}\boldsymbol{\alpha} \to \boldsymbol{A}\boldsymbol{\alpha} = \omega^2\boldsymbol{\alpha}$. よって，$\omega^2$ が $\boldsymbol{A}$ の固有値. 前問 (2) より，$\omega^2 = -1, -14$ である.

• $\omega^2 = -1$ のとき，$\boldsymbol{A}\boldsymbol{\alpha} = -\boldsymbol{\alpha} \to \begin{bmatrix} -13 & 6 \\ 2 & -2 \end{bmatrix}\begin{bmatrix} \alpha_1 \\ \alpha_2 \end{bmatrix} = -\begin{bmatrix} \alpha_1 \\ \alpha_2 \end{bmatrix} \to \alpha_2$

$= \alpha_1 \to$ 固有ベクトル $\boldsymbol{\alpha}_{(1)} = \begin{bmatrix} 1 \\ 2 \end{bmatrix}$ となる. ところで，$\omega = \pm i$ なので，$\boldsymbol{\theta}_{(1)} = $ $(c_1 e^{it} + c_2 e^{-it})\begin{bmatrix} 1 \\ 2 \end{bmatrix}$ が解となる.

• $\omega^2 = -14$ のとき，$\boldsymbol{A}\boldsymbol{\alpha} = -14\boldsymbol{\alpha} \to \begin{bmatrix} -13 & 6 \\ 2 & -2 \end{bmatrix}\begin{bmatrix} \alpha_1 \\ \alpha_2 \end{bmatrix} = -14\begin{bmatrix} \alpha_1 \\ \alpha_2 \end{bmatrix} \to$

$\alpha_1 = -6\alpha_2 \to$ 固有ベクトル $\boldsymbol{\alpha}_{(2)} = \begin{bmatrix} 6 \\ -1 \end{bmatrix}$ となる. ところで，$\omega = \pm\sqrt{14}\,i$ なので，

$\boldsymbol{\theta}_{(2)} = (c_3 e^{\sqrt{14}\,it} + c_4 e^{-\sqrt{14}\,it})\begin{bmatrix} 6 \\ -1 \end{bmatrix}$ が解となる.

よって，求める一般解は，

$$\boldsymbol{\theta} = \boldsymbol{\theta}_{(1)} + \boldsymbol{\theta}_{(2)} = \left(c_1 e^{it} + c_2 e^{-it}\right) \begin{bmatrix} 1 \\ 2 \end{bmatrix} + \left(c_3 e^{\sqrt{14}\,it} + c_4 e^{-\sqrt{14}\,it}\right) \begin{bmatrix} 6 \\ -1 \end{bmatrix}$$

ただし，$c_2 = \overline{c_1}$, $c_4 = \overline{c_3}$.

■ **2.10** $\displaystyle I_{x'x'} = \iint_D y'^2\,dx'\,dy' = \int_0^{\frac{a}{\sqrt{2}}} \left(\int_{-y'}^{y'} dx' \right) y'^2\,dy' = \int_0^{\frac{a}{\sqrt{2}}} 2y'^3\,dy' = \frac{a^4}{8},$

$\displaystyle I_{y'y'} = \iint_D x'^2\,dx'\,dy' = \int_{-\frac{a}{\sqrt{2}}}^{0} \left(\int_{-x'-\frac{2a}{3\sqrt{2}}}^{\frac{a}{3\sqrt{2}}} dy' \right) x'^2\,dx' + \int_0^{\frac{a}{\sqrt{2}}} \left(\int_{x'-\frac{2a}{3\sqrt{2}}}^{\frac{a}{3\sqrt{2}}} dy' \right) x'^2\,dx'$

$\displaystyle \qquad = \int_{-\frac{a}{\sqrt{2}}}^{0} \left(x'^3 + \frac{a}{\sqrt{2}}x'^2 \right) dx' + \int_0^{\frac{a}{\sqrt{2}}} \left(-x'^3 + \frac{a}{\sqrt{2}}x'^2 \right) dx' = \frac{a^4}{24},$

$\displaystyle I_{z'z'} = I_{x'x'} + I_{y'y'} = \frac{a^4}{8} + \frac{a^4}{24} = \frac{a^4}{6},$

$\displaystyle I_{x'y'} = \iint_D x'y'\,dx'\,dy' = \int_0^{\frac{a}{\sqrt{2}}} \left(\int_{-y'}^{y'} x'\,dx' \right) y'\,dy' = 0 \ (D \text{ は } y' \text{ 軸対称}).$

3章

■ **3.1** $\displaystyle \frac{z}{z-2} = \frac{x+yi}{x+yi-2} = \frac{(x+yi)(x-2-yi)}{(x-2+yi)(x-2-yi)}$

$$= \frac{x^2 - 2x - y^2}{(x-2)^2 + y^2} - i\frac{2y}{(x-2)^2 + y^2}$$

$$= \left(\frac{x^2 - 2x + y^2}{(x-2)^2 + y^2}, -\frac{2y}{(x-2)^2 + y^2} \right)$$

■ **3.2** $\displaystyle \left(\frac{x}{x^2+y^2} - 2x + 1 \right) - i\left(\frac{y}{x^2+y^2} + 2y \right) = \frac{x - iy}{x^2+y^2} - 2(x+iy) + 1 =$

$\displaystyle \frac{\overline{z}}{z\overline{z}} - 2z + 1 = \frac{1}{z} - 2z + 1$

■ **3.3** BOX 3.4 の公式 (2) より $|\sin z|^2 = (\sin x \cosh y)^2 + (\cos x \sinh y)^2 =$
$\sin^2 x \cosh^2 y + (1 - \sin^2 x)\sinh^2 y = \sin^2 x(\cosh^2 y - \sinh^2 y) + \sinh^2 y = \sin^2 x + \sinh^2 y.$

同様に (3) より $|\cos z|^2 = (\cos x \cosh y)^2 + (\sin x \sinh y)^2 = \cos^2 x \cosh^2 y + (1 - \cos^2 x)\sinh^2 y = \sin^2 x(\cosh^2 y - \sinh^2 y) + \sinh^2 y = \sin^2 x + \sinh^2 y.$

よって与式を得る：$|\cos z|^2 + |\sin z|^2 = 1 + 2\sinh^2 y \geqq 1.$

■ **3.4** (1) BOX 3.4 の公式 (2) より

$$\sin\left(\frac{\pi}{6} + 2i \right) = \frac{1}{4}(e^2 + e^{-2}) + i\frac{\sqrt{3}}{4}(e^2 - e^{-2})$$

(2) BOX 3.5 の公式 (1) より

$$\cosh\left(3+\frac{\pi}{4}i\right) = \cosh 3\cos\frac{\pi}{4} + i\sinh 3\sin\frac{\pi}{4}$$

$$= \frac{\sqrt{2}}{4}\left\{e^3 + e^{-3} + i(e^3 - e^{-3})\right\}$$

■ **3.5** BOX 3.5 の公式 (2) より $y = \frac{\pi}{6}$ のとき,

$$\sinh z = \sinh\left(x+\frac{\pi}{6}i\right) = \sinh x\cos\frac{\pi}{6} + i\cosh x\sin\frac{\pi}{6}$$

$$= \frac{\sqrt{3}}{2}\sinh x + i\frac{1}{2}\cosh x = X + iY$$

よって, $(X,Y) = \left(\frac{\sqrt{3}}{2}\sinh x, \frac{1}{2}\cosh x\right) \to \frac{\sqrt{3}}{2}\sinh x = X$, $\frac{1}{2}\cosh x = Y \to \cosh x$ $= 2Y$, $\sinh x = \frac{2}{\sqrt{3}}X$. ところで, $\cosh^2 x - \sinh^2 y = 1$ なので, $(2Y)^2 - \left(\frac{2}{\sqrt{3}}X\right)^2$ $= 1 \to \frac{Y^2}{(\frac{1}{2})^2} - \frac{X^2}{(\frac{\sqrt{3}}{2})^2} = 1$ (双曲線)

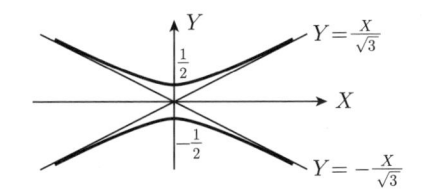

■ **3.6** (3.28) から

$$e^{3z} = \sum_{n=0}^{\infty}\frac{(3z)^n}{n!} = 1 + (3z) + \frac{(3z)^2}{2!} + \frac{(3z)^3}{3!} + \frac{(3z)^4}{4!} + \cdots$$

ローラン展開は

$$\frac{e^{3z}-1}{z^3} = \frac{1}{z^3}\left((3z) + \frac{(3z)^2}{2!} + \frac{(3z)^3}{3!} + \frac{(3z)^4}{4!} + \cdots\right) = \frac{3}{z^2} + \frac{9}{2z} + \frac{9}{2} + \frac{27}{8}z + \cdots$$

この $\frac{1}{z}$ 係数から, $\mathrm{Res}(0) = \frac{9}{2}$.

■ **3.7** $z = 0$ は 2 位の特異点. 公式 (3.57) で $m = 2$ として,

$$\mathrm{Res}(0) = \lim_{z\to 0}\frac{d}{dz}\left\{z^2\cdot\frac{(z^2-1)^2}{z^2(z-2)}\right\} = \lim_{z\to 0}\frac{d}{dz}\frac{(z^2-1)^2}{z-2}$$

$$= \lim_{z\to 0}\frac{3z^4 - 8z^3 - 2z^2 + 8z - 1}{(z-2)^2} = -\frac{1}{4}$$

$z = 2$ は 1 位の特異点. 同様に (3.57) で $m = 1$ として,

$$\mathrm{Res}(2) = \lim_{z\to 0}\left\{(z-2)\cdot\frac{(z^2-1)^2}{z^2(z-2)}\right\} = \lim_{z\to 0}\frac{(z^2-1)^2}{z^2} = \frac{9}{4}$$

3.8 (3.67) より,

$$I = \int_0^{2\pi} \frac{1}{\cos\theta + 2} \, d\theta = \int_{|z|=1} \frac{1}{iz} \frac{1}{\frac{1}{2}(z + \frac{1}{z}) + 2} \, dz$$

$$= -i \int_{|z|=1} \frac{2}{z^2 + 4z + 1} \, dz = -i \int_{|z|=1} \frac{2}{(z + 2 - \sqrt{3})(z + 2 + \sqrt{3})} \, dz$$

2 つの特異点 $z = -2 + \sqrt{3}$ と $z = -2 - \sqrt{3}$ があるが, 単位円の積分路の中の特異点は, $z = -2 + \sqrt{3}$ で留数を求める.

$$\mathrm{Res}(-2 + \sqrt{3})$$

$$= \lim_{z \to -2+\sqrt{3}} (z + 2 - \sqrt{3}) \cdot \frac{2}{(z + 2 - \sqrt{3})(z + 2 + \sqrt{3})}$$

$$= \lim_{z \to -2+\sqrt{3}} \frac{2}{z + 2 + \sqrt{3}} = \frac{1}{\sqrt{3}}$$

よって,

$$I = -i \cdot 2\pi i \, \mathrm{Res}(-2 + \sqrt{3}) = \frac{2\pi}{\sqrt{3}}$$

3.9 コーシー–リーマン方程式 (3.10) を満たす u を求める：$u_x = v_y = \{2y(1-x)\}_y = 2(1-x)$, $u_y = -v_x = 2y$. 第 1 式を x で積分：$u = \int u_x dx = \int 2(1-x)dx = 2x - x^2 + \psi(y)$ ($\psi(y)$：任意関数). 第 2 の式を満たすように ψ を決める：$u_y = \psi(y)_y = 2y \to \psi = y^2 + c$. よって $u = 2x - x^2 + y^2 + c$. 積分定数 c が 0 のとき,

$$f = -x^2 + y^2 + 2x + 2iy(1 - x)$$

$$= -\{x^2 + 2x \cdot iy + (iy)^2\} + 2(x + iy) = -z^2 + 2z$$

4章

4.1 (4.17) より $\nabla f = \mathrm{grad}\, f = (2x\cos z, x^2 \cos z, -x^2 y \sin z)$. さらに, (4.20) より $\nabla \times (\nabla f) = \mathrm{rot}(\mathrm{grad}\, f) = 0$ が容易に確認できる.

4.2 (4.20) より $\nabla \times \boldsymbol{u} = \mathrm{rot}\,\boldsymbol{u} = (-\cos z, -z, -2xy)$. 回転が 0 ならば, $\cos z = 0$, $z = 0$, $xy = 0$ でなければならない. ところが, $z = 0$ のとき, $\cos z \neq 0$. よって, 回転が 0 の点は存在しない.

4.3 $\boldsymbol{u}$ の回転 $\nabla \times \boldsymbol{u}$ $(-\cos z, -z, -2xy)$ の発散は,

$$\nabla(-\cos z, -z, -2xy) = \mathrm{div}(-\cos z, -z, -2xy) = (-\cos z)_x + (-z)_y + (-2xy)_z = 0$$

4.4 $\boldsymbol{v}$ の回転は,

$$\nabla \times \boldsymbol{v} = ((yz+2x)_y - (xy+2yz)_z, (3xz-y^2)_z - (yz+2x)_x, (xy+2yz)_x - (3xz-y^2)_y)$$

$$= (z - 2y, 3x - 2, 3y)$$

回転が 0 になるのは，$(z - 2y, 3x - 2, 3y) = 0$ のとき，すなわち $(x, y, z) = \left(\frac{2}{3}, 0, 0\right)$ の 1 点においてのみである．

■ 4.5 (1) $\boldsymbol{w}$ の発散は，

$$\nabla \boldsymbol{w} = \left(x^2(z - y)\right)_x + \left(y^2(x - z)\right)_y + \left(z^2(y - x)\right)_z$$
$$= 2x(z - y) + 2y(x - z) + 2z(y - x) = 0$$

(2) $\boldsymbol{w}$ の回転は，

$$\nabla \times \boldsymbol{w} = \Big(\{z^2(y - x)\}_y - \{y^2(x - z)\}_z, \ \{x^2(z - y)\}_z - \{z^2(y - x)\}_x,$$
$$\{y^2(x - z)\}_x - \{x^2(z - y)\}_y \Big)$$
$$= (z^2 + y^2, x^2 + z^2, y^2 + x^2)$$

となる．よって，原点においてのみ $\nabla \times \boldsymbol{w} = 0$ となる．

■ 4.6 $\frac{\partial r}{\partial x} = \frac{\partial}{\partial x}\sqrt{x^2 + y^2 + z^2} = \frac{x}{\sqrt{x^2 + y^2 + z^2}} = \frac{x}{r}$. 同様に，$\frac{\partial r}{\partial y} = \frac{y}{r}, \frac{\partial r}{\partial z} = \frac{z}{r}$. よって，

$$\nabla r = \operatorname{grad} r = \left(\frac{\partial r}{\partial x}, \frac{\partial r}{\partial y}, \frac{\partial r}{\partial z}\right) = \left(\frac{x}{r}, \frac{y}{r}, \frac{z}{r}\right) = \frac{1}{r}(x, y, z) = \frac{\boldsymbol{r}}{r}$$

■ 4.7 $\nabla \boldsymbol{r} = \operatorname{div} \boldsymbol{r} = \left(\frac{\partial}{\partial x}, \frac{\partial}{\partial y}, \frac{\partial}{\partial z}\right)(x, y, z) = \frac{\partial x}{\partial x} + \frac{\partial y}{\partial y} + \frac{\partial z}{\partial z} = 3$

■ 4.8 $\nabla \frac{1}{r} = \operatorname{grad} \frac{1}{r} = -\frac{1}{r^2}\nabla r = -\frac{1}{r^2}\frac{\boldsymbol{r}}{r} = -\frac{\boldsymbol{r}}{r^3}$ となる．

■ 4.9 演習 4.6, 4.7, 4.8 の結果を使う．3 次元では，

$$\Delta \frac{1}{r} = \nabla \left(\nabla \frac{1}{r}\right) = \nabla \left(-\frac{\boldsymbol{r}}{r^3}\right) = -\left(\nabla \frac{1}{r^3}\right)\boldsymbol{r} - \frac{1}{r^3}\nabla \boldsymbol{r}$$
$$= \left(\frac{3}{r^4}\nabla r\right)\boldsymbol{r} - \frac{3}{r^3} = \frac{3}{r^4}\frac{\boldsymbol{r}}{r}\boldsymbol{r} - \frac{3}{r^3} = \frac{3}{r^3} - \frac{3}{r^3} = 0 \quad \text{(3 次元では調和関数)}$$

■ 4.10 2 次元では，

$$\Delta \frac{1}{r} = \left(\frac{\partial}{\partial x}, \frac{\partial}{\partial y}\right)\left(\frac{\partial r}{\partial x}, \frac{\partial r}{\partial y}\right) = \left(\frac{\partial}{\partial x}, \frac{\partial}{\partial y}\right)\left(\frac{x}{r}, \frac{y}{r}\right)$$
$$= \left(\frac{1}{y} - \frac{x^2}{r^3}\right) + \left(\frac{1}{y} - \frac{y^2}{r^3}\right) = \frac{2}{y} - \frac{x^2 + y^2}{r^3}$$
$$= \frac{1}{r} \neq 0 \quad \text{(2 次元では調和関数ではない)}$$

5章 ▰▰▰▰▰▰

■ **5.1** (5.2) から,

$$n = 0: \quad a_0 = \frac{1}{\pi} \int_{-\pi}^{\pi} f(x)\, dx = \frac{1}{\pi} \int_{0}^{\pi} \sin x\, dx = \frac{1}{\pi}$$

$$n \geqq 1: \quad a_n = \frac{1}{\pi} \int_{-\pi}^{\pi} f(x) \cos nx\, dx = \frac{1}{\pi} \int_{0}^{\pi} \sin x \cos nx\, dx$$

$$= \frac{1}{2\pi} \int_{0}^{\pi} \{ \sin(n+1)x - \sin(n-1)x \}\, dx$$

$$= \frac{1}{2\pi} \left\{ -\left[\frac{1}{n+1} \cos(n+1)x \right]_{0}^{\pi} + \left[\frac{1}{n-1} \cos(n-1)x \right]_{0}^{\pi} \right\}$$

$$= \frac{1}{2\pi} \left\{ -\frac{1}{n+1} (\cos(n+1)\pi - 1) + \frac{1}{n-1} (\cos(n-1)\pi - 1) \right\}$$

ここで, $n = 2m$ のとき, $\cos(n+1)\pi = \cos(n-1)\pi = -1$ なので

$$a_{2m} = \frac{1}{2\pi} \left(\frac{2}{2m+1} - \frac{2}{2m-1} \right) = -\frac{2}{\pi(2m-1)(2m+1)}$$

$n = 2m - 1$ のとき, $\cos 2m\pi = \cos(2m-2)\pi = 1$ なので $a_{2m-1} = 0$. 一方, (5.3) から,

$$n \geqq 1: \quad b_n = \frac{1}{\pi} \int_{-\pi}^{\pi} f(x) \sin nx\, dx = \frac{1}{\pi} \int_{0}^{\pi} \sin x \sin nx\, dx$$

$$= \frac{1}{2\pi} \int_{0}^{\pi} \{ -\cos(n+1)x + \cos(n-1)x \}\, dx$$

ここで, $n = 1$ ならば,

$$b_1 = \frac{1}{2\pi} \int_{0}^{\pi} (-\cos 2x + 1)\, dx = \frac{1}{2\pi} \left[-\frac{1}{2} \sin 2x + x \right]_{0}^{\pi} = \frac{1}{2}$$

さらに, $n \geqq 2$ のときは,

$$b_n = \frac{1}{2\pi} \int_{0}^{\pi} \{ -\cos(n+1)x + \cos(n-1)x \}\, dx$$

$$= \frac{1}{2\pi} \left\{ \left[-\frac{1}{n+1} \sin(n+1)x \right]_{0}^{\pi} + \left[\frac{1}{n-1} \sin(n-1)x \right]_{0}^{\pi} \right\} = 0$$

(2) 上記の結果によって, フーリエ級数 (5.1) から与式が示される.

■ **5.2** (1) 前問 5.1 のフーリエ級数で $x = 0$ とおくと, 直ちに示すことができる. (注:この級数の n 項までの有限和は次のようになる.

$$\frac{1}{2} \left(\frac{1}{1} - \frac{1}{3} \right) + \frac{1}{2} \left(\frac{1}{3} - \frac{1}{5} \right) + \frac{1}{2} \left(\frac{1}{5} - \frac{1}{7} \right) + \cdots + \frac{1}{2} \left(\frac{1}{2n-1} - \frac{1}{2n+1} \right)$$

$$= \frac{1}{2} - \frac{1}{2(2n+1)}$$

ここで, 極限 $n \to \infty$ をとると, 有限和の極限として $\frac{1}{2}$ となる. よって, (1) はフーリエ級

数を使わなくても示すことができる.)

(2) 前問 5.1 で $x = \frac{\pi}{2}$ とおくと, $f\left(\frac{\pi}{2}\right) = 1$ を確認すれば, 与式の無限級数を示すことができる (この場合は, 上記のような初等的な計算では示すことはできない).

■ 5.3 $F(\omega) = \displaystyle\int_0^\infty e^{-ax} e^{-i\omega x}\, dx = \int_0^\infty e^{-(a+i\omega)x}\, dx = \left[-\dfrac{e^{-(a+i\omega)x}}{a+i\omega}\right]_0^\infty = \dfrac{1}{a+i\omega}$. (注 : $\displaystyle\lim_{x\to\infty} e^{-(a+i\omega)x} = 0$ となるのは, 偏角 ωx の変化に関係なく, 複素数 $e^{-(a+i\omega)x}$ の動径 $|e^{-(a+i\omega)x}| = e^{-ax}$ が 0 になるからである.)

■ 5.4 (1) 定数 1 のフーリエ変換が $2\pi\delta(\omega)$ である (性質 (F12), 例題 5.4(5)). 性質 (F4) $f(x)e^{i\alpha x} \to F(\omega - \alpha)$ より $f(x) = 1$ とおくと, $1 \cdot e^{i\alpha x} \to 2\pi\delta(\omega - \alpha)$.

(2) $\cos\alpha x$ のフーリエ変換は,

$$\cos\alpha x = \frac{1}{2}(e^{i\alpha x} + e^{-i\alpha x})$$

$$\xrightarrow{\ \mathscr{F}\ } \frac{1}{2}(2\pi\delta(\omega - \alpha) + 2\pi\delta(\omega + \alpha)) = \pi(\delta(\omega - \alpha) + \delta(\omega + \alpha))$$

(3) $\sin\alpha x$ のフーリエ変換は,

$$\sin\alpha x = \frac{1}{2i}(e^{i\alpha x} - e^{-i\alpha x})$$

$$\xrightarrow{\ \mathscr{F}\ } -\frac{i}{2}(2\pi\delta(\omega - \alpha) - 2\pi\delta(\omega + \alpha)) = i\pi(\delta(\omega + \alpha) - \delta(\omega - \alpha))$$

■ 5.5 $x \to \displaystyle\int_0^\infty x e^{-sx}\, dx = \left[-\frac{x}{s}e^{-sx}\right]_0^\infty + \frac{x}{s}\int_0^\infty e^{-sx}\, dx = \left[-\frac{1}{s^2}e^{-sx}\right]_0^\infty = \frac{1}{s^2}$

■ 5.6 $g(x) = \displaystyle\int_0^x f(x)\, dx \xrightarrow{\ \mathscr{L}\ } L_G(s)$ とおく. $g'(x) = f(x)$ だから $g'(x) \xrightarrow{\ \mathscr{L}\ } sL_G(s) - g(0) = L(s)$ となる. ここで, $g(0) = 0$ に注意すると, $sL_G(s) = L(s)$ となって, $\displaystyle\int_0^x f(x)\, dx \xrightarrow{\ \mathscr{L}\ } L_G(s) = \frac{1}{s}L(s)$ を得る.

■ 5.7 (1) $ax^2 + bx + c \xrightarrow{\ \mathscr{L}\ } a\dfrac{2}{s^3} + b\dfrac{1}{s^2} + c\dfrac{1}{s}$

(2) $\cosh\alpha x = \dfrac{e^{\alpha x} + e^{-\alpha x}}{2} \xrightarrow{\ \mathscr{L}\ } \dfrac{1}{2}\left(\dfrac{1}{s-\alpha} + \dfrac{1}{s+\alpha}\right) = \dfrac{s}{s^2 - \alpha^2}$

(3) $\sin\alpha x = \dfrac{e^{\alpha x} - e^{-\alpha x}}{2} \xrightarrow{\ \mathscr{L}\ } \dfrac{1}{2}\left(\dfrac{1}{s-\alpha} - \dfrac{1}{s+\alpha}\right) = \dfrac{\alpha}{s^2 - \alpha^2}$

(4) 性質 (L3) (変数シフト (1)) と $\sin\omega x$ のラプラス変換より,

$$e^{\alpha x}\sin\omega x \xrightarrow{\ \mathscr{L}\ } \frac{\omega}{(s-\alpha)^2 + \omega^2}$$

(5) $x\cos\omega x = x\dfrac{e^{i\omega x} + e^{-i\omega x}}{2} = \dfrac{1}{2}\left(xe^{i\omega x} + xe^{-i\omega x}\right)$

$$\xrightarrow{\ \mathscr{L}\ } \frac{1}{2}\left(\frac{1}{(s-i\omega)^2} + \frac{1}{(s+i\omega)^2}\right) = \frac{s^2 - \omega^2}{(s^2 + \omega^2)^2}$$

(6) $x\sin\omega x = xve^{i\omega x} - e^{-i\omega x}2i = \dfrac{1}{2i}\left(xe^{i\omega x} - xe^{-i\omega x}\right)$

$$\xrightarrow{\ \mathscr{L}\ } \frac{1}{2i}\left(\frac{1}{(s-i\omega)^2} - \frac{1}{(s+i\omega)^2}\right) = \frac{2\omega s}{(s^2 + \omega^2)^2}$$

■ **5.8** 微分方程式の両辺のラプラス変換をとる：$f' + af = \cos \alpha x \xrightarrow{\mathscr{L}} (sL(s) - f(0)) + aL(s) = \frac{s}{s^2+\alpha^2} \to (s+a)L(s) = \frac{s}{s^2+\alpha^2} + f(0) \to L(s) = \frac{1}{s+a}\left(\frac{s}{s^2+\alpha^2} + f(0)\right)$.
(注：実際に微分方程式を解くときには，$L(s)$ を逆フーリエ変換して，解 $L(s) \xrightarrow{\mathscr{L}^{-1}} f(x)$ を得る．)

■ **5.9** $f''(x) + af'(x) + bf(x) = c\delta(x-\alpha) \xrightarrow{\mathscr{L}} (s^2 L(s) - sf(0) - f'(0)) + a(sL(s) - f(0)) + bL(s) = ce^{-\alpha s} \to (s^2 + as + b)L(s) = ce^{-\alpha s} + (s+a)f(0) + f'(0) \to L(s) = \frac{1}{(s^2+as+b)}\left\{ce^{-\alpha s} + (s+a)f(0) + f'(0)\right\}$. （注：未知関数 $f(x)$ のラプラス変換 $L(s)$ が得られたので，微分方程式はこの最後の等号 ＝ において（代数的に，すなわち割り算によって）解けたのである．求める解 $f(x)$ は，$L(s)$ を逆ラプラス変換によって得る．)

6章

■ **6.1** $y(x) = \log\left(\dfrac{x^4}{4} + c\right)$

■ **6.2** $y = \dfrac{c}{x} - x$

■ **6.3** 微分方程式 $y' = -\dfrac{3y}{2x}$．その解 $x^3 y^2 = c$．

■ **6.4** 整合性条件 $(3x^2 y^2)_y = (2x^3 y)_x = 6x^2 y$ が成立して完全形．

■ **6.5** (1) 完全であるための条件は $(3x^2 y + \cos x)_y = (x^3)_x \to 3x^2 = 3x^2$ のように成立するので，完全微分方程式である．

(2) 解は $f = f(x, y) = c$（定数）の形をしている．f の全微分 $df = f_x\,dx + f_y\,dy = 0$ が与式となる．よって，$f_x = 3x^2 y + \cos x$, $f_y = x^3$ である．前者を積分：$f = \int (3x^2 y + \cos x)\,dx = x^3 y - \sin x + \psi(y)$ （$\psi(y)$：y の任意関数）．これを後者に代入：$f_y = (x^3 y - \sin x + \psi(y))_y = x^3 + \psi_y = x^3 \to \psi_y = 0 \to \psi_y =$（定数）．よって，$f = x^3 y - \sin x = c$（定数）が解である．

■ **6.6** (1) 完全微分方程式ならば，条件 $(3\sinh y)_y = (x\cosh y)_x$ が成立しなければならないが，（左辺）$= 3\cosh y \neq \cosh y =$（右辺）のように成立しない．よって完全微分方程式ではない．

(2) 積分因子が $\mu = x^m$ であると仮定する．完全微分方程式の条件は $(3\mu \sinh y)_y = (\mu x \cosh y)_x \to (\mu x \cosh y)_x \to (3x^m \sinh y)_y = (x^{m+1} \cosh y)_x \to 3x^m \cosh y = (m+1)x^m \cosh y \to 3x^m = (m+1)x^m \to m = 2$（$m$ は複数あるが 1 つ見つかればよい．よって，最も簡単な $m = 2$ を選ぶ）．

(3) 完全微分方程式：$3x^2 \sinh y\,dx + x^3 \cosh y\,dy = 0 \cdots (\star)$
（条件：$(3x^2 \sinh y)_y = (x^3 \cosh y)_x \leftrightarrow 3x^2 \cosh y = 3x^2 \cosh y$ を満たしている．）

(4) 上の式 $(\star)$ が，$f = f(x, y)$ の完全微分ならば，$f_x = 3x^2 \sinh y$, $f_y = x^3 \cosh y$ である．前者を積分する：$f = \int 3x^2 \sinh y\,dx = x^3 \sinh y + \psi(y) \to f_y = x^3 \cosh y + \psi_y = x^3 \cosh y \to \psi_y = 0 \to \psi = C$（定数）．よって，一般解は $f = x^3 \sinh y = C$．

■ **6.7** 特性方程式は $\lambda^2 - 8\lambda + 16 = (\lambda - 4)^2 = 0$ で，重解 $\lambda = 4$ を持つ．基本

解の 1 つが $x_1(t) = e^{4t}$ である. もう 1 つの基本解を $x(t) = c(t)e^{4t}$ と仮定する. $\rightarrow \dot{x} = \dot{c}e^{4t} + 4ce^{4t}$, $\ddot{x} = \ddot{c}e^{4t} + 8\dot{c}e^{4t} + 16ce^{4t}$ (与式に代入) $\rightarrow c\ddot{x} - 8\dot{x} + 16x = (\ddot{c}e^{4t} + 8\dot{c}e^{4t} + 16ce^{4t}) - 8(\dot{c}e^{4t} + 4ce^{4t}) + 16ce^{4t} = 0 \rightarrow \ddot{c}e^{4t} = 0 \rightarrow \ddot{c} = 0 \rightarrow c(t) = c_1 + c_2t$. よって,第 1 の基本解を含んで一般解 $x(t) = (c_1 + c_2t)e^{4t}$ が得られた.

■ **6.8** x と y の θ による微分は,$\frac{dx}{d\theta} = a(1 - \cos\theta) = y$,$\frac{dy}{d\theta} = a\sin\theta = a\sqrt{1 - \cos^2\theta} = a\sqrt{1 - (1 - \frac{y}{a})^2} = \frac{1}{a}\sqrt{2ay - y^2}$ となる. よって,y の x による微分は,$\frac{dy}{dx} = \frac{dy}{d\theta} \Big/ \frac{dx}{d\theta} = \frac{1}{a}\frac{\sqrt{2ay - y^2}}{y} = \sqrt{\frac{2a}{y} - 1}$. よって示された.

■ **6.9** (1) $u = \frac{1}{y^2}$ とおくと,$y' = -\frac{1}{2}y^3u'$ (与式に代入) $\rightarrow -\frac{1}{2}y^3u' + \frac{1}{x}y = x^2y^3$ (y^3 で割る) $\rightarrow -\frac{1}{2}u' + \frac{1}{xy^2} = x^2 \rightarrow -\frac{1}{2}u' + \frac{1}{x}u = x^2 \rightarrow u' - \frac{2}{x}u = -2x^2$ (線形方程式となった) $\rightarrow$ (右辺が 0 の同次式を解く) $u' - \frac{2}{x}u = 0$ (この解は) $\rightarrow u = c_1x^2$ (c:定数) $\rightarrow$ (c_1 を関数とみなす(定数変化法)) $u = c_1(x)x^2$ (線形方程式に代入) $\rightarrow c_1'(x) = -2 \rightarrow c_1(x) = -2x + c$ (u の式に代入) $\rightarrow u = \frac{1}{y^2} = (-2x + c)x^2 \rightarrow 2x + \frac{1}{x^2y^2} = c$. よって解が得られた.

(2) ヒントの積分因子 $\mu = \frac{1}{x^2y^3}$ を与式 $\left(\frac{y}{x} - x^2y^3\right)dx + dy = 0$ に掛ける $\rightarrow \frac{1}{x^2y^3}\left(\frac{y}{x} - x^2y^3\right)dx + \frac{1}{x^2y^3}dy = 0 \rightarrow \left(\frac{1}{x^3y^2} - 1\right)dx + \frac{1}{x^2y^3}dy = 0$ (完全微分方程式の確認) $\rightarrow \left(\frac{1}{x^3y^2} - 1\right)_y = \left(\frac{1}{x^2y^3}\right)_x \rightarrow -\frac{2}{x^3y^3} = -\frac{2}{x^3y^3}$ (よって完全微分方程式である). 解となる関数を $f = f(x, y)$ とすると,$f_x = \frac{1}{x^3y^2} - 1$ かつ $f_y = \frac{1}{x^2y^3}$ である. 前者を積分する $\rightarrow f = \int\left(\frac{1}{x^3y^2} - 1\right)dx = -\frac{1}{2x^2y^2} - x + \psi(y)$ (これを後者に代入) $\rightarrow f_y = \frac{1}{x^2y^3} + \psi_y(y) = \frac{1}{x^2y^3} \rightarrow \psi_y(y) = 0 \rightarrow \psi$ は定数. よって,$f = -\frac{1}{2x^2y^2} - x = $ (定数) となる. すなわち,解は $2x + \frac{1}{x^2y^2} = c$ となる. (注:この問題はベルヌーイの方程式であるが,完全微分方程式としても解くことができることを示した. 微分方程式の分類は,一般に排他的分類ではなく,見方によって複数の項目に分類されるものが少なからずある.)

■ **6.10** (1) $f(x)$ のフーリエ変換を $F(\omega)$ とする. 与式の両辺のフーリエ変換をとる.

$$(i\omega)^2 F(\omega) + 4F(\omega) = 2\pi(\delta(\omega - 3) + \delta(\omega + 3)$$

$$\rightarrow F(\omega) = \frac{2\pi}{4 - \omega^2}(\delta(\omega - 3) + \delta(\omega + 3))$$

これを逆フーリエ変換する.

$$F(\omega) \xrightarrow{\mathscr{F}^{-1}} f(x) = \frac{1}{2\pi}\int_{-\infty}^{\infty}\frac{2\pi}{4 - \omega^2}(\delta(\omega - 3) + \delta(\omega + 3))e^{i\omega x}\, d\omega$$

$$\rightarrow f(x) = \int_{-\infty}^{\infty}\frac{e^{i\omega x}}{4 - \omega^2}\delta(\omega - 3)\, d\omega + \int_{-\infty}^{\infty}\frac{e^{i\omega x}}{4 - \omega^2}\delta(\omega + 3)\, d\omega$$

$$= \frac{e^{i\omega x}}{4 - \omega^2}\Big|_{\omega = 3} + \frac{e^{i\omega x}}{4 - \omega^2}\Big|_{\omega = -3}$$

$$= -\frac{e^{3ix}}{5} - \frac{e^{-3ix}}{5} = -\frac{2}{5}\frac{e^{3ix} + e^{-3ix}}{2} = -\frac{2}{5}\cos 3x$$

これは解であるが定数を含んでいないので特殊解である．ところで，線形同次式 $f'' + 4f = 0$ の特性方程式は $\lambda^2 + 4\lambda = 0$ で，解は $\pm 2i$ である．したがって，一般解は $f(x) = c_1 e^{2ix} + c_1 e^{-2ix} - \frac{2}{5}\cos 3x$ となる．前の 2 項を（オイラーの公式 (3.25) によって）$\cos 2x$ と $\sin 2x$ で表すことができるので，求める一般解は $f(x) = A\cos 2x + B\sin 2x - \frac{2}{5}\cos 3x$ となる（ただし，$c_1 + c_2 = A$, $i(c_1 - c_2) = B$）．（デルタ関数を含む積分の計算は，デルタ関数の性質 (1.39) による．また，p.138 の積分計算の Step 3 も参照せよ．）

(2) $f(x)$ のラプラス変換を $L(s)$ とする．与式の両辺のラプラス変換をとる．

$$(s^2 L(s) - f(0)s - f'(0)) + 4L(s) = 2\frac{s}{s^2 + 3^2}$$

$$\to (s^2 + 4)L(s) = \frac{2s}{s^2 + 9} + f(0)s + f'(0)$$

$$\to L(s) = \frac{2s}{(s^2 + 4)(s^2 + 9)} + \frac{f(0)s + f'(0)}{s^2 + 4}$$

$$\to L(s) = \left(\frac{2}{5} + f(0)\right)\frac{s}{s^2 + 4} + \frac{1}{2}f'(0)\frac{2}{s^2 + 4} - \frac{2}{5}\frac{s}{s^2 + 9} \quad (L(s) \text{ が確定})$$

$$\xrightarrow{\mathscr{L}^{-1}} (\text{逆ラプラス変換をする}) f(x) = \left(\frac{2}{5} + f(0)\right)\cos 2x + \frac{1}{2}f'(0)\sin 2x - \frac{2}{5}\cos 3x$$

初期値 $f(0)$, $f'(0)$ は任意定数なので，$\frac{2}{5} + f(0) = A$, $\frac{1}{2}f'(0) = B$ とおくと，一般解が $f(x) = A\cos 2x + B\sin 2x - \frac{2}{5}\cos 3x$ $(x \geqq 0)$ と表される．（$x \geqq 0$ において，前問のフーリエ変換による解と一致することを確認せよ．）

■ **6.11** (6.61) において S が一定なので，左辺は $S(E, V) = S(E_1, V_1)$ である．よって，

$$\log\left\{\left(\frac{E}{E_1}\right)^{\frac{3}{2}}\left(\frac{V}{V_1}\right)\right\} = 0 \ \to \ \left(\frac{E}{E_1}\right)^{\frac{3}{2}}\left(\frac{V}{V_1}\right) = 1 \ \to \ E^{\frac{3}{2}}V = E_1^{\frac{3}{2}}V_1 \ (\text{定数})$$

■ **6.12** (1) (6.61) において $S(E, V)$ を S, $S(E_1, V_1)$ を S_1 とすると，

$$\log\left\{\left(\frac{E}{E_1}\right)^{\frac{3}{2}}\left(\frac{V}{V_1}\right)\right\} = \frac{S - S_1}{R} \ \to \ \left(\frac{E}{E_1}\right)^{\frac{3}{2}}\left(\frac{V}{V_1}\right) = e^{\frac{S - S_1}{R}}$$

$$\to \ V = V_1 E_1^{\frac{3}{2}} E^{-\frac{3}{2}} e^{\frac{S - S_1}{R}}$$

(2) 上記の結果を全微分すると，

$$dV = -\frac{3}{2}V_1 E_1^{\frac{3}{2}} E^{-\frac{5}{2}} e^{\frac{S - S_1}{R}} dE + \frac{1}{R}V_1 E_1^{\frac{3}{2}} E^{-\frac{3}{2}} e^{\frac{S - S_1}{R}} dS$$

$$= \left(V_1 E_1^{\frac{3}{2}} E^{-\frac{3}{2}} e^{\frac{S - S_1}{R}}\right)\left(-\frac{3}{2E}dE + \frac{1}{R}dS\right) = V\left(-\frac{3}{2E}dE + \frac{1}{R}dS\right)$$

$$= -\frac{3V}{2E}dE + \frac{V}{R}dS$$

(3) 熱力学の第 1 法則 (6.28) $dE = T\,dS - p\,dV$ から，$dV = -\frac{1}{p}dE + \frac{T}{p}dS$ となる．

これと，上記の結果の dE の係数および dS の係数を比較すると，$\frac{1}{p} = \frac{3V}{2E}$ および $\frac{T}{p} = \frac{V}{R}$ となる．この後者から状態方程式 $pV = RT$，さらに前者からエネルギーの式 $E = \frac{3}{2}pV$ $\left(= \frac{3}{2}RT\right)$ を得る．

■ **6.13**　運動方程式は

$$\ddot{x} + 4\dot{x} + 3x = 2\delta(t - 2)$$

である．x のラプラス変換を $\mathscr{L}[x] = X(s)$ とする．運動方程式の両辺のラプラス変換をとる．5.9 節を参照して計算をする．

$$(s^2 X(s) - s\dot{x}(0) - x(0)) + 4(sX(s) - x(0)) + 3X(s) = 2e^{-2s}$$

$$\to\ s^2 X(s) + 4sX(s) + 3X(s) = 2e^{-2s}\ \to\ X(s) = \frac{2}{s^2 + 4s + 3}e^{-2s}$$

ここで，$F(s) = \frac{2}{s^2+4s+3} = \frac{1}{s+1} - \frac{1}{s+3}$ となって，この逆ラプラス変換は $F(s) \to f(t) = \mathscr{L}^{-1}[F(s)] = e^{-t} - e^{-3t}$ となる．$X(s)$ の逆ラプラス変換によって $x(t)$ が次のように得られる．

$$x(t) = \mathscr{L}^{-1}[F(s)e^{-2s}] = f(t-2)u(t-2)$$

$$= (e^{-(t-2)} - e^{-3(t-2)})u(t-2)$$

$$= \begin{cases} 0 & (0 \leqq t < 2) \\ e^{-(t-2)} - e^{-3(t-2)} & (t \geqq 2) \end{cases}$$

時刻 $t = 2$ まで原点に静止していた m は，インパルス力を受けて，距離が 0.4 あたりまで達するが，バネの力によって引き戻される．

7章

■ **7.1**　(1)　(7.57) より，

$$\left(\frac{\partial \mathscr{L}}{\partial y''}\right)'' + \frac{\partial \mathscr{L}}{\partial y} = \left\{\frac{\partial}{\partial y''}\left(\frac{1}{2}EI(y'')^2 - w_0 y\right)\right\}'' + \frac{\partial}{\partial y}\left(\frac{1}{2}EI(y'')^2 - w_0 y\right)$$

$$= (EIy'')'' - w_0 = EIy'''' - w_0 = 0 \to y'''' = \frac{w_0}{EI}$$

よって示された．

(2)　4 階の微分方程式 $y'''' = \frac{w_0}{EI}$ を順次積分をする．$\to y''' = \frac{w_0}{EI}x + c_1 \to y'' = \frac{w_0}{2EI}x^2 + c_1 x + c_2 \to y' = \frac{w_0}{6EI}x^3 + \frac{1}{2}c_1 x^2 + c_2 x + c_3 \to y = \frac{w_0}{24EI}x^4 + \frac{1}{6}c_1 x^3 + \frac{1}{2}c_2 x^2 + c_3 x + c_4$.

■ **7.2**　(1)　固定端では，位置と角度（水平）が確定するので，$y(0) = y'(0) = 0$ および $y(\ell) = y'(\ell) = 0$ となる．これら 4 つの条件から，

$$y(0) = c_4 = 0, \quad y(\ell) = \frac{w_0}{24EI}\ell^4 + \frac{1}{6}c_1 \ell^3 + \frac{1}{2}c_2 \ell^2 + c_3 \ell + c_4 = 0,$$

$$y'(0) = \left(\frac{w_0}{6EI}x^3 + \frac{1}{2}c_1 x^2 + c_2 x + c_3\right)\Big|_{x=0} = c_3 = 0,$$

$$y'(\ell) = \frac{w_0}{6EI}\ell^3 + \frac{1}{2}c_1\ell^2 + c_2\ell + c_3 = 0$$

これより定数が確定：$c_1 = -\frac{w_0}{2EI}\ell$, $c_2 = \frac{w_0}{12EI}\ell^2$, $c_3 = c_4 = 0$. たわみ曲線は次の4次関数となる.

$$y(x) = \frac{w_0}{24EI}x^2(x - \ell)^2$$

(2) たわみ角，曲げモーメント，せん断力は

$$i(x) = y'(x) = \frac{w_0}{6EI}x\left(x - \frac{\ell}{2}\right)(x - \ell),$$

$$M(x) = -EI\,y''(x) = -\frac{w_0}{2}\left(x - \frac{3-\sqrt{3}}{6}\ell\right)\left(x - \frac{3+\sqrt{3}}{6}\ell\right),$$

$$F(x) = -EI\,y'''(x) = -w_0\left(x - \frac{\ell}{2}\right)$$

(3) たわみ $y(x)$ は，中央 $x = \frac{1}{2}\ell$ で最大値 $\frac{w_0\ell^4}{384EI}$ をとる. たわみ角 $i(x)$ は，両固定端と中央 $x = 0, \frac{1}{2}\ell, \ell$ において 0（水平）になる. 曲げモーメント $M(x)$ は，$x_1 = \frac{3-\sqrt{3}}{6}\ell$ $\approx 0.211\,\ell$ と $x_2 = \frac{3+\sqrt{3}}{6}\ell \approx 0.789\,\ell$ で 0 となり，かつ $y'' = 0$ なので変曲点であり，弾性エネルギーが 0 となる.

$M(x)$ は両固定端で $-\frac{w_0\ell^2}{12}$ で，中央では符号を変えて $\frac{w_0\ell^2}{24}$ となる. せん断力は中央 $x = \frac{1}{2}\ell$ で 0 になるが，両固定端で最大 $\pm\frac{w_0\ell}{2}$ となる.

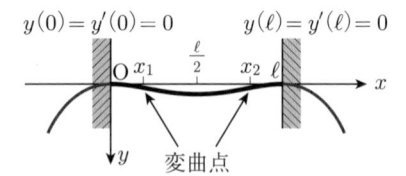

(補足：弾性エネルギー密度 (7.48) は，両固定端において最大値 $\frac{w_0^2\ell^2}{288EI}$ となり，変曲点で 0，中央で極値 $\frac{w_0^2\ell^2}{576EI}$（最大値の $\frac{1}{2}$）をとる.)

■ **7.3** (1) 単純支持点では，位置が確定し，弾性エネルギー（y''）が消える. 実際，$x = 0$ と ℓ の両端において，$y(0) = y(\ell) = 0$，および $y''(0) = y''(\ell) = 0$ となる. これらの条件から，

$$y(0) = c_4 = 0, \quad y(\ell) = \frac{w_0}{24EI}\ell^4 + \frac{1}{6}c_1\ell^3 + \frac{1}{2}c_2\ell^2 + c_3\ell + c_4 = 0,$$

$$y''(0) = \left(\frac{w_0}{2EI}x^2 + c_1x + c_2\right)\Big|_{x=0} = c_2 = 0,$$

$$y''(\ell) = \frac{w_0}{2EI}\ell^2 + c_1\ell + c_2 = 0$$

これより定数が確定：$c_1 = -\frac{w_0}{2EI}\ell$, $c_2 = 0$, $c_3 = \frac{w_0}{24EI}\ell^3$, $c_4 = 0$. よって，たわみ曲線は次の4次関数となる.

$$y(x) = \frac{w_0}{24EI}x(x^3 - 2\ell x^2 + \ell^3)$$

(2) たわみ角, 曲げモーメント, せん断力は

$$i(x) = y'(x) = \frac{w_0}{24EI}(4x^3 - 6\ell x^2 + \ell^3),$$

$$M(x) = -EI\,y''(x) = -\frac{w_0}{2}x(x - \ell),$$

$$F(x) = -EI\,y'''(x) = -w_0\left(x - \frac{1}{2}\ell\right)$$

(3) たわみ $y(x)$ は, 中央 $x = \frac{1}{2}\ell$ で最大値 $\frac{5w_0\ell^4}{384EI}$ をとる. たわみ角 $i(x)$ は, 中央で 0 (水平), 両支持点 $(x = 0, \ell)$ で最大 $\pm\frac{w_0\ell^3}{24EI}$ となる.

$M(x)$ と y'' は, 両支持点で 0 なので変曲点であり, 弾性エネルギーが 0 となる. $M(x)$ は中央で最大値 $\frac{w_0\ell^2}{8}$ をとる. せん断力 $F(x)$ は中央で 0, 両支持点で最大 $\pm\frac{w_0\ell}{2}$ となる.

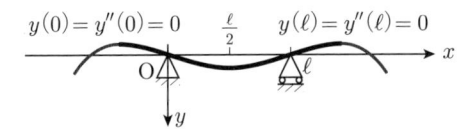

(補足:弾性エネルギー密度 (7.48) は, 両単純支持点では 0, 中央において最大値 $\frac{w_0^2\ell^2}{128EI}$ となる.)

(注:演習 7.2 と 7.3 のはりの最大たわみを比較すると, 単純支持(後者)の方が, 両固定端(前者)の最大値 $\frac{w_0\ell^4}{384EI}$ の 5 倍もたわみが大きい.)

■ **7.4** (1) $\mathscr{L} = y'^2 - y^2$ のオイラー方程式は

$$\left(\frac{\partial}{\partial y'}y'^2\right)' - \frac{\partial}{\partial y}(-y^2) = (2y')' + 2y = 0 \to y'' = -y$$

(2) $y'' = -y$ は, 2 階の線形方程式で, 特性方程式は $\lambda^2 = -1$. この解は $\pm i$ だから, 基本解は e^{ix} と e^{-ix}. よって一般解は $y = c_1e^{ix} + c_2e^{-ix}$ となる. オイラーの公式 $(e^{\pm i\theta} = \cos\theta \pm i\sin\theta)$ を使えば, 一般解は $y = A\cos x + B\sin x$ とも表される.

(3) $\mathscr{A} = y'\frac{\partial\mathscr{L}}{\partial y'} - \mathscr{L} = y' \cdot 2y' - (y'^2 - y^2) = y'^2 + y^2$ となる. ここで, 一般解が $y = A\cos x + B\sin x$ より, $y' = -A\sin x + B\cos x$. よって,

$$\mathscr{A} = (A\cos x + B\sin x)^2 + (-A\sin x + B\cos x)^2 = A^2 + B^2 \quad (\text{定数}) \quad (7.97)$$

■ **7.5** (1) (7.19) から 1 次元のハミルトニアンが $\mathscr{H} = \dot{x}\frac{\partial\mathscr{L}}{\partial\dot{x}} - \mathscr{L}$ となる. これより, $\mathscr{H} = \frac{mc^2}{\sqrt{1-(\frac{\dot{x}}{c})^2}}$ を得る.

(2) 運動量 (7.18) の x 成分から, $\mathscr{P} = \frac{\partial\mathscr{L}}{\partial\dot{x}} = \frac{m\dot{x}}{\sqrt{1-(\frac{\dot{x}}{c})^2}}$ を得る.

(3) $\frac{|\dot{x}|}{c} \ll 1$ のとき, $\frac{1}{\sqrt{1-(\frac{\dot{x}}{c})^2}} \approx 1 + \frac{\dot{x}^2}{2c^2} + \frac{3\dot{x}^4}{8c^4} + \frac{15\dot{x}^6}{48c^6} + \cdots$ である. これに mc^2 を掛けるとハミルトニアンの近似式が得られ, 一方, $m\dot{x}$ を掛けると運動量の近似式が得られる.

参 考 文 献

[1] 宮野尚哉，徳田功，『機械力学の基礎—力学への入門』（機械工学テキストライブラリ-2），数理工学社（2017）.

[2] 日下貴之，『材料力学入門』（機械工学テキストライブラリ-3），数理工学社（2016）.

[3] 倉田純一，『システム制御入門』（機械工学テキストライブラリ-8），数理工学社（2016）.

[4] 高木貞治，『解析概論 改訂第 3 版』，岩波書店（1983）.

[5] 柴田俊忍，大谷隆一，駒井謙治郎，井上達雄，『材料力学の基礎』，培風館（1991）.

[6] 藤本淳夫，『ベクトル解析』（現代数学レクチャーズ C-1），培風館（1979）.

[7] 藤本淳夫，『複素解析学概論 改訂版』，培風館（1990）.

[8] P.A.M. ディラック，『量子力学』（原第 4 版 1958），朝永振一郎，玉木英彦，木庭二郎訳，岩波書店（1968）.

[9] K. マイベルク，P. ファヘンアウア，及川正行訳，『工科系の数学 5 常微分方程式』（工科系の数学 5），サイエンス社（1997）.

[10] K. マイベルク，P. ファヘンアウア，及川正行訳，『工科系の数学 7 フーリエ解析』（工科系の数学 7），サイエンス社（1998）.

[11] K. マイベルク，P. ファヘンアウア，及川正行訳，『工科系の数学 8 偏微分方程式，変分法』（工科系の数学 8），サイエンス社（1999）.

[12] E. クライツィグ，『微分方程式』（技術者のための高等数学 1），培風館（2006）.

[13] E. クライツィグ，『フーリエ解析と偏微分方程式』（技術者のための高等数学 3），培風館（1987）.

[14] 小出昭一郎，『解析力学』（物理入門コース 2），岩波書店（1983）.

[15] 松下泰雄，『フーリエ解析 基礎と応用』，培風館（2001）.

あ と が き

　本書では，1章の微積分において，不連続関数の微分が積分によって定義されること，そこにデルタ関数が登場することを説いた．デルタ関数は，標準的なカリキュラムにおいて，フーリエ解析やラプラス変換における必須の部品のように扱われ，しかも定義は簡単なイメージですまされていることが少なくないと感じてきた．その場合，デルタ関数が導入されても，デルタ関数によって不連続関数の微分が可能となるという微積分の観点からの教育は欠如していると思われる．

　1927年，ディラックによる量子力学の新たな定式化の試みと共に，デルタ関数が提唱された．一方，1930年代にソボレフが，積分によって微分を定義するというアイデアを提唱した．その2つの基本的なアイデアから，不連続関数の微分が可能となることが容易に理解できる．

　デルタ関数は，1950年以降に数学として定式化された「超関数」の「原形」（卵）として理解されるようになった．それ以降，微積分として教えるには「超関数論」を説明しなければデルタ関数もきちんと教えることはできないだろうということになったかは定かではないが，日本の工学系の数学においては微積分として扱われることはほとんどないのが現状である．

　一方，デルタ関数の誕生から超関数論の登場までの20年間に，デルタ関数は主として電気工学者の間で極めて大きな発展を遂げてきた．そのことも，教育としてフーリエ解析やラプラス変換において初めてデルタ関数を導入するという方針につながったのではないかと思う．

　微分可能性に重きをおいてきた微積分の教育において，不連続関数の微分が積分可能な関数にまで関数の対象を広げることによって可能であることを基本として説き，そこに自然にデルタ関数誕生の素地が存在することを，微積分学において説くことが必要である．そのためには，超関数論以前の，ディラック先生とソボレフ先生の二人の教えを素直に知れば，世にあふれている不連続関数の世界へ踏み込んでいくことのできる微積分の力を得ることとなる．

　2019年9月

著者

索　引

著者略歴

松下泰雄

1977 年　日本大学大学院理工学研究科修士課程修了
　　　　京都大学，大阪府立大学研究生
1981 年　京都大学工学部数理工学教室助手
1983 年　工学博士（京都大学）
1989 年　京都大学工学部数理工学教室助教授
1995 年　滋賀県立大学工学部教授
2014 年　大阪市立大学数学研究所専任所員
　　　　滋賀県立大学名誉教授

専門・研究分野

微分幾何学，応用数学，理論物理の背景となる数学

主要著書

『4 次元微分幾何学への招待』（共著，サイエンス社）
『波のしくみ』（共著，講談社）
『フーリエ解析—基礎と応用』（培風館）
『曲線の秘密』（講談社）

機械工学テキストライブラリ＝10
機械工学系のための数学
——問題と解法によってより深い理解へ——

2019 年 12 月 25 日 ⓒ　　　　　　　　初 版 発 行

著者　松下泰雄　　　　　　　発行者　矢沢和俊
　　　　　　　　　　　　　　印刷者　小宮山恒敏

【発行】　　　　　　株式会社　数理工学社
〒151-0051　　東京都渋谷区千駄ヶ谷 1 丁目 3 番 25 号
編集☎ (03) 5474-8661 （代）　　サイエンスビル

【発売】　　　　　　株式会社　サイエンス社
〒151-0051　　東京都渋谷区千駄ヶ谷 1 丁目 3 番 25 号
営業☎ (03) 5474-8500 （代）　　振替 00170-7-2387
FAX☎ (03) 5474-8900

印刷・製本　小宮山印刷工業 （株）

《検印省略》

サイエンス社・数理工学社の
ホームページのご案内
https://www.saiensu.co.jp
ご意見・ご要望は
suuri@saiensu.co.jp まで.

ISBN978-4-86481-063-0

PRINTED IN JAPAN